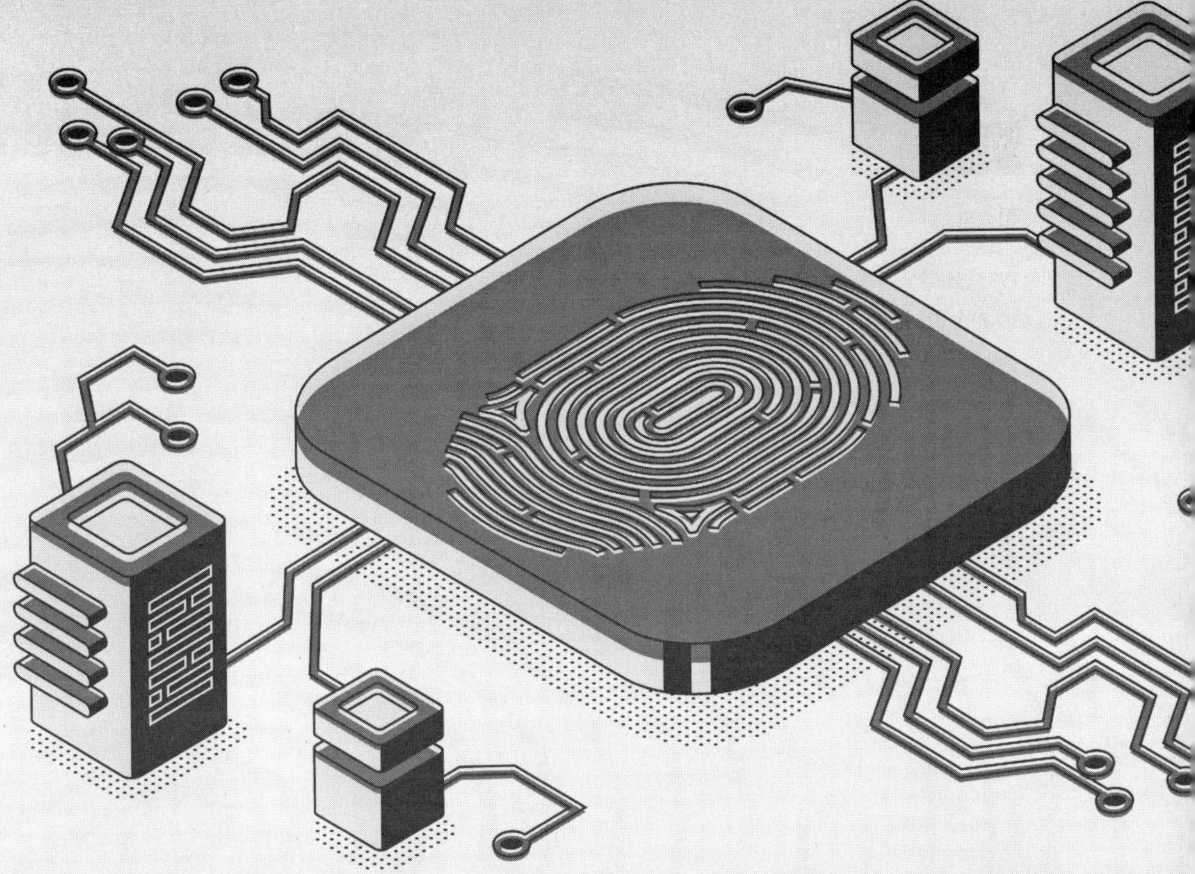

센서공학

이론과 실무

| 이승환 지음 |

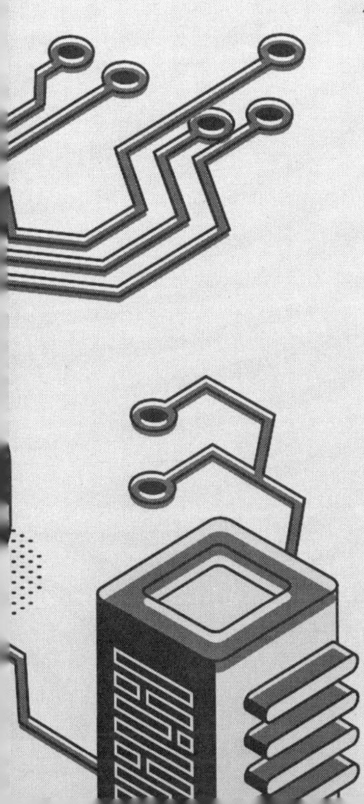

도서출판 홍릉

저자소개

이승환

1993년~ 만도기계 중앙연구소 센서팀
1998년: 고려대학교 전기공학과 박사
1998년~ 하와이 주립대학교 박사 후 연수(전기공학과, UHmemsian)
2002년~ GE Sensing Korea, 책임연구원
2004년~ 한국교통대학교 기계공학과 교수(현재)
2010년: 싱가포르 IMRE 초빙연구원

센서공학 이론과 실무

인 쇄: 2024년 1월 10일 초판 1쇄
발 행: 2024년 1월 22일 초판 1쇄

저 자: 이승환
발행인: 송 준
발행처: 도서출판 홍릉
주 소: 01093 서울시 강북구 인수봉로 50길 10
등 록: 1976년 10월 21일 제5-66호

전 화: 02-999-2274~5, 903-7037
팩 스: 02-905-6729
e-mail: hongpub@hongpub.co.kr
http://www.hongpub.co.kr
ISBN: 979-11-5600-156-0(93560)

정 가: 28,000원

머리말

2019년 학생들을 위한 책을 써보자는 계획으로 몇몇 책의 구조를 분석하고, 경험상 학생들과 연구원들이 느낄 수 있는 부족함을 보완할 수 있는 방법을 찾아보고자 했다. 나름대로의 분석결과를 바탕으로 본 교재는 세 부분으로 나누어 그 내용을 구성하고, 필자의 실무경험과 아두이노 플랫폼을 이용하여 2021년부터 수업에 적용하고 있다.

제 1 부에서 계측시스템과 이를 통한 계측관련 기본 개념과 센서 혹은 계측 시스템의 연구개발에 있어 중요한 전원, 필터와 전압증폭의 기본 개념을 소개하고자 했다. 필자와 같이 기계공학과 학생들에게 센서 및 계측 시스템을 교육 시, 필터와 전압증폭은 간과해서 안 될 부분이지만, 필요에 따라 2장, 3장 4장은 교육 현장의 목적에 맞게 운용되었으면 한다.

제 2 부에서는 우리들 생활 깊숙이 들어와 있는 온도, 습도, 광센서 및 가스 센서의 측정원리 및 응용에 대해서 살펴보았다. 각 센서들의 물리 · 화학적 측정원리와 이들의 응용 예를 아두이노 플랫폼을 중심으로 실무적으로 이해, 응용할 수 있는 능력을 길러주고자 내용을 구성했다.

제 3 부에서는 기계공학도인 제자들이 가장 많이 사용할 것으로 예상되는 물리량 측정을 중심으로 기술하고자 했다. 즉 자동차 분야뿐만 아니라 전기전자를 비롯한 기계 산업에서 필수적으로 사용되고 있는 변위센서, 힘 · 토크 센서와 압력, 가속도 센서의 종류와 이들의 원리를 살펴보고자 했다. 또한 손쉽게 각종 센서들을 입수하여 생활에 접목시킬 수 있는 능력을 향상시킬 수 있도록 했다.

필자의 경우, 이론과 실험을 병행하는 수업을 진행하고 있다. 이론부에서는 본 교재에 제시된 각종 센서들의 구조와 측정 원리를 수식적으로 설명하고, 실험에서는 아두이노 보드와 해당 센서로 측정회로를 구성하고, 해당 스케치를 설명하고자 하였다. 또한 한 학기동안 이루어지는 수업임을 감안하여 학생들은 일정하게 조를 편성하여 최소한 두 개 이상의 센서를 사용하여 실생활에서 응용이 가능한 센서 · 계측 시스템을 구성하도록 하였다. 첫해에는 다소 어려움이 있었으나, 시간이 지날수록 학생들의 창의력이 향상됨을 체험할 수 있는 시간이었다.

본 교재를 통해 기계계열을 포함한 학생들이 센서와 계측 시스템을 보다 폭넓게 체험할 수 있는 시간이 되었으면 하며, 본 교재가 출판될 수 있도록 물심양면으로 지원해 주신 도서출판 홍릉 사장님과 관계자들께 감사의 인사를 드립니다.

"삶은 끊임없이 새로움을 창조하는 과정의 연속이다"

2023년 12월 月上舍에서 黙行

차례

CHAPTER 03 필터 회로

CHAPTER 04 전압 증폭 회로

CHAPTER 05 습도 센서

CHAPTER 06 온도 센서

CHAPTER 07 광 센서(Photo Sensors)

CHAPTER 09 변위, 위치 센서(Displacement&position sensors)

CHAPTER 10 힘과 촉각 센서(Force and Tactile Sensor)

CHAPTER 12 **가속도 센서**

CHAPTER 01

센서 시스템의 정의와 기본 개념

우리는 일상생활 속에서 많은 정보를 받아들이고(sense), 선택하고(select), 결정(decision)하며 생활한다. 그날 아침의 기온은 어떠한가 물어 본 후, 이에 따라 입을 옷을 결정하고, 그날 몸 상태에 따라 음식물 섭취를 조절하며, 스마트 폰을 들어 세상 속 정보를 끊임없이 수용하며 살아간다.

일상생활 속에서 감지하는 외부 정보의 종류는 그다지 많지 않다. 예를 들면 기온, 습도, 미세 먼지상태, 자외선 지수 등이 평상시 생활 속 정보량 정도이나, 이들 정보를 정확하게 측정할 수 있는 센서 혹은 센서 시스템이 우리들 생활 속에 얼마나 설치 이용되고 있는지? 느끼지 못하며 살아가고 있다. 또한 일상 속에서, 특히 한 계절 내에서 온도변화와 습도변화 등은 우리들 실생활에 크게 영향을 미치지 않기 때문에 그 측정값의 크기에 대해서 별로 깊게 생각하지 않고 살아가고 있다.

그러나 산업 현장이나 각종 연구개발 현장의 실험실, 의료계 및 가혹 환경 상태에서 물리·화학적 측정과 계측의 정확성은 제품의 품질과 신뢰성, 연구 결과의 평가 및 개선 활동을 포함하여, 생명 유지 등에 심각한 결과를 초래한다. 따라서 외부 환경과 물질의 성질 및 측정 대상량(quantity)의 변화에 대한 정확한 측정 및 해석은 날로 중요한 의미를 더해가고 있다.

본 장에서는 첫째, 일상생활 속에서 사용되고 있는 일반적인 센서와 센서 시스템에 대한 일반적인 정의 및 속성들을 살펴보고, 둘째, 센서 시스템의 특성을 일목요연하게 파악할 수 있는 품질 규격서(datasheet)상에 제시된 용어의 개념을 정의한다. 마지막으로 학계와 산업계 현장에서 통용되고 있는 센서의 분류 기준과 분류에 대해서 살펴본다.

학습과정을 통해 학생들은 다음과 같은 능력을 갖출 수 있을 것이다.

1. 일반적인 센서와 센서 시스템의 구성에 대해서 그 차이점과 기능상의 특징을 기술할 수 있다.
2. 센서 시스템의 구성요소에 대해서 말할 수 있으며, 센서 시스템의 특성을 비교할 수 있는 요소에 대한 정의를 할 수 있고, 이를 기반으로 현장에서 요구되는 센서 시스템을 선정할 수 있는 능력을 확보할 수 있다.
3. 산업계와 학계에서 통용되고 있는 센서의 분류를 이해하고 설명할 수 있으며, 센서 시스템 설계 시 고려할 사항들을 나열할 수 있다.

1 센서와 센서 시스템의 정의

1.1. 센서와 센서 시스템

센서(Sensor)는 인식하다(to perceive)라는 의미의 라틴어인 sentire에서 유래되었으며, 사전적 의미에서 센서는 신호(signal) 혹은 자극(stimulus), 예를 들면 열, 빛, 소리, 압력의 변화 등)을 수용(to perceive)하여 전기적인 신호를 제공하는 소자로 정의한다. 즉, 센서는 눈에 보이지 않는 현실 세계의 물리·화학적 변화량과 전자장치간 가교 역할을 하고 있는 소자로서 작용한다. 전자 장비 혹은 전자 제품이 현실세계를 '보고, 듣고, 냄새를 맡고, 맛을 보고, 감각을 느끼는' 인간 오감(Human Sensory System)을 대리하는 기능을 하는 소자라 볼 수 있다. 여기서 신호라 하는 것은 어떤 정보를 갖고 있는 물리·화학적인 것들을 의미하고, 자극이라는 것은 전기적 신호로 감응되고 전환될 수 있는 환경 조건과 그 변화, 물리적 성질(Properties) 혹은 양(Quantity)이라 할 수 있다. 환경 조건으로 대표적인 것은 사계절과 주야의 변화에 따른 대기 중의 온도와 습도 및 압력의 변화를 들 수 있고, 성질은 압전효과(piezoelectric effects), 전왜효과(electroelastic effects), 광전효과

(photoelectric effects)등과 같은 자연계 성상의 변화로 야기되는 물질의 물리 화학적 성질의 변화로 대변할 수 있고, 물리·화학적 양은 유량, 질량, 가스 농도 등의 물질 유형의 크기 변화에 의한 자극을 의미한다. 한편 센서와 아주 긴밀하게 연관된 변환기(Transducers)라는 기술 용어가 자주 사용되고 있는데, 이는 라틴어인 transducere에서 유래된 것으로 'to lead across'라는 사전적 의미를 지닌다. 즉, A라는 영역(혹은 界-system)과 B라는 영역을 교차하여 아우르는 기능을 한다는 의미로서, 변환기(transducer)는 동질 혹은 이질적인 에너지 혹은 신호를 하나의 계(system)에서 인접한 다른 계(system)로 전환시키는 기능을 하는 소자로 정의하며, 넓은 의미의 센서 시스템을 의미한다.

본 교재에서 센서는 외부 자극(혹은 신호)을 인식 측정할 수 있는 소자로 정의하고, 변환기는 센서를 포함하여 인식 측정된 자극 혹은 신호를 다른 에너지나 신호 형태로 변환 출력하는 기능을 갖는 것으로 정의한다. 또한 센서 시스템은 외부 자극을 인식 측정할 수 있는 소자를 포함하고, 측정된 신호를 우리들 일상생활 속에서 손쉽게 사용할 수 있는 전기적 신호출력을 제공하는 넓은 의미의 센서로 정의한다.

1.2. 신호의 종류

센서의 가장 중요한 특성은 측정하고자 하는 정보를 포함한 신호 혹은 에너지를 하나의 계(일반적으로 자연계)에서 다른 계(인공계인 센서 혹은 센서 시스템의 전기적인 신호)로 변환시키는 역할을 한다는 것이다. 이때 정보를 포함하고 있는 에너지의 형태인 신호(Signals)는 통상적으로 원자 에너지, 전기적 에너지, 중력 에너지, 자기 에너지 등으로 나누어지고, 계측의 측면에서 이들은 통상적으로 여섯 개의 신호 군으로 분류된다. 즉, 화학적 신호, 전기적 신호, 자기적 신호, 기계적 신호, 광학적 신호, 열적 신호로 나누어지며, 각 신호 군과 이들 신호 측정에 사용되는 중요한 인자 혹은 변수(parameters or variables)로 세분화하여 제시하면 표 1-1과 같다.

[표 1-1] 여섯 개의 신호 영역과 관련된 주요 독립 변수들

신호	측정에 사용되는 주요 독립 변수 혹은 인자들
광학적 신호	광 강도, 파장, 편광, 위상, 반사율, 투과율, 반사율 등
기계적 신호	힘, 압력, 토크, 진공도, 유량과 유속, 체적, 두께, 질량, 수위, 위치, 변위, 응력, 모멘트, 속도, 가속도, 경사도, 거칠기, 음파의 길이, 음의 진폭 등
열적 신호	온도, 열, 비열, 엔트로피, 열전도도, 열 흐름, 열팽창 계수 등
전기적 신호	전압, 전류, 전하, 저항, 인덕턴스, 커패시턴스, 유전율, 전기분극, 주파수, 위상변화, 전기장의 세기, 펄스 폭등
자기적 신호	자기장의 세기, 자속, 자기모멘트, 자화율, 잔류자속, 자속밀도, 비투자율 등
화학적 신호	조성, 농도, 반응속도, 산화-환원 전위, 전기 음성도, pH, 엔트로피 등

예를 들어, 적외선을 이용한 광학적 가스 센서 시스템의 경우, 광원에서 조사된 적외선의 광 강도는 적외선 강도를 측정하는 특정 파장을 흡수하는 광 센서의 출력 전압의 대소를 판단하여 환경 내에 존재하는 특정 가스의 농도를 산출한다. 이때 광학적 가스 센서는 광학적 신호로 입사된 광 강도(정보 혹은 신호를 측정하는 주요 인자)의 측정 가스 농도 의존성 형태로 나타나는 전기적 출력 신호로 광 에너지를 변환시키는 역할을 담당하게 된다. 따라서 대상 가스가 존재하지 않는 상태에서 도달한 광 에너지와 특정 농도 상태에서 신호에 따라 가스 농도를 산출한다.

2 센서 시스템의 구성과 특성

2.1. 센서 시스템의 구성

센서와 센서 시스템의 차이점을 명확하게 하기 전, 센서의 기본적 종류에 대해서 살펴보기로 하자. 일반적으로 사용되고 있는 센서는 그 동작을 위해 전원이 필요한 센서도 있고, 추가적인 전원의 공급을 필요하지 않는 센서 두 가지 종류로 나눌 수 있다. 예를 들어 써모커플, 압전 소자나 열전 소자의 경우 외부 자극에 의해 스스로 전압과 전류가 발생되는 소자로 이런 종류의 센서를 자기 발전형(self-generating type)이라고 하며, 써미스터나 압력 센서와 같이 외부 입력이 센서에 주어지면 이에 따른 저항 혹은 용량의 변화로 인한 전기적 특성 변화(전압과 전류 등)의 변화를 유발하는 센서를 변조형(modulating type)이라고 한다. 즉, 외부 에너지의 공급 유무에 따른 센서의 동작 측면에서 자기 발전형과 변조형 두 가지로 분류할 수 있다.

한편 센서는 전술한 바와 같이 외부의 자극을 인식할 수 있는 기본 단위소자를 의미한다. 센서는 외부 자극의 변화에 따라 그 특성이 변화되는, 즉 외부 자극의 변화에 따라 저항(resistance), 용량(capacitance) 등의 변화가 유발되는 소자를 의미한다. 그러나 대부분의 센서는 이런 전기적 변화를 유도하기 위한 변환 소자(transducing element)가 일체화된 형태로 존재하는 것이 일반적인데, 예를 들면 힘 혹은 토크 센서의 경우 외부 힘을 받아 기계적인 변형을 일으키는 외팔보(cantilever) 혹은 다이어프램(diaphragm)에 박막의 스트레인 게이지(strain gauge)를 부착하여 외부 자극을 측정하게 된다.

그림 1-1은 센서와 센서 시스템의 구성도를 나타낸 것으로 전술한 힘 센서의 경우, 스트레인 게이지가 센서부(sensor stage), 외팔보가 변환 소자(transducer stage)로 한 몸체가 되어 외부 자극을 수용하는 센서가 된다. 그러나 단위 센서(센서부와 변환 소자를 포함하는 센서)는 외부 자극에 대해 전기적 신호를 제공할 뿐, 표준화되어 있지 않고, 외란(온도 변화, 전자기파의 영향, 습도의 변화 등)에 취약한 기능을 지니고 있으며, 신호의 크기가 작아 실무에 적용하기는 힘들다. 따라서 이들의 변화를 차단 혹은 완화하고, 외부 자극에 대해 실측이 용이하고 표준화된 측정 결과를 제시하기 위해 MCU(Micro-Control Unit)의 전후에 Analog-to-Digital/Digital-to-Analog 변환 IC(Integrated Circuits, 집적회로)를 통해 측정된 신호를 디지털 신호로 변환하고, 연산된 신호를 응용 여하에 따라 디지털 혹은 아날로그 출력으로 변환시키는 집적회로(Integrated Circuits)를 채택하여 센서 시스템을 구현하게 된다. 즉, 센서 시스템이란 센서를 통해 입력신호을 제공받고, 그 신호를 처리와 연산을 수행할 수 있으며, 이를 통해 일정한 출력을 제공하는 구성을 갖는 시스템(계)을 의미한다. 이때 출력단은 일반적으로 전압 혹은 전류, 또는 모니터등을 통해 나타나게 신호가 제공되며, 응용 분야에 따라 출력된 신호는 자동화를 위해 귀환(Feedback)되어 공정 과정의 입력단을 조절하도록 체계화된다. 일련의 과정을 통해 센서와 센서 시스템은 외부 자극(stimulus)과 외란의 변화에 대한 보정(calibration) 과정을 통해 정확도 향상과 외란의 변화에 대응하거나 신뢰성 향상을 기하게 된다.

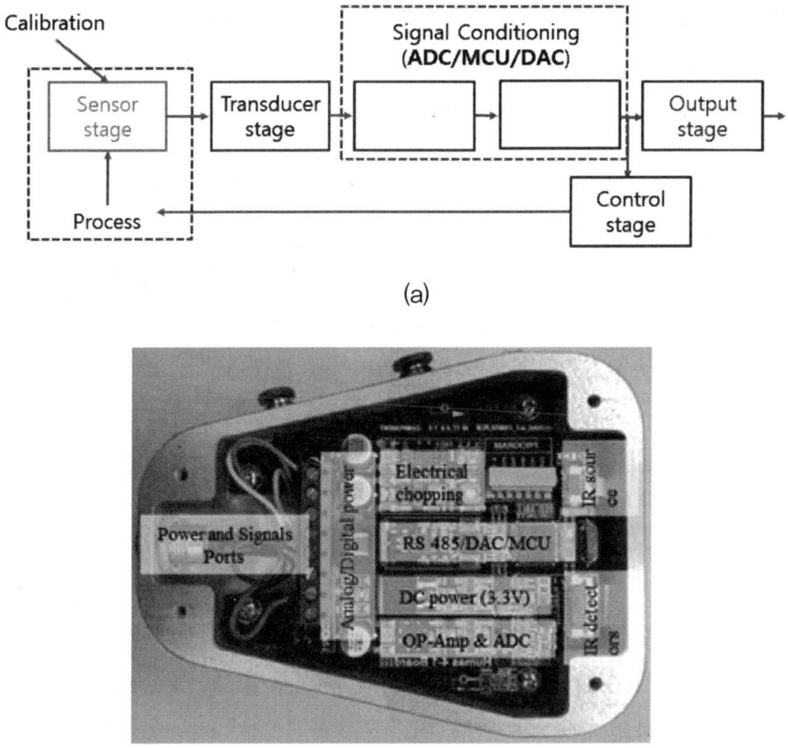

(b)

| 그림 1-1 | 센서와 센서 시스템의 구성도: (a) 블록다이어그램 (b) 실 제작 센서 시스템 구성

2.2. 센서의 특성

외부 자극에 대해 센서의 특성을 평가하고, 유사한 센서들 간의 성능을 비교 · 평가하기 위해 기술적 관점에서 몇 가지 품질 규격들(technical specifications)을 평가하는데, 이들을 살펴보면 다음과 같다.

- 허용 환경조건(Allowed ambient conditions): 외부 환경과 그 변화는 센서의 성능과 동작에 큰 영향을 미치는데, 이런 환경조건에는 온 · 습도, 고도, 대기압, 전자기파, 공기중의 염도 등이 있다. 센서가 안정적으로 동작하고, 최고의 성능을 유지할 수 있는 허용된 환경조건(보관 온도, 동작온도 및 습도와 압력 등)이 제시되어 신뢰성이 확보될 수 있도록 조치하여야 한다.

- 입력범위(span) 혹은 최대 입력범위(Full-scale input): 센서가 외부 자극으로부터 안

정적으로 반응하고, 특성의 저해가 없는 수준에서 읽어 들일 수 있는 최대 입력을 입력범위(Span) 혹은 최대 입력범위라 정의한다. 일반적으로 센서는 입력 범위가 특정값에서 커지면 출력 특성이 포화되며, 포화되기 전까지의 입력을 최대 입력범위로 설정한다.

- 동작 온도범위(operating temperature range): 동작 온도범위는 센서의 출력신호가 품질 규격서에서 정의한 특정 오차범위내에서 안정적으로 동작할 수 있는 온도 영역을 의미한다. 동작 온도범위 이하 혹은 이상의 온도에서 센서의 출력 오차는 증가하여 신뢰할 수 없는 상태에 이르며, 특히 자동차용 센서의 경우, 동작 온도범위는 -40 ℃에서 125 ℃ 구간이며, 군사용 혹은 위성용 동작 온도범위는 그 센서가 동작하는 최악의 환경 상태에서의 온도 구간으로 설정된다.

- 최대 출력범위(Full Scale Output): 센서로서 포화상태 없이 측정 가능한 측정치(measurand)의 최대값에 해당하는 출력에 범위를 '최대 입력범위(full-scale input)'라 하고, 이에 해당하는 출력을 최대 출력범위(FSO, full-scale output)라 한다. 즉 측정 가능한 출력의 범위로서 정의하며, 이에 따른 최소출력과 최대 출력값의 차이를 최대 출력범위라 하며, 그림 1-2와 같이 정의된다. 그림 1-2에서 가스센서의 측정 예를 보여주는데, 0 ~ 1000 ppm 까지는 포화상태 없이 입력과 출력의 선형성이 잘 유지되므로 최대 입력 범위는 0 ~ 1000 ppm으로 설정할 수 있다. 그러나 다음에 설명할 편이오차(offset error)가 존재함을 볼 수 있다.

- 편이(Offset) 혹은 0점 오차 및 편이보정(offset calibration): 센서의 성능규격에서 특별하게 언급되지 않는 한 편이(offset)는 그림 1-2에 묘사된 것과 같이 상온(25℃)에서 입력이 주어지지 않았는데 센서의 출력값이 나타나는 것을 의미한다. 즉, 입력으로 가스농도가 0 ppm 인데, 출력으로 예측된 농도가 제시됨을 볼 수 있다. 이러한 편이(offset)는 센서의 보정과정에서 이 값을 제거하는 알고리즘을 설정하여 제거 가능한데, 이를 편이 보정(offset calibration)이라 한다. 일반적으로 편이는 센서로 사용되는 물질의 특성변화, 장기간 사용에 따른 부품의 열화 등에 의해 발생되며, 화학센서의 경우 물리량 센서에 비해 보정 기간이 짧은 특징을 지닌다.

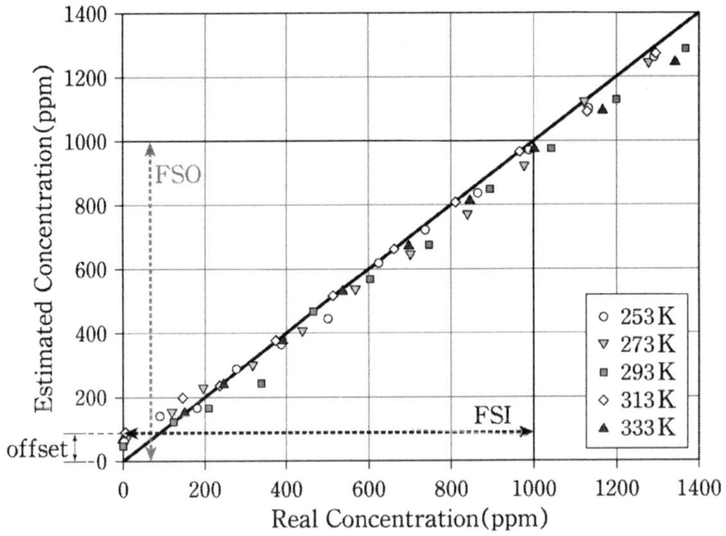

▌그림 1-2▐ 측정가능범위 대 최대 출력범위와 편이(offset)

• 히스테리시스(Hysteresis): 센서 시스템에서 외부 자극을 측정하는 것은 입력값이 증가할 때와 감소하는 두 가지 상황에서 발생한다. 따라서 센서 시스템은 입력량이 증가하거나 감소할 때와는 무관하게 특정 입력이 제공되면 같은 출력신호가 제공되길 원한다. 그러나 신호가 증가할 때와 감소할 때의 출력값 차가 발생한 경우, 히스테리시스 현상이 발생하였다고 한다. 최대 히스테리시스값을 FSO와 상대 비교하여 제시한 값을 히스테리시스 오차($\% u_{h,\max}$, Hysteresis error)라고 하며, 수식으로 표현하면 식 (1.1)과 같으며, 이들의 관계를 그림으로 표현하면 그림 1-3과 같다.

$$\% u_{h,\max} = \frac{u_{h,\max}}{FSO} \times 100\% \qquad (1.1)$$
$$u_{h,\max} = u_{h,d}(x) - u_{h,u}(x)$$

이때 $u_{h,d}(x)$ $u_{h,u}(x)$는 특정한 입력 x에서 입력을 감소시키며 측정한 출력값과 입력을 증가시키며 측정한 출력값을 의미한다.

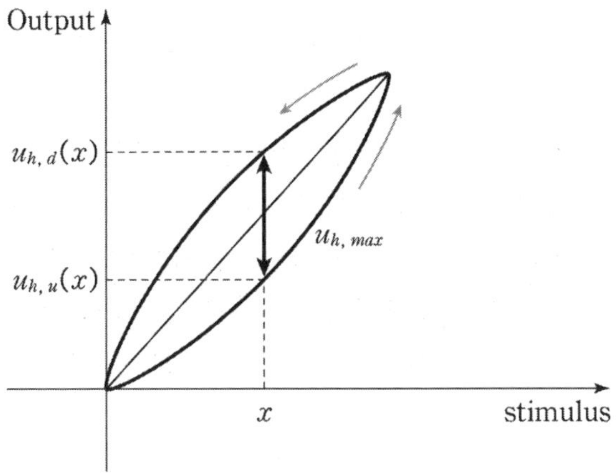

| 그림 1-3 | 히스테리시스 오차

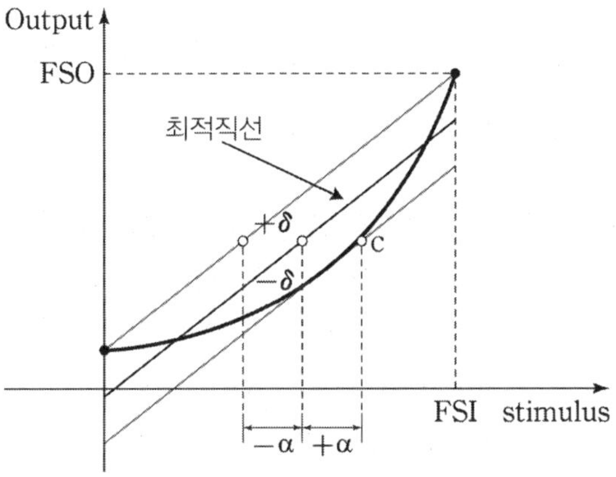

| 그림 1-4 | 선형성 오차와 정적 감도 특성

- 선형성(linearity)과 선형성 오차(linearity error): 센서 시스템이 외부 환경 등에 의한 영향을 보정(calibration)하면, 입력(Stimulus)에 상응하는 선형적인 출력 특성이 나타나도록 선형화된다. 그러나 일반적으로 센서의 출력 특성이 입력에 따른 일차함수로 나타나지 않기 때문에 선형성을 확보하는 것은 쉽지 않으며, 특정 직선상의 출력 구간에서 다소 차이가 있는 출력특성을 나타나게 된다. 즉, 그림 1-4에 제시된 것과 같이 선형화된 출력 특성이 특정 직선상의 값과 어느 정도의 오차 δ를 나타내는가를 표현한 것이 선형성 오차이며, 일반적으로 FSO에 대한 백분율로 표시된다. 즉, 다음의 식 (1.2)와 같이 표현된다.

$$\text{선형성 오차(linearity error)} = \frac{\delta}{FSO} \times 100\,(\%) \tag{1.2}$$

- **감도(Sensitivity)**: 감도는 측정 대상인 입력신호에 대한 센서 출력의 비로 정의하며, 감도는 신호의 특성에 따라 정적감도(static sensitivity)와 동적감도(dynamic sensitivity)로 나뉜다. 정적 감도는 정적인 신호, 즉 시간적인 변화가 없는 신호의 입력과 출력 특성 곡선상의 임의의 점에서의 기울기로 정의하며, 식 (1.3)과 같다. 즉 센서의 출력 특성이 입력 x에 대해 $y = f(x)$의 함수로 주어진 경우, 정적 감도는

$$S(x_a) = \frac{df(x)}{dx}_{x = x_a} \tag{1.3}$$

예를 들어, 센서의 출력특성이 입력 x에 따라 $f(x) = ax^3 + bx^2 + cx + d$로 나타날 때, $x = x_a$에서의 정적 감도는 $f'(x) = \frac{df(x)}{dx} = 3ax^2 + 2bx + c$ 에서 $f'(x = x_a) = 3ax_a^2 + 2bx_a + c$ 가 됨을 의미한다.

또한 단순히 입력의 증가에 대한 출력의 비(ratio)만을 정의한다면, 상기 정의한 감도를 절대감도(absolute sensitivity)라고도 정의할 수 있으며, 이에 반해 상대감도(relative sensitivity)는 절대감도를 입력이 0인 상태에서의 출력에 대해 정규화(normalize)한 감도를 의미하고, 교차 감도(cross sensitivity)는 입력이 두 개 이상 존재할 때, 이의 변화에 대한 출력과의 비를 의미한다.

- **정확성(accuracy)**: 정확성이란 측정값(M)이 참값(T)에 얼마나 유사한가에 대한 척도로서 오차(e)를 측정값(M) - 참값(T)으로 정의하면, 정확성은 최대 오차에 대한 최대 출력범위(FSO)의 백분율로 정의한다. 즉, 식 (1.4)와 같이 정의한다.

$$accuracy = \frac{M - T}{FSO} \times 100\,\% \tag{1.4}$$

- **오차(errors)**: 동일한 입력신호에 따라 센서 혹은 센서 시스템의 출력이 항상 동일하게 나타나지 않는다. 이런 이유는 대표적으로 주변 환경이 측정시점과 동일하지 않고, 또한 센서 시스템의 전체적인 특성도 시시각각 변화하기 때문이다. 이런 이유로 센서 시스템에는 오차가 존재하게 되고, 그 종류에는 계통 오차(system error)와 무

작위 오차(random error) 두 가지가 존재한다. 무작위 오차는 변수의 반복적인 측정에서 발견되는 무작위한 외란(온도, 습도, 진동, 전자기파의 강도, 대기압 등)의 변동에 기인한 오차이기에 이를 제거하기는 어렵다. 반면에 계통오차는 측정 자료의 평균값과 참값 사이의 치우침으로 인해 발생되는 오차로서 기본적으로 편이(offset)를 보정함으로써 계통오차를 줄여줄 수 있으며, 이들의 관계를 나타내면 그림 1-5와 같다.

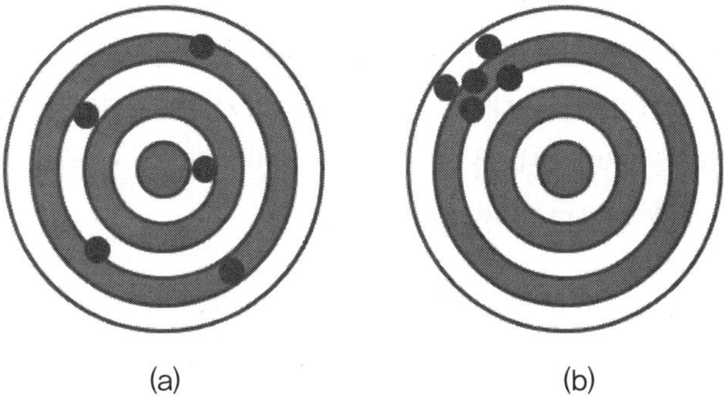

| 그림 1-5 | 무작위 오차와 계통 오차의 차이: (a) 무작위 오차 (b) 계통 오차

무작위 오차는 표적의 중앙에서 벗어나고, 그 결과가 어떤 연관성이 없어 보이는 형태의 오차라 생각할 수 있으며, 정확한 분석이 순간순간 이루어지지 않는 경우 해결하기 어렵다. 그러나 그림 1-5 (b)에서 보듯이 계통상의 오차는 표적(혹은 참값)에서 떨어져 있으나, 그 원인을 분석하여 제거하면 표적의 정중앙(혹은 참값을 표시)에 위치시킬 수 있는 특징을 지닌다.

- 반복성(repeatability)과 재현성(reproducibility): 반복성이란 동일한 입력신호, 예를 들면 표준 가스(가스 농도가 일정한 가스)를 외부 환경을 일정하게 유지시킨 상태에서 독립적으로 반복하여 주입했을 때 센서가 동일한 값을 출력하는 능력을 의미한다. 이는 비교적 짧은 시간동안 동일한 실험자 혹은 동일한 실험실에서 동일한 센서 시스템으로 수행한 결과를 근거로 제시된 것이다.

  이에 반해 재현성이란 동일한 센서 사양에 의해 제작된 서로 다른 센서 시스템이 다른 실험자 혹은 실험실에서 수행되거나, 시간이 일정기간 경과한 후에 동일한 시험을 실시하였을 때 얼마나 그 결과가 예전 결과와 잘 일치하는지를 나타내는 것이다. 따라서 반복성과 재현성이 우수한 센서 시스템은 어떤 실험자가 어느 환경에서 측정하던 그 환경조건이 유사하다면 유사한 결과를 나타낼 것으로 생각할 수 있으며, 우수한 성능을 확보한 센서 시스템으로 평가할 수 있다.

- **분해능(resolution)**: 분해능이란 출력으로 분별할 수 있는 최소 입력 증가량을 의미하는데, 예를 들어 0 ~ 5 V의 출력전압을 8-bit인 256개의 출력으로 분해했을 때, 특정 입력량 x의 증가로 인해 1/256 step의 출력 변화가 있다면 이 x값이 센서 시스템의 분해능이라고 정의한다.

- **선택성(selectivity)**: 가스 센서의 경우, 대기 중에는 다종다량의 가스들이 존재하기에 측정 대상인 하나의 가스에 대해서 반응하는 센서의 성능이 요구되는데, 이와 같이 여러 가지 측정 대상 중에 특정 대상에 대해서만 반응하는 센서의 능력을 선택성이라 한다. 즉, 공기 중에는 대상 가스이외에 습기, 이산화탄소 등이 존재하고, 가스 센서의 경우 이들 뿐만 아니라 타 가스에도 반응할 수 있는데, 이런 반응성에 대한 특정 가스에 대한 민감도를 선택성이라 한다.

- **응답시간(response time)**: 입력이 계단함수 형태로 증가하였을 때, 센서의 출력이 최종치의 63%에 도달하는데 걸리는 시간을 일반적으로 응답시간이라 정의한다. 이는 전기전자시스템에서 일반적으로 시정수 혹은 시상수(time constant)로도 정의되고 있으며, 특정 센서 시스템의 경우, 90 % 응답시간도 정의하고 있는데, 이는 센서의 출력이 최종치의 90 %에 도달할 때까지 걸린 시간을 의미한다. 따라서 센서의 특성을 제시한 사양서에서 센서의 응답시간을 어떻게 정의하고 있는지 살펴, 그 시간을 정확히 파악하여야 한다.

- **안정성(stability)**: 센서 혹은 센서 시스템의 안정성은 주로 장기적인 관점에서의 특성변화가 어떤가를 나타내는 것으로, 특정 기간 동안 센서의 성능을 유지시킬 수 있는 능력을 의미한다. 특히 장기 신뢰성 2년, ±2 %라는 의미는 최대 출력범위(FSO)의 ±2 % 범위의 오차를 가질 수 있는 상태에서 2년 동안 그 신뢰성을 보장할 수 있다는 의미로 해석할 수 있다.

- **동작 수명(operating life)**: 동작 수명이라는 것은 센서 특성의 저해 없이 연속적이거나 on-off 동작 상태에서 센서가 정상적으로 동작하는 최소 수명을 의미한다.

상기 제시한 바와 같이 센서의 성능을 좌우하는 다양한 특성이 있지만, 원하는 계측량과 센서 시스템의 비교 평가 시 고려해야 할 사항 중에서 몇 가지 선택한다면, 입력범위, 최대 출력범위, 정확성, 재현성과 반복성, 분해능과 선택성(특히 가스센서의 경우) 및 안정성을 들 수 있다.

3 센서의 분류

2.1 절에서 센서의 종류를 외부 인가 전원의 유무에 따라 그림 1-6과 같이 자기 발전형과 변조형 두 가지로 분류하였다. 또한 센서는 측정대상, 재료 및 외부 자극의 변환원리 등에 따라 여러 가지로 분류할 수 있으며, 본 절에서는 측정 대상과 사용재료 및 변환원리 측면에서 센서를 분류하고자 한다.

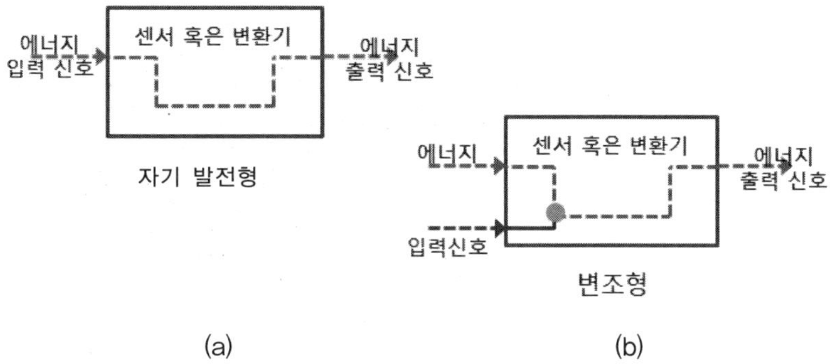

| 그림 1-6 | 외부 인가전원의 유무에 따른 센서의 분류: (a) 자가 발전형 (b) 변조형

3.1. 측정 대상에 따른 분류

센서의 측정대상을 분류하면 크게 여섯 가지로 나눌 수 있는데, 이는 광학적 특성, 자기적 특성, 열적특성, 전기적 특성, 기계적 특성과 화학적 특성으로 나뉜다. 이들 여섯 가지 특성의 세부 측정 대상을 제시하면 그림 1-7과 같다.

일예로 기계적 특성의 측정 대상에는 외부에서 물체에 가하는 힘, 대기압 혹은 대기압을 기준으로 측정하고자 하는 대상체의 상대압력, 자동차의 조향장치에 가해지는 토크, 반도체 장비의 화학적 반응로의 진공도, 화학 공정라인 상의 유량과 유속의 변화 등 다양한 물리량을 측정 대상으로 하고 있다. 이들의 측정을 위한 센서의 종류도 다양하고, 동일한 측정 대상에 대해 다양한 변환원리를 적용하고 있음도 상기해야하며, 용도에 맞는 적절한 센서 혹은 센서 시스템을 요구 조건에 맞게 선택할 수 있어야 한다.

| 그림 1-7 | 측정 대상에 따른 센서의 분류

3.2. 변환 재료에 따른 분류

써모커플 혹은 써모파일처럼 외부의 열 에너지 변화를 직접 전기적인 신호로 변환시키는 센서도 있지만, 외부 자극을 변환시키는 재료와 이를 응용한 센서가 주류를 이루며, 변환기능을 담당하는 재료의 측면에서 센서를 분류하면 표 1-2와 같다.

[표 1-2] 변환 재료에 따른 센서의 분류

센서의 변환 재료		대표적 센서의 예
유전체		Quartz 압전 센서, 초전형 온도 센서
금속		써모커플, RTD, 박막 스트레인 게이지, 수위센서
반도체	세라믹: 산화물 반도체	가스 센서(SnO_2 , WO_3, TiO_2, YSZ), NTC & PTC 써미스터
	Si, 화합물	압력 센서, 가속도 센서, 유량 센서, 자이로 센서, 포토다이오드, 포토트랜지스터, CdS, CdSe, ZnS
고분자(Polymers)		습도 센서, 가스 센서, 혈당 센서
생체 물질		바이오 센서

축음기에 사용하던 Quartz의 경우, 유전체로서 기계적 표면 거칠기를 전기적 신호인 전류로 변환시키는 압전 센서이고, RTD(Resistance Temperature Device)는 니켈 혹은 백금 박막을 기판에 증착하여 온도에 따른 저항률의 변화를 통한 전기적 저항변화를 이용한 온도 센서로 사용하고 있다. 금속 박 게이지의 경우, 탄성체 표면에 박판 게이지를 접착하여 탄성체의 탄성영역 이하의 응력이 가해지는 경우, 이에 따른 게이지의 길이와 단면적의 변화에 기인한 저항 변화로 힘을 측정하는 센서이다. 또한 세라믹 산화물 반도체인 SnO_2는 가스 센서의 재료로 광범위하게 사용되고 있는데, 표면에서의 측정 대상가스의 산화-환원 반응에 따른 산화물 반도체의 전기저항 변화를 이용한 센서이고, 실리콘 반도체의 기계적 전기적 특성을 이용하여 압력 센서, 가속도 센서, 유량 센서 등을 초소형화 및 관련 신호처리 회로의 집적화를 통해 특성의 안정화 및 대량생산도 가능한 시대를 열어가고 있다. 특히 실리콘 반도체를 이용한 센서는 MEMS(MicroElectroMechanical Systems) 기술의 발전과 진화에 따라 2000년대 이전에 개별 센서로 존재하던 대형 센서들을 초소형화 하여 IoT(internet of things) 시대의 핵심 부품기술로 성장하고 있다.

3.3. 변환 원리에 따른 분류

변환 현상 혹은 원리 측면에서 센서를 분류하면 통상적으로 생화학적 측면, 화학적 측면, 물리적 측면의 세 가지로 나눌 수 있으며, MEMS 기술 시대에 부응한 실리콘 반도체 재료 중심으로 분류하면 표 1-3과 같으며, 각각의 물리적 효과는 각 센서에서 다루기로 한다.

[표 1-3] 실리콘 반도체 센서의 물리·화학적 효과

신호영역	자가 발전형	변조형 센서
광학적 신호	광 기전력 효과	광 전도도, 광전 효과
기계적 신호	음향기전력 효과, 압전효과	압저항 효과, 횡방향 광전도 효과
열적 신호	지벡효과	열저항 효과
자기적 신호		홀 효과, 자기 저항 효과
화학적 신호	갈바노 효과	

4 센서 시스템의 설계 및 선택 시 고려해야 할 사항들

온도를 측정할 때 어떤 온도 센서를 선택할 것인가를 정하는 것은 온도 센서가 어떤 환경에서 사용되고, 어떤 온도범위에서 얼마나 정확하게 측정하고자 하는지?에 따라 다양한 선택이 가능하다. 즉, 온도 센서에는 저항변화형(RTD, 써미스터), 전류변화형(다이오드 혹은 IC 소자형), 전압변화형(써모커플, 써모파일, 초전형 센서)등이 있는데, 응용분야에 따라 접촉식인지 비접촉식인지, 어떤 기준에 의해 타당성 있는 센서를 선택 사용할 것인지? 살펴보는 것은 센서와 이를 이용한 센서 시스템의 전반적인 성능을 좌우하기에 대단히 중요한 과제라 할 수 있다. 따라서 본 절에서는 센서 혹은 센서 시스템의 연구개발 과정 혹은 센서 시스템이 속해 있는 전체 시스템의 성능 유지 및 향상을 위해 어떤 기준에 의해 센서를 선택할 것인지 살펴보도록 한다.

일차적으로 센서가 정적인 특성만을 측정하고, 출력할 것인지? 동적인 특성까지 고려할 것인지?에 따라 고려해야 할 사항들이 달라진다. 정적인 특성만을 측정 출력한다면, 측정량의 측면에서 입력범위, 정확성, 분해능, 응답시간, 출력임피던스와 측정 가능한 최대값은 어떤지에 대한 정의가 이루어진 상태에서 센서의 설계 및 선정을 고려해야 한다. 또한 출력면에서 측정대상에 대한 출력 감도, 잡음 수준은 어떤 범위에서 회로를 설계할 것인지? 전압출력을 제공할 것인지? 전류 출력을 제공할 것인지? 또한 0.5 V 편이전압을 출력 신호에 중첩할 것인지? 결정하여야 한다. 입출력의 관점에서는 동작전원과 동작전원의 잡음 제거를 어떤 수준으로 제거 제공할 것인지 설계에 반영하여야 한다.

[표 1-4] 센서 연구개발 및 선정 과정에서 고려해야 할 특성들

측정량	출력 특성	동작 전원 특성	환경 요인	기타 특성들
입력범위(Span)	감도	전압	주변 온도	신뢰성,
정확성		전류	열 충격	동작 수명
분해능	잡음수준*	소비 전력	온도 변화 주기	과부하 보호
		주파수*		
안정성(stability)	출력신호*: 전류, 전압, 주파수		습도	자료취득 비용
		안정성	진동*	
대역폭*	신호형태*: 단일,		충격	중량, 크기
응답시간	차동, floating		내화학성	추가 전선연결성
출력 임피던스*	대역폭*		폭발 위험성	결선 형태
최대값	출력 임피던스		진흙, 먼지, 염습	부착 요구사항
간섭효과	차단 주파수(f_c)*		액침(immersion)	설치 시간
	출력 코드형태		내 전자기파	낙하시 고려사항
	(디지털 출력일 때)		내 정전기	검교정 비용
			우주선(ionizing	유지보수비용
			radiation)	대체 비용

* 센서의 동적 특성상 특히 고려해야 할 항목들

※ 센서의 정적·동적 특성은 측정 요구량에서 호환성이 있어야 함

그러나 센서의 설계와 선정에서 제일 먼저 고려해야 할 사항은 센서 혹은 센서 시스템이 사용되고 있고, 사용될 환경요인을 정확하게 파악하는 것이 제일 중요하다고 할 수 있다. 즉, 센서가 일반 가정용인지, 산업용인지, 자동차에 사용될 것인지, 군사용으로 사용될 것인지의 여부에 따라 요구되는 환경을 정확하게 인지하고, 이에 부응하는 센서 및 센서 시스템을 설계 혹은 선정하여야 그 기능과 특성을 적절하게 반영한 안정화된 센서 시스템과 전체 시스템을 구현할 수 있게 된다.

참고문헌

1. Jacob Fraden, *AIP Handbook of Modern Sensors: Physics, Designs and Applications,* American Institute of Physics, New York, 1993.

2. S.M. Sze, *Semiconductor sensors,* John Wiley & Sons, Inc., New York, 1994.

3. R.Pallas and J.G. Webster, *Sensors and Signal Conditioning,* John Wiley & Sons, Inc., New York, 2001.

4. S. Middelhoek and S.A. Audet, *Silicon Sensors,* Acadmic Press Limited, London, 1989.

5. R.S. Figliola and D.E. Beasley, *Theory and design for mechanical measurements,* John Wiley & Sons, Inc., USA, 2015.

6. 민남기, 센서전자공학, 동일출판사, 2005.

CHAPTER 02

전원 회로

1 서론

현대사회에서 스마트 폰의 사용은 개인별 전원장치를 하나씩 사용하고 있다고 할 수 있다. 발전소에서 생산된 전기 에너지가 송전선로를 거쳐 주택단지 인근의 변전소에 도달하고, 이 전력이 주상 변압기를 통해 각 가정에 공급될 때, 220 V의 교류 전원으로 공급된다. 그러나 그림 2-1에 제시한 것과 같은 전원장치는 220 V 교류전원을 스마트 폰 충전을 위해 5 V 이하의 직류 전원으로 변환시켜 스마트 폰, Arduino Uno를 구동하고, TV, DVD Player, CD Player 같은 전자제품은 그 동작특성에 적합하게 교류전원을 직류 전원으로 변환하여 구동하게 된다.

따라서 센서회로 및 센서 시스템의 동작을 위한 직류전원의 설계 및 회로를 살펴보는 것은 센서 시스템 제작을 위해 필수부가결한 사항이다.

이 과정에서는 휴대용 전원장치 혹은 개별 센서의 구동을 위한 직류 전원장치인 전파 정류회로와 ±5 V, 3.3 V 정전압 전원회로에 대해서 살펴본다.

이 장의 학습과정을 통해 다음과 같은 능력을 갖출 수 있을 것이다.

1. 반파정류와 전파정류 회로의 차이를 이해하고, 설명할 수 있다.

2. 평활 회로에서 커패시터의 기능을 설명하고, 시정수가 맥동전압(ripple voltage)에 미치는 영향을 설명할 수 있다.

3. 전압조정기 IC에 의한 전원 장치를 설계할 수 있다.

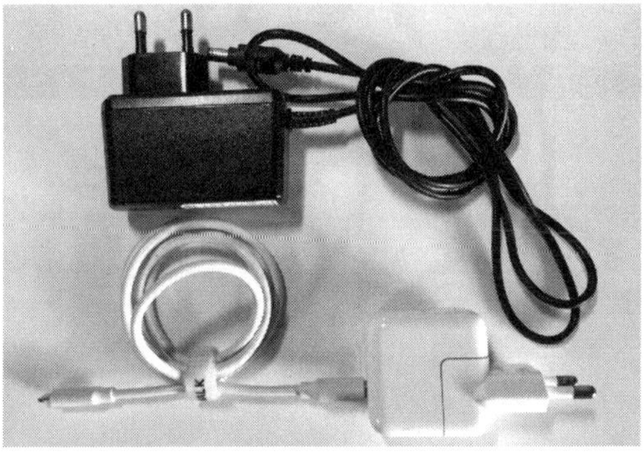

▎그림 2-1▕ 직류전압 공급용 어댑터

일반적인 교류-직류 전원변환기의 구조를 나타낸 것이 그림 2-2이고, 각 단계별 동작 상태를 제시하면 다음과 같다.

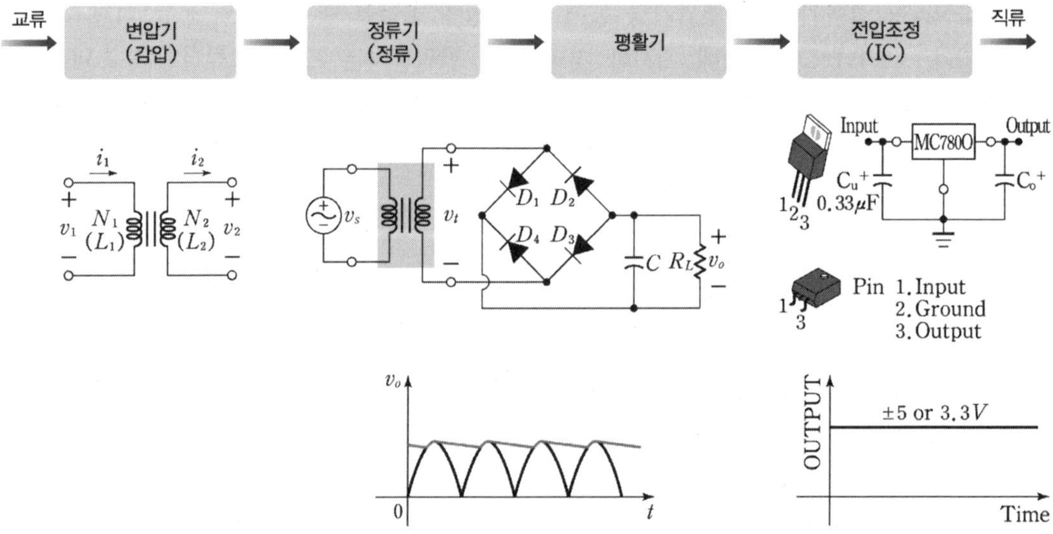

▎그림 2-2▕ 교류-직류 전원 변환기의 구조 및 변환 단계도

220 V의 교류전원은 변압기를 통해 저전압으로 감압되며, 이때 주파수는 입력 전원의 주파수와 동일하다. 단, 변압기의 원리에 의해 전류는 증가한 상태에 있고, 브릿지 다이오드를 통과하면 교류전압은 전파 정류되어 그림 2-2의 중간의 하단에 있는 그림과 같은 전압 형태를 갖는다. 비록 교류전압이 직류전압화 되었으나, 그 효율이 높지 않으므로 브릿지 다이오드 출력단에 저항과 커패시터를 연결하면 커패시터의 방전시간에 의해 출력전압은 맥동전압을 갖는 직류전압 형태로 출력된다. 즉, 저항-커패시터 연결에 의한 시정수를 조절하면 맥동 전압의 크기를 조절할 수 있지만 완전히 제거할 수 없는 상태이다. 따라서 전압이 제공되기에 전압조정 IC를 RC 평활 회로단에 연결하면 그림 2-2의 우측 하단처럼 시간의 경과에 따라 전압의 변화가 없는 직류 전압을 공급할 수 있다.

본 장에서는 교류전원을 직류전원으로 변환하는 과정을 살펴보고, 회로내에서 요구되는 ±5 V 직류전원과 3.3 V 전압제공을 위한 회로 구성을 실시하고, 그 특성을 살펴보기로 한다.

2 전파 정류 회로/리플 전압 조정 회로와 실험

2.1. 실험 부품

중간 탭이 있는 변압기(220 V/24 V 감압), 전력용 다이오드(1N4001/4개), 저항(1/2 W, 330 Ω), 커패시터(100 μF/50 V), 커패시터(0.01 μF), 부하저항(33 kΩ, 1/4 W)

2.2. 실험 회로도 및 결선

그림 2-3은 변압기와 두 개의 다이오드로 구성된 전파 정류회로를 나타낸 것이다. 중간 탭을 갖는 변압기의 중간탭이 접지되어 있으므로, 상대적으로 변압기 2차 측 전압은 상단이 (+) 전압을 갖는 경우, 하단의 2차 측 전압은 (−) 전압을 갖는 특성을 지닌다. 따라서 입력 (+) 반주기 동안 D_2가 순방향이 되어 전류가 R_1를 통해 흐르고, 이 전압이 부하저항인 R_3에 인가된다. 또한 (−) 입력전압의 반주기 동안 하부의 2차 측 단자는 (+)가 되고, D_4가 순방향이 되어 다이오드가 정상 작동하므로(이때 D_2는 역방향 전압으로 개방된 상태) R_1에는 전류가 흘러 부하저항 R_3가 반주기 전압이 인가된다.

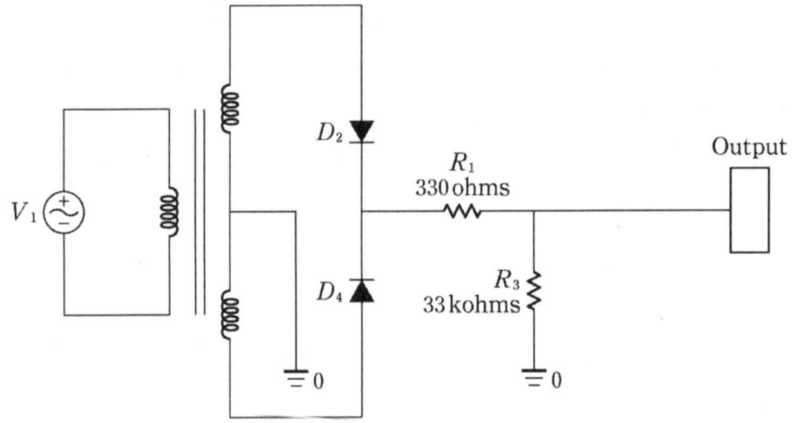

▎그림 2-3▐ 변압기와 다이오드로 구성된 전파정류 회로(중성점 탭형)

즉, 변압기 1차 측이 (+) 반주기 동안 다이오드 D_2가 작동하고, (−) 반주기 동안은 D_4가 'ON' 상태가 되어 R_3에는 (+) 전압만을 갖는 사인파 전압이 인가되는 전파정류 회로를 구성하게 된다. 그러나 이들의 한 주기 동안의 평균전압은 낮아, 그림 2-4와 같이 출력단에 RC 평활회로를 추가하면 한 주기 동안의 평균전압을 상승시킬 수 있으며, 그림 2-3의 중앙에 제시된 형태의 출력 전압을 확보할 수 있다.

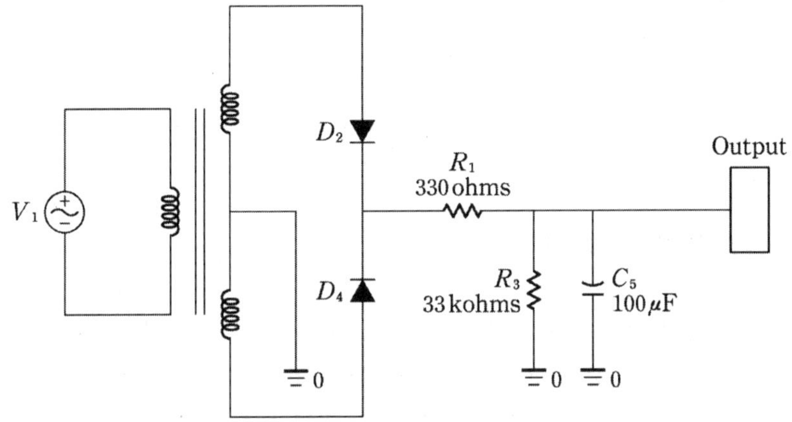

▎그림 2-4▐ 반파 정류회로와 RC 평활 회로를 통한 교류–직류 회로

한편 그림 2-4와 같이 중심탭형 전파정류 회로의 출력단에 저항과 커패시터를 병렬로 연결한 평활회로를 부가하여, 커패시터와 병렬로 부하저항 R_3를 연결하면 효율을 향상

시킨 출력 전압을 확보할 수 있다.

또한 브릿지 다이오드와 RC 평활회로를 이용한 전파정류 회로를 제시하면 그림 2-5와 같다. 1차 측이 (+) 반주기 동안 변압기의 2차 측 하단이 (+) 전압으로 유도되므로, D_8이 'ON'되고, D_7이 'OFF'된다. 이때 D_6은 역방향 상태이므로 전류는 R_2를 거쳐 R_3로 흐르고, R_2와 R_3에서 전압강하 되었으나, 전압이 상대적으로 높아, D_5가 'ON'되어 전류가 변압기로 회귀된다. (–) 반주기 동안, 2차 측 D_6이 'ON'되고, R_2를 통해 전류가 흐르고, 상대적으로 D_7의 하단전압이 낮아 D_7이 'ON'되어 전류가 흐른다. 즉, (+)와 (–) 전주기 동안 R_3에 동일한 위상의 전압이 인가되어 전파정류 회로를 형성하게 된다.

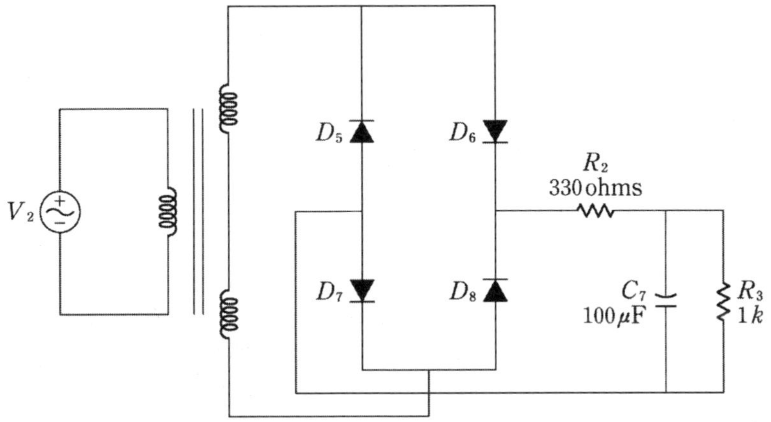

❙ 그림 2-5 ❙ 브릿지 다이오드와 RC 필터를 이용한 전파정류 회로(브릿지형 정류회로)

[표 2-1] 중심점 탭형과 브릿지형 전파정류 회로비교

구분	중심점 탭형	브릿지형
효율(%)	57.5	81.2
다이오드 개수(개)	2	4
다이오드 역전압(V)	$2\sqrt{2}\,V$	$\sqrt{2}\,V$

※ 다이오드 역전압의 경우, 변압기 2차 전압의 실효값을 V로 한다.

표 2-1은 중심점 탭형과 브릿지형 전파정류 회로의 효율과 다이오드 역전압을 비교한 것이다. 브릿지형 전파정류의 효율이 약 81%로서 중심점 탭형을 이용한 정류회로 보다

향상되었으나, 역전압과 비용 측면에서는 다소 단점이 있다.

2.3. 실험 회로와 실험 순서

본 실험에서는 그림 2-6의 회로를 구성하고, 입력단에서 출력단에 이르기까지의 전원 변화를 살펴보기로 한다.

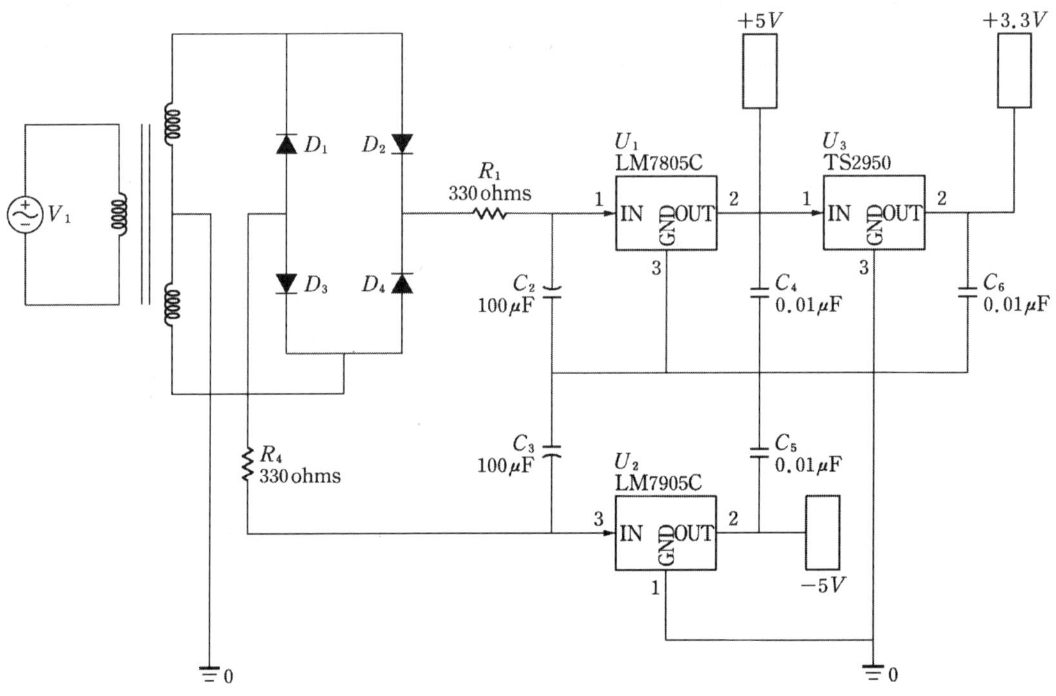

그림 2-6 브릿지 다이오드와 RC 평활회로를 이용한 전파정류 회로와 전압조정기 IC를 사용한 ±5 V 및 +3.3 V 출력 회로도

❶ 그림 2-6에 제시한 회로도를 참고하여 정전압 회로를 구성하시오.

❷ 변압기와 다이오드, 저항과 커패시터를 결선한 후, 오실로스코프를 이용하여 변압기 1차와 2차 단자의 전압과 주파수를 측정하여 표 2-2에 기입한다. 이때 변압기 1차 단자와 2차 단자간의 위상차가 존재하는지에 대해서 살피고, 그 결과를 전압 파형 칸에 그래프와 함께 간략하게 설명을 기재하시오.

❸ 다이오드단의 출력전압과 전류제한 저항과 커패시터 사이의 전압 파형을 측정하여라. 이때 맥동전압의 크기를 조절하기 위해 커패시터를 변경(47 μF/50 V, 100 μF/50 V) 할 때 부하 저항에 인가되는 순시 전압의 파형변화를 관찰하고, 맥동전압(ripple voltage)의 변화를 측정해 보자.

상기 제시한 전압 조정과정은 ❶ 교류를 브릿지 다이오드 회로를 통하여 전파 정류하고, ❷ 출력단에 저항과 커패시터를 직렬로 연결하고, 커패시터의 방전 특성을 이용하여 맥동전압이 작은 상태로 직류 전압에 가까운 전압으로 변환시키는 과정이라고 하면, 다음의 전압 조정과정은 전자회로의 동작상 필수적인 안정적인 저전압 전원을 확보하기 위한 일련의 과정이다. 즉, ±5 V와 저소비전력 반도체나 MCU 및 주변 IC를 동작시키기 위한 +3.3 V 공급전원 회로설계를 나타낸 것으로 그 구체적인 설계과정 및 실험 내용을 살펴보면 다음과 같다.

[표 2-2] 각 단자 간 입출력 측정 결과

측정 단자	전압 파형	전압크기	주기
변압기 1차-①			
변압기 2차-①			
변압기 2차-②			
커패시터(+) 단자			
부하저항 상단			

❹ IC 7805와 7905의 입력단과 출력단에서의 전압을 측정하고, 기록하시오. 각 전압 조정기의 입출력단의 전압 측정 시 특이한 사항이 있다면 어떤 것이 있는지 서술해 봅시다.

구분		7805	7905
입력	전압 형태		
	전압 크기(V)		
출력 전압(V)	전압 형태		
	전압 크기(V)		

상기 과정을 통해 센서 시스템에 사용되는 ±5 V 전압 공급회로를 살펴보았는데, 최근 각종 IC와 MCU의 동작전압은 3.3 V 이하로 구동되고 있으므로, 3.3 V 정전압 제공 방법도 살펴볼 필요가 있다. 현재 사용되고 있는 3.3 V 전압조정 IC 중, 본 실험에서는 TS2950 IC를 +5 V 전압조정기의 출력단에 연결하여 그 특성을 살피고자 한다.

❺ TS 2950 IC를 그림 2-6에 제시한 회로도와 같이 연결하고, 입력 전압과 출력전압을 측정 기록하시오. 3.3 V 출력단에 사용한 커패시터(0.01 μF)의 기능에 대해서 조사해보고, 논의해 봅시다.

참고문헌

1. 신윤기, 핵심전기전자공학, GS 인터비젼, 2015.

2. 탁한호, 센서응용회로의 설계 및 실험, 북두출판사, 2018.

3. 김상진외 8명, 전기전자기초실험, ㈜ 북스힐, 2003.

4. 박송배, 교류회로이론, 문운당, 1985.

CHAPTER 03

필터 회로

1 서론

우리들 일상생활에서 여과 과정을 흔히 볼 수 있는 것은 정수기이다. 상수도의 수돗물 전달과정이나 지하수에서 발생할 수 있는 이물질 등 원하지 않는 물질을 걸러내는 과정을 여과 혹은 필터링이라고 한다.

전기전자 회로의 구성에서도 원하지 않는 신호를 차단하거나, 원하는 신호만을 통과시키는 회로의 구성이 가능하고, 특정 주파수 대역의 신호를 차단 혹은 통과시키는 것은 신호처리에 있어서 매우 중요한 사항이다. 예를 들어 가정용 전원을 이용하여 임의파형 발생기 혹은 전압조정기를 통한 교류 혹은 직류전압의 공급 시, 전원전압의 주파수에 해당하는 미세전압이 회로에 인가되기도 하고, 이들이 전체 회로의 출력전압의 특성에 영향을 미치기도 한다. 또한 전자제품의 경우, 외부 통신선로를 통한 전자파가 회로의 증폭단자에 인가되면 이들 신호도 입력으로 작용하여 불필요한 회로 동작으로 인한 오류가 발생하기도 한다.

또한 센서나 센서 시스템의 동작 시 센서 자체의 출력이 미소하여 이를 증폭하여 사용하는 경우가 대다수인데, 미소 입력 신호를 증폭할 때 외부 잡음 신호도 증폭되어 센서 자체의 신호를 파악하기 힘든 경우가 발생한다. 예를 들어 k-형 열전대의 경우, 허용 입력범위에서의 감도는 약 40 ~ 100 μV 이하의 값을 갖고 있어, 온도 센서로 응용하기 위해서는 열전대의 출력을 증폭하되, 잡음은 제거되어야 한다. 또한 MEMS 기술에 의한 압력, 가속도, Yaw rate 센서 등의 출력 또한 기존 센서들의 출력에 비해 수십에서 수백배 이상 작기 때문에 신호처리 회로가 센서와 동일한 기판상 집적된 경우가 대부분이며, 신호처리시 잡음은 제거하고 신호는 증폭하는 능동 필터링 기능을 채택하고 있다.

따라서 본 실험에서는 수동 저역통과 필터와 능동 저역필터의 차이점에 대해 살펴보고 ❶ 전달함수, ❷ 주파수에 따른 이득 특성식, ❸ 차단 주파수를 이론적으로 살펴보고, 실험을 통해 각 필터의 특징을 확인하는 과정을 갖도록 한다.

이 장의 학습과정을 통해 다음과 같은 능력을 갖출 수 있을 것이다.

1. 수동필터와 능동필터의 차이점을 설명할 수 있다
2. 능동 저역 · 고역 통과필터를 설계하고, 이론적으로 설명할 수 있다.

2 필터의 종류

전기전자 회로에 응용되는 필터의 종류에는 기본적으로 저역통과, 고역통과, 대역통과, 대역차단 필터로 나누어진다. 또한 신호의 증폭 유무에 따라 수동 필터와 능동 필터로 나누어진다. 수동 필터는 RLC의 직병렬 조합을 통해 구성된 필터이고, 신호의 증폭기능은 없으나, 능동 필터는 주로 RC와 연산증폭기의 결합을 통해 필터링 기능에 신호 증폭 기능을 갖는 필터를 의미한다.

필터의 종류에 따른 주파수의 변화에 대응한 출력단에서의 전달함수, $H(\omega)$을 제시하면 그림 3-1과 같다. 그림 3-1 (a)에 나타낸 것과 같이 이상적인 저역통과 필터는 차단 주파수, f_c 이하에서 전달함수는 1인 특성을 갖으나(입력이 출력으로 그대로 전달되는 특성), 차단 주파수 이상의 주파수에서는 신호를 제거하는 특성을 지닌다. 즉, 저역통과 필터는 차단 주파수 이하의 주파수의 신호만을 통과시키는 특성을 지닌다. 반면에 고역통과 필터는 저역통과 필터와는 반대의 특성으로 나타내는데, 차단 주파수 이하의 주파수 입력은 출력단에서 제거되고, 차단 주파수 이상의 주파수 입력만이 전달되는 특성을 갖는다(그림 3-1 (b)).

대역통과 필터는 RLC의 조합을 통하여 형성되는데, 그림 3-1 (c)와 같이 하위 차단 주파수(f_{c1})와 상위 차단 주파수(f_{c2}) 사이의 주파수를 갖는 입력 신호만을 통과시키는 특성이 지니며, 대역차단 필터는 일명 노치 필터(Notch filter)라고도 하며, 하위 차단 주파수(f_{c1})와 상위 차단 주파수(f_{c2}) 사이의 주파수를 갖는 입력 신호만을 차단하고 나머지의 주파수를 갖는 입력신호는 출력단으로 통과시키는 특성을 지닌다.

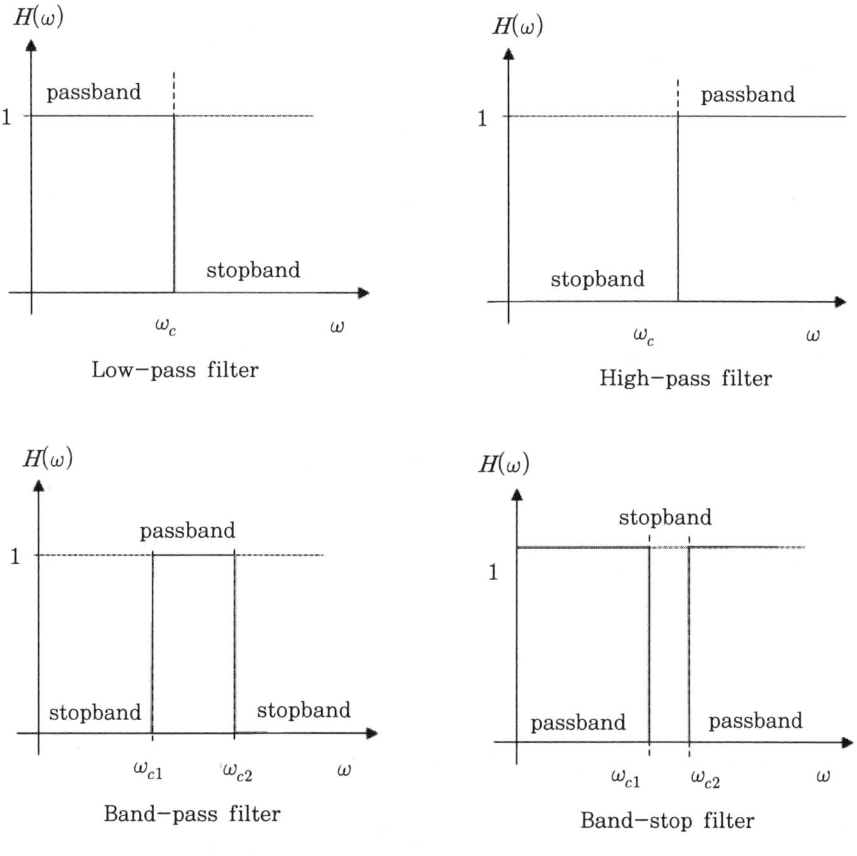

▎그림 3-1 ▎ 필터의 종류와 주파수의 변화에 따른 출력진폭 특성

따라서 필터의 선정은 신호처리 회로에서 어떤 기능을 갖도록 설계하고 응용할 것인가에 따라 센서부의 최근접단에 배치하여 그 기능을 갖도록 하는 것이 중요하다.

3 수동 저역통과 필터 회로와 실험

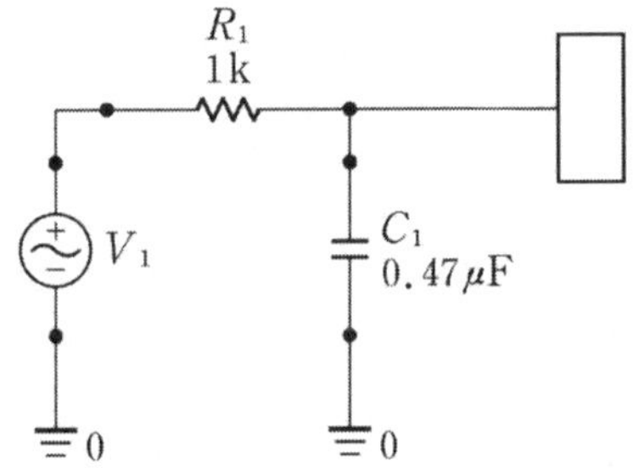

(a)

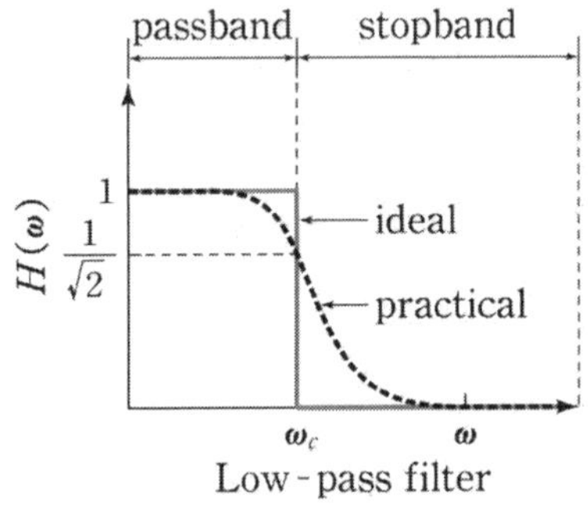

(b)

| 그림 3-2 | RC 저역통과 필터: (a) 회로 구성 (b) 통과대역 및 차단 주파수

그림 3-2에 제시된 수동 저역통과 필터의 전달함수를 통한 특성을 해석하면 다음과 같다. 출력단에서 커패시터의 임피던스(Z_c)는 식 (3.1)

$$Z_c = \frac{1}{j\omega C} = \frac{1}{j2\pi f C} \tag{3.1}$$

이고, 전체 임피던스(Z_T)는 식 (3.2)인

$$Z_T = R_1 + \frac{1}{j\omega C_1} \tag{3.2}$$

가 된다. 따라서 전달함수 (H_ω)는 식 (3.3)이 된다.

$$H(\omega) = \frac{v_{out}(f)}{v_1(f)} = \frac{(1/j2\pi f C_1)}{R_1 + 1/j2\pi f C_1} \tag{3.3}$$

이 된다. 이때 전달함수의 크기만을 고려하면, 식 (3.4)와 같다.

$$|H(\omega)| = \frac{1}{\sqrt{1 + (2\pi f R_1 C_1)^2}} \tag{3.4}$$

전달함수가 최대값의 $\frac{1}{\sqrt{2}}$이 되는 주파수가 차단 주파수(f_c)이다. 따라서 차단 주파수 $f_c = \frac{1}{2\pi R_1 C_1}$가 되고, 주파수가 0인 직류전압이 인가된 경우, 입력은 모두 출력으로 전달되는 전달함수 1인 상태가 된다. 또한 인가되는 전원의 주파수가 무한대가 되는 경우, 이론적으로 수식에서 전달함수가 0이 되는 상태가 되어 출력이 없는 상태가 된다. 즉, 해당 주파수를 갖는 입력 신호는 출력단에서 제거되는 특성을 지닌 저역통과 필터가 된다.

이론적으로 수동 저역통과 필터를 확인하였는데, 실험적으로 아래와 같은 절차를 통해 저역통과 필터의 특성을 살펴보고, 제시된 표에 측정 결과를 기록하시오.

❶ 저항 R = 1000 Ω, C = 0.047 μF을 이용하여 그림 3-2와 같이 결선한 뒤, 임의 파형 발생기로 진폭 5 V, 주파수 100 Hz의 정현파 신호를 회로에 인가하고, 입력 파형을 오실로스코프를 통해 관찰 기록하시오.

❷ 두 번째 오실로스코프 채널을 이용하여 커패시터에 인가되는 전압을 측정 기록하시오.

❸ 주파수를 200 Hz에서 1 kHz 까지는 100 Hz 단위로 증가시키고, 1 kHz에서 9 kHz까지는 1 kHz 단위로 증가시키면서 출력전압의 진폭을 측정 · 기록하시오.

❹ 이론적 차단 주파수에서 전달함수가 이론적인 결과와 유사한지 실험을 통해 확인해 봅시다.

❺ 이론적으로 도출한 차단 주파수를 중심으로 50 Hz 단위로 주파수를 증감하면서 출력전압의 진폭을 측정 · 기록하시오.

❻ 상기 과정을 통해 측정 · 기록된 전압을 통하여 차단 주파수를 중심으로 한 이득특성 그래프를 그리고, 이론과 비교해 봅시다.

[표 3-1] 수동 저역통과 필터의 특성결과

주파수 (Hz)	입력 전압 (V)	출력 전압 (V)
200		
300		
400		
500		
600		
700		
800		
900		
1000		
2000		
3000		
차단 주파수(f_c)		
4000		
5000		
6000		
7000		
8000		
9000		

4 능동 저역통과 필터 회로와 실험

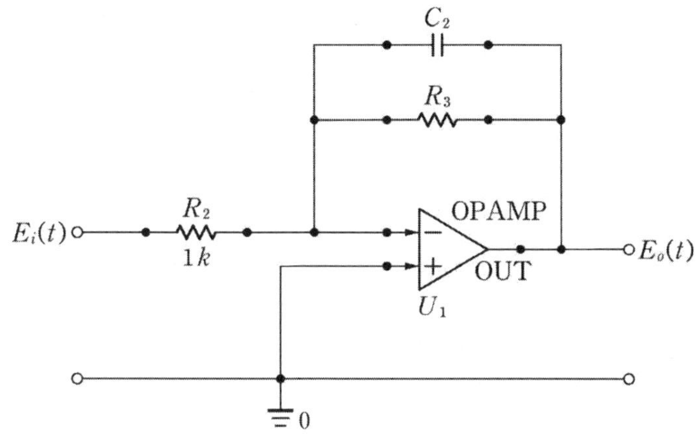

❙그림 3-3❙ 반전 능동 저역통과 필터

그림 3-3에 제시된 회로의 이론적 전달함수의 특성을 살펴보면 다음과 같다. 출력단에서 반전단자로 흐르는 전류를 구하면 식 (3.5)이고,

$$i_o(f) = \frac{E_o}{Z_p} \tag{3.5}$$

여기서 Z_p는 연산증폭기의 반전 입력단과 출력단 사이의 병렬 임피던스를 의미한다. 즉,

$$Z_p = \frac{R_3}{1 + j\omega R_3 C_2} \tag{3.6}$$

이다. 한편 입력단에서 반전단자로 흐르는 전류를 구해보면, 식 (3.7)과 같고,

$$i_i(f) = \frac{E_i}{R_2} \tag{3.7}$$

출력 단자에서 반전 단자로 유입되는 전류는 식 (3.7)의 크기는 같고 방향만 반대방향이므로 식 (3.8)과 같이 표현된다.

$$i_o(f) = \frac{E_o}{Z_p} = \frac{1 + j\omega R_3 C_2}{R_3} E_o(f) = -\frac{E_i(f)}{R_2} \tag{3.8}$$

따라서 전달함수, $H(\omega)$는 식 (3.9)와 같다.

$$|H_o(\omega)| = \frac{E_o}{E_i} = \frac{1}{\sqrt{1 + (\omega R_3 C_2)^2}} \frac{R_3}{R_2}, \omega_0 = \frac{1}{R_3 C_2} \tag{3.9}$$

즉, 직류전압이 인가되면 $\frac{R_3}{R_2}$배 만큼 증폭된 출력이 나타나고, 교류 전압이 입력단에 인가되면 주파수에 따른 특성이 나타나게 된다. 차단 주파수 $f_o = \frac{1}{2\pi R_3 C_2}$ 이하의 입력은 $\frac{R_3}{R_2}$배 만큼 증폭되나, 위상이 180° 반전된 특성을 나타낸다.

위와 같은 능동 저역통과 필터의 이론적 특성을 실험을 살펴보고, 그 결과를 표 3-2에 기록해보자.

❶ $R_2 = 100\Omega, R_3 = 1k\Omega, C_2 = 0.047\mu F$을 연산 증폭기의 입출력단에 연결하자.

❷ 교류 정현파 입력이 인가되므로, 연산 증폭기는 +/−10 V 직류 전압을 인가하여 동작 범위를 설정하도록 결선하자.

❸ 결선이 완료된 후, 입력단에 임의 파형 발생기의 출력단을 연결하고, 진폭이 100 mV가 되도록 하고, 주파수를 200 Hz부터 차단주파수 근처까지 증가시키며 출력전압을 측정 기록하자

❹ 이론적인 차단 주파수 이후에는 1 kHz 단위로 주파수를 9 kHz까지 증가시키며 입력 전압 대비 출력전압의 비를 구해보자.

[표 3-2] 능동 저역통과 필터의 특성결과

주파수(Hz)	입력 전압(V)	출력 전압(V)	출력 전압/입력 전압
200			
300			
400			
500			
600			
700			
800			
900			
1000			
2000			
3000			
차단 주파수(f_c)			
4000			
5000			
6000			
7000			
8000			
9000			

5 능동 고역통과 필터

그림 3-4는 능동 고역필터의 한 예를 제시한 것이고, 이론적으로 필터링 기능을 설명하면 다음과 같다.

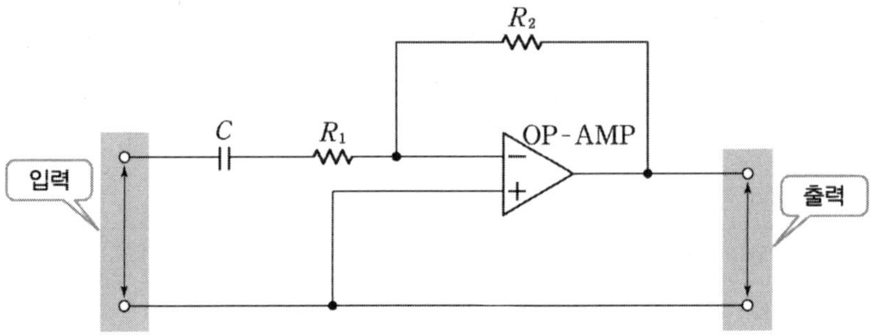

| 그림 3-4 | 능동 고역필터 회로

입력단에 전압 $E_s(t)$가 인가되고, 저항(R_1)과 커패시터(C)가 직렬로 연결되면 반전 입력단에 유입되는 전류는 식 (3.10)과 같다.

$$i_s(t) = \frac{E_i(t)}{(R_1 + 1/(j\omega C))} \tag{3.10}$$

출력단에서 반전 단자로 유입되는 전류는 출력전압을 저항 R_2로 나눈 값의 전류이므로, 식 (3.11)과 같다.

$$i_o(t) = \frac{E_o(t)}{R_2} \tag{3.11}$$

반전 단자로 유입되는 전류는 크기는 같고, 방향이 반대이므로, 식 (3.10)과 (3.11)에서 아래의 식 (3.12)가 되므로,

$$i_s(t) = \frac{E_i(t)}{(R_1 + 1/(j\omega C))} = -\frac{E_o(t)}{R_2} \tag{3.12}$$

전달함수의 크기는 식 (3.13)과 같이 표현된다.

$$|H_o(\omega)| = \left|\frac{E_o(t)}{E_i(t)}\right| = \frac{R_2}{R_1}\frac{1}{\sqrt{\left(1+\left(\frac{1}{wR_1C}\right)^2\right)}} \tag{3.13}$$

따라서 식 (3.13)에서 주파수가 0으로 접근하면, 근호안의 값이 무한대에 가까워져 전

달함수는 0에 수렴하여 출력이 나타나지 않는다. 주파수가 무한대로 근접하면 출력은 저항비 만큼 증폭된 신호를 제공하게 됨으로 저주파 신호는 차단하고, 고주파 신호는 통과하는 고역 통과 필터의 기능을 하게 된다. 차단 주파수, f_c는 식 (3.14)와 같다.

$$f_c = \frac{1}{2\pi R_1 C} \tag{3.14}$$

6 결과 및 검토

본 실험 과정을 통해 수동과 능동 저역통과 필터의 특성을 살펴보았는데, 그들의 장점과 단점을 논의해 보도록 합시다. 또한 차단 주파수 전후의 출력특성이 어떻게 변화하는지 실험을 통해 확보한 결과를 바탕으로 그들의 기능을 이해하고 설명할 수 있음으로 인해 필터를 설계할 수 있는 능력을 기르도록 합시다.

CHAPTER 04

전압 증폭 회로

1 서론

우리들이 사용하는 센서는 미세하게 약 수십 μV에서 수 mV의 출력을 제공하고 있다. 예를 들어 체온 감지에 사용되고 있는 PIR(passive infrared) 센서의 경우 수십 ~ 수백 μV의 출력을 나타내며, 열전대의 경우 전체 구동영역에서 약 100 mV 미만의 기전력을 출력하고, 써모파일 IR 센서는 인체를 감지하는 경우 수 mV의 출력을 제공한다. 또한 스마트폰에서 사용하고 있는 마이크로폰도 가청 주파수인 3 ~ 10 kHz 범위에서 출력전압으로 수 mV를 나타내고 있다. 따라서 주변 잡음원으로 인한 신호의 왜곡 및 손상으로 자체 출력 신호만으로는 원하는 정보를 제공·가공하기도 힘들고, 정보처리를 할 수 없는 경우도 발생한다. 이에 따라 열전대의 경우, 열전대의 출력단에 전압증폭을 위한 연산 증폭기(예를 들면 AD8495)를 사용하고 있으며, 마이크로폰은 음압센서 바로 옆에 증폭용 IC가 연결되어 음성 신호를 증폭하여 통신에 응용한다.

따라서 미세 출력을 제공하는 센서의 정보를 효과적으로 처리하기 위해 전압 증폭기의 사용을 요구하고 있는데, 전압증폭을 위해 연산 증폭기(OP-AMP, operational amplifier)가 광범위하게 사용되고 있다. 연산 증폭기는 센서의 출력 혹은 증폭 대상의 특성에 따라 사용하기 편리한 범용 연산 증폭기와 고성능의 연산 증폭기로 나눌 수 있다. 고성능의 연산 증폭기는 저 입력 옵셋 전압, 저 입력바이어스 전류, 고속 및 광대역 주파수범위, 고정밀도 및 저잡음 특성을 지닌다. PIR, 열전대, 마이크로폰 혹은 써모파일 소자등과 같이 출력 전압이 수 ㎷ 이하인 경우, 입력 옵셋 전압이 수~수십 ㎶를 갖는 고성능 연산 증폭기의 사용이 요구되며, 이런 낮은 옵셋 전압을 갖는 연산 증폭기로는 아래의 표 4-1과 같은 예를 들 수 있다.

[표 4-1] 고성능 연산 증폭기 종류와 특성

IC 명	옵셋 전압(㎶)	입력 바이어스전류(pA)	잡음전압수준 (㎶/ $\sqrt{Hz}$)	대역폭(MHz)	비고
AD 8630	~1	30	22	2	
OP177	~10	1200	-	0.6	OG = 12 V/㎶
AD 8608	~65	1	8	10	OG = 1000 V/㎷
AD 8486	~100	1	10	4	
MAX 4042	~200	2000	70	0.09	

* OG: Open-loop Gain

본 학습과정을 통해 다음과 같은 능력을 갖출 수 있을 것이다.

1. 연산 증폭기의 특징을 설명할 수 있다.
2. 반전·비반전 증폭기의 특징을 수식적으로 설명할 수 있고, 설계할 수 있다.
3. 비교기(comparator)의 기능을 설명할 수 있고, 센서의 증폭 출력전압과 비교한 신호를 출력할 수 있는 비교기를 설계할 수 있다.

2 연산 증폭기의 구조와 기본 특성

연산 증폭기의 핀 번호에 따른 단자의 기능을 나타내면 그림 4-1과 같다. 연산 증폭기를 위에서 내려다보면, 패키지에 동그란 점이 찍혀있는 곳에 인접한 핀 번호가 1번이고, 반시계 방향으로 돌아가며 핀 번호가 부여된다. 통상적으로 1번과 5번 핀은 옵셋 전압 조정을 위한 핀으로 사용되고, 2번 핀은 반전증폭, 3번 핀은 비반전 증폭 입력단자로 사용된다. 4번 핀은 (−) 전압 입력 혹은 접지, 6번 핀은 출력단자, 7번 핀은 (+) 전압입력로 활용되고, 8번 핀은 일반적으로 연결하지 않고 사용한다. 또한 단지 (+) 전압만 증폭하는 경우, (−) 전압 단자는 접지하여 사용한다.

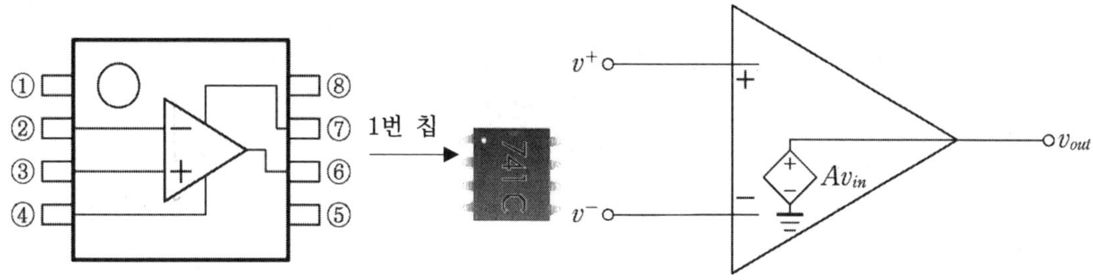

(a) (b)

▎그림 4-1▎ 연산 증폭기의 외관과 내부 등가회로: (a) 핀 번호 (b) 이상적인 증폭기 내부도

한편 제시한 연산 증폭기의 이상적인 등가회로를 나타낸 것이 그림 4-1 (b)이다. 반전(inverting: (−))과 비반전(non-inverting: (+)) 입력단자 사이에는 무한대에 이르는 저항, 입력 임피던스가 무한대로서, 전류의 흐름이 없는 이상적인 절연상태로 작동함을 가정한다. 출력단과 반전 단자가 개방된 상태에서의 이득을 개루프 이득(open-loop gain, A)이라고 하는데, 출력은 개루프 이득, A와 두 입력전압의 차이의 곱인 식 (4.1)로 주어진다.

$$v_{출력} \cong Av_{입력} = A(v_+ - v_-) \tag{4.1}$$

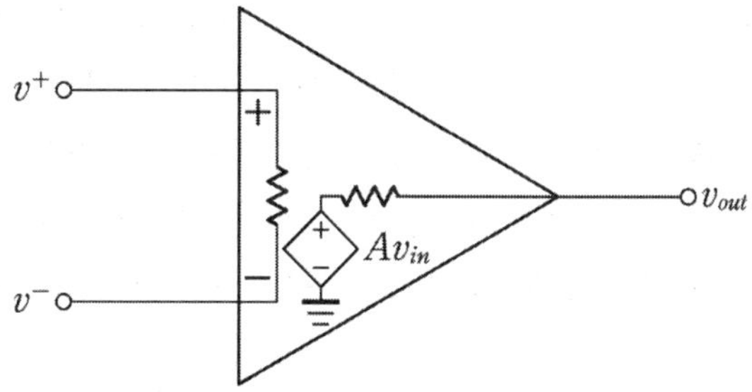

▎그림 4-2▎ 실용 연산 증폭기의 등가회로

한편 그림 4-2는 실용 연산 증폭기의 등가회로(equivalent circuit)를 나타낸 것이다. 반전과 비반전 입력단자 사이의 입력 임피던스는 대략 수 MΩ의 값을 갖고 있으나, 출력

임피던스는 100 Ω 이하의 값을 갖고 있다. 또한 개방회로 이득인 A는 약 2×10^5 정도의 큰 값을 갖고 있는 것이 일반적인 연산 증폭기가 갖는 특성으로 알려져 있다. 따라서 두 입력 전압의 차가 작아도 개방회로 이득이 크기 때문에 출력단은 연산 증폭기를 구동하기 위한 최대 직류전압으로 포화되는 현상이 나타남을 고려해야 하고, 개방회로로 구동 시 연산 증폭기는 비교기로만 사용할 수 있음을 생각해야 한다. 즉, 비반전 단자에 입력되는 전압이 반전 단자에 입력된 전압보다 큰 경우, 출력전압은 연산 증폭기 (+) 동작전압으로 포화되고, 비반전 단자 입력전압이 반전 단자의 기준전압보다 작은 경우, 출력 전압은 (−) 동작 전압으로 포화되는 출력을 나타낸다. 따라서 기준 전압과 비교하여 출력이 +/− 전압으로 포화됨으로써 센서의 출력이 기준값과 비교한 대소여부에 따라 엑츄에이터나 스위치를 동작하는 출력을 제공할 수 있게 된다.

또한 식 (4.1)에서 출력전압을 5 V라고 가정하면, 개방회로 이득이 2×10^5이므로 두 단자간의 입력 전압 차는 식 (4.1)에 의해 25 μV가 된다. 따라서 두 전압 차가 거의 없는 ($v_{입력} \approx 0$) 상태를 고려할 수 있으며, 이런 상태를 가상접지(virtual ground) 되어있다라고 한다. 가상 접지 상태에서는 두 입력 단자간의 전압 차는 존재하지 않고, 다른 표현으로는 두 단자는 동일한 전압상태 혹은 두 단자는 접지되어 있음을 의미하고 있는데, 입력 단으로 전류흐름이 없는 상태로 정의할 수 있다.

3 전압 증폭기 종류와 특성

센서의 출력과 같은 미소 신호를 증폭하는 전압 증폭기의 종류에는 비반전과 반전 증폭기 두 종류로 나눌 수 있으며, 이들에 대한 회로 구성을 제시하면 그림 4-3과 같다. 반전과 비반전의 의미는 ❶ 입력 신호의 위상의 변화 유무, ❷ 증폭하고자 하는 신호가 어느 단자로 입력되는가를 동시에 의미하고 있다. 그러나 반전과 비반전 증폭기 회로에서 출력전압은 저항 R_F에 의해 반전단자(−)로 부귀환(negative feedback)되고 있음을 알 수 있다.

그림 4-3 (a)에 제시된 반전 전압 증폭기의 전압 증폭과 이득을 살펴보면 다음과 같다. 진폭 100 mV를 갖는 정현파 신호가 입력된 경우를 고려하면, 이 전압은 저항 R_r에 인가되고, 비반전 단자가 접지되어 있으므로 가상접지 특성을 반영하면 반전 단자의 전압도 0 전위가 되어야 한다. 이때 출력전압 V_{out}은 귀환저항 R_F에 전류 I_F를 흐르게 한다.

반전 단자에서 키르히호프의 전류법칙을 적용하면, 반전 단자를 통해 흘러들어온 전류의 합과 나간 전류가 같아야 하고, 흘러 들어온 전류를 (+)로 흘러나간 전류를 (−)로 정의하면

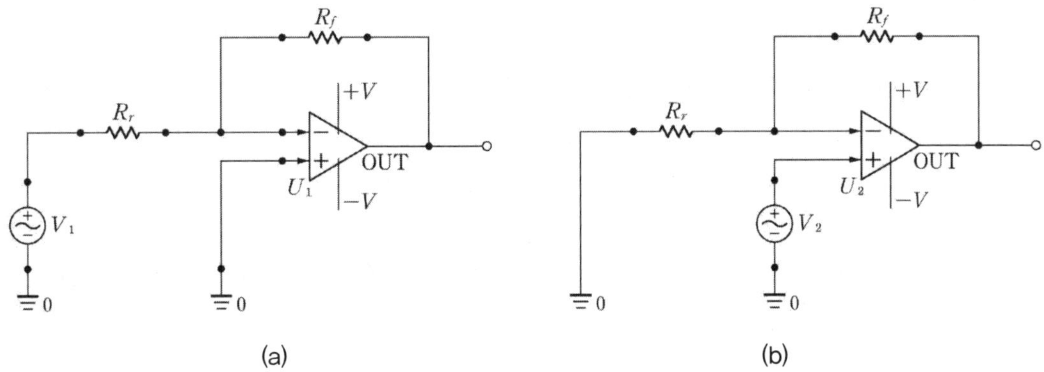

▌그림 4-3▐ 반전과 비반전 전압 증폭기 회로: (a) 반전 증폭기 (b) 비반전 증폭기

$$\frac{V_I}{R_r}+\frac{V_{out}}{R_f}=I_{(-)}=0 \tag{4.2}$$

식 (4.2)가 된다. 이때 $I_{(-)}$는 반전 단자로 흘러들어간 전류를 의미하는데, 가상접지 상태에서 전류의 입력은 무시할 수 있어 식 (4.2)에 제시한 것처럼 입력 전류는 0이 되고, 연산 증폭기의 출력전압은 식 (4.3)과 같이 표현된다.

$$V_{out}=-\frac{R_f}{R_r}V_I \tag{4.3}$$

즉, 출력전압은 귀환저항과 입력저항의 비만큼 증폭되는 특성을 갖으며, 입력전압이 $V_I=100\sin\omega t$로 주어진 경우, 출력전압은 식 (4.4)와 같이 나타나며, 앞서 설명한 바와 같이 입력전압을 기준으로 하면, 출력전압은 입력전압의 위상에 비해 180° 반전된 상태가 됨을 식 (4.4)로부터 알 수 있다.

$$V_{out}=-\frac{R_f}{R_r}(100\sin\omega t) \tag{4.4}$$

즉, 센서의 출력전압의 진폭이 비록 100 ㎷ 정도일지라도 이득 $\left(\frac{R_f}{R_r}\right)$을 조정하여 수 V에서 수십 V까지 증폭 가능함을 알 수 있다.

한편 동일한 전압을 그림 4-3 (b) 회로에 인가한 경우를 고려해 보자. 비반전 단자에 입력전압 V_2가 인가된 경우, 가상접지 특성으로 반전 단자의 전압은 비반전 단자의 전압과 동일하여야 한다. 식 (1.1)에서 두 입력단자의 전압은 동일하여야 한다. 또한 출력전압이 귀환저항 R_f로 반전 단자에 귀환되고, R_r이 반전단자와 접지에 연결되어 있으므로 반전 증폭기 회로와 유사하게 회로해석을 할 수 있다. 즉, 반전 단자를 중심으로 키르히호프의 전류법칙을 적용하면, 식 (4.5)의 좌측은 반진단자로 흘러들어오는 전류로서 이는 반전 단자에서 흘러나가는 전류와 같아야 하므로(우측 항: 왜냐하면 반전 단자의 입력전류는 연산 증폭기 내부 저항이 수 MΩ 이므로 연산 증폭기 내부로의 전류 흐름이 없음)

$$\frac{V_{out} - V_2}{R_f} = \frac{V_2}{R_r} \tag{4.5}$$

이고, 입력과 출력 전압과의 관계로 식 (4.5)를 정리하면 다음의 식 (4.6)과 같다.

$$V_{out} = \left(1 + \frac{R_f}{R_r}\right) V_2 \tag{4.6}$$

따라서 입력전압은 위상의 반전없이 증폭비 $\left(1 + \frac{R_f}{R_r}\right)$ 만큼 증배되어 출력 전압으로 나타남을 알 수 있다.

4 비반전 증폭기의 동작 특성과 실험

그림 4-4와 같이 $R_r = 2{,}000$, $R_f = 10{,}000\,\Omega$의 저항과 연산 증폭기, 전원을 이용하여 비반전 증폭 회로를 구성하시오. 이때 비반전 단자에 입력되는 정현파 전압은 임의파형 발생기(function generator)를 사용하며, R_r과 R_f는 표 4-2에서 제시한 값으로 변화시키면서 측정하여 표 4-2에 기록한다.

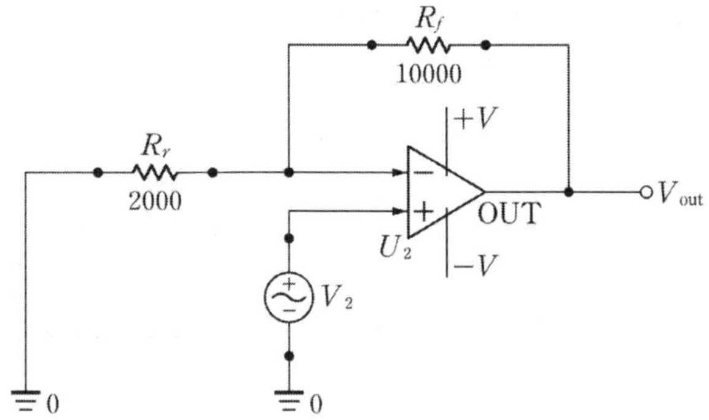

| 그림 4-4 | 비반전 전압 증폭기 회로도

❶ 임의 파형 발생기의 파형을 구형파로 설정하고, 출력 전압의 주파수를 1 kHz, 진폭이 500 ㎷가 되도록 오실로스코프를 이용하여 확인하고, 설정하시오.

❷ 임의 파형 발생기의 출력단을 그림 4-4에 제시한 비반전 입력단자에 연결하고, 오실로스코프의 1번 채널의 입력 단자(probe)를 연결하여 비반전 단자로 입력되는 파형을 관찰하시오. 표 4-1에서 행한 사항이 변함없는지 확인하고, 한 주기 파형을 표 4-2의 위상변화 칸에 그려보시오. 또한 이때 오실로스코프로 측정된 입력 전압의 진폭을 표 4-2에 기록하시오.

❸ 오실로스코프의 2번 채널의 입력 단자(probe)를 연산 증폭기의 출력에 연결하여 전압의 파형과 주파수 그리고 출력 전압의 진폭을 측정하여 표 4-2에 기록하시오. 또한 표 4-2에서 그린 입력 파형과 한 주기 출력 파형을 중첩하여 그려봄으로써 위상변화가 있는지 확인하고, 기록하시오.

❹ 표 4-2에 제시된 저항 R_r을 변화시키면서 출력전압, 이득, 그리고 위상의 변화를 측정 기록하시오. 저항 R_f를 고정한 상태에서 R_r을 변화시켰을 때 비반전 전압 증폭기의 입·출력 특성이 이론적으로 제시된 결과에 부합하는지? 측정된 결과를 이론적으로 비교함으로써 비반전 전압 증폭기의 기능을 확인하여 봅시다.

[표 4-2] 비반전 연산 증폭기의 이득과 출력특성 결과

$R_r\,(\Omega)$	$R_f\,(\Omega)$	V_{Peak}		이득 V_{out}/V_I	위상변화
		입력(V_I)	출력(V_{out})		
10,000	2,000				
	3,300				
	10,000				
	20,000				
	30,000				

5 비교기 회로의 구성과 실험

본 실험에서는 연산 증폭기와 아두이노 보드를 이용한 비교기 회로를 구성하고, 반전 단자측의 기준 입력신호와 비반전 단자로 입력되는 신호의 비교를 통해 어떤 신호가 연산 증폭기의 출력으로 나타나는지를 살펴봄으로써 이를 센서 회로에 응용할 수 있는 능력을 배양하고자 한다.

연산 증폭기가 출력과 부귀환을 위한 반전 단자 간 개방된 상태로 동작하면, 두 입력 단자간의 전압 차에 개방회로 이득이 곱해져서 출력을 제공한다. 따라서 선형적인 증폭 구간은 국한된 영역에서 동작하게 된다. 즉, 비반전 단자에 입력되는 전압이 반전 단자에 입력된 기준 전압보다 큰 경우, 출력전압은 식 (4.1)에 의해 연산 증폭기 (+) 동작전압으로 포화되고, 비반전 단자에 입력된 전압이 반전 단자의 기준 전압보다 작은 경우, (−) 동작 전압으로 포화되는 상태를 나타내게 된다. 따라서 기준 전압과의 비교를 통해 출력전압이 +/− 동작 전압으로 포화됨으로써 센서의 출력이 기준값과 비교한 대소여부를 판단할 수 있으며, 이에 따라 엑츄에이터나 스위치를 동작하는 출력을 제공할 수 있게 된다.

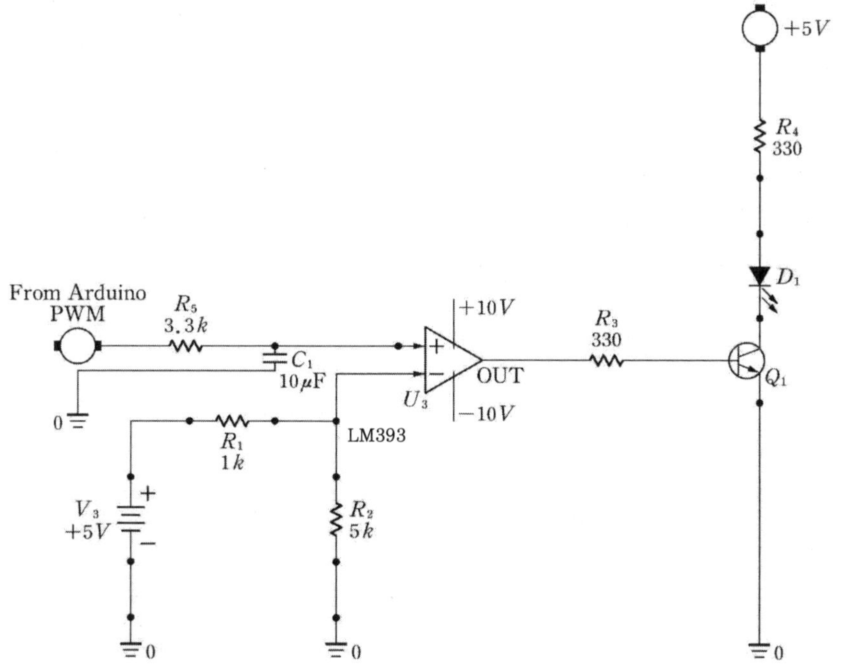

| 그림 4-5 | 비반전 비교기 회로: 아두이노 PWM 출력과의 비교

본 실험에서는 그림 4-5에 제시한 회로를 구성하고, 아두이노 아날로그(PWM) 출력값의 변화에 따라 연산 증폭기의 출력은 어떻게 변화하고, 이로 인해 회로에 구성된 발광 다이오드의 출력 상태를 확인해 보자.

❶ 그림 4-5와 그림 4-6의 그림을 참고하여 컴퓨터와 아두이노 보드를 연결한 후, 아두이노 보드에 아래에 제시한 스케치를 업로드 하시오.

❷ 그림 4-5에 제시한 회로를 결선하고, 디지털 멀티미터를 이용하여 (−) 반전 단자에 입력되는 기준 전압($V_{(-)}$)을 측정하여 기록하시오

❸ 직렬 통신을 통해 스크린에 표시되는 PWM 출력전압의 전압 증가분인 ΔV가 얼마인지? 확인하고, ΔV와 출력되는 전압을 기록하시오.

❹ PWM 출력전압이 어떤 값으로 될 때 LED가 최초로 발광하는지? 직렬통신으로 출력되는 전압 $V_{(+)}$을 관찰하고, 기록하시오. 관찰, 기록된 전압값($V_{(+)}$)과 기준 전압값($V_{(-)}$)을 비교하고, 그 차이값인 $V_{(+)} - V_{(-)}$ 구하시오.

❺ LED가 최초로 발광하는 전압보다 큰 전압이 연산 증폭기의 (+) 단자에 인가될 때 연산 증폭기의 출력전압은 얼마인지? 측정 기록하시오.

[표 4-3] 비교기 회로 실험 결과

반전(−) 단자 기준 전압(V)	LED 발광상태	비반전(+) 단자 전압(V)	$V_{(+)} - V_{(-)}$	출력 전압(V)
	OFF			
	OFF			
	OFF			
	최초 발광(ON)			
	ON			
	ON			
	ON			

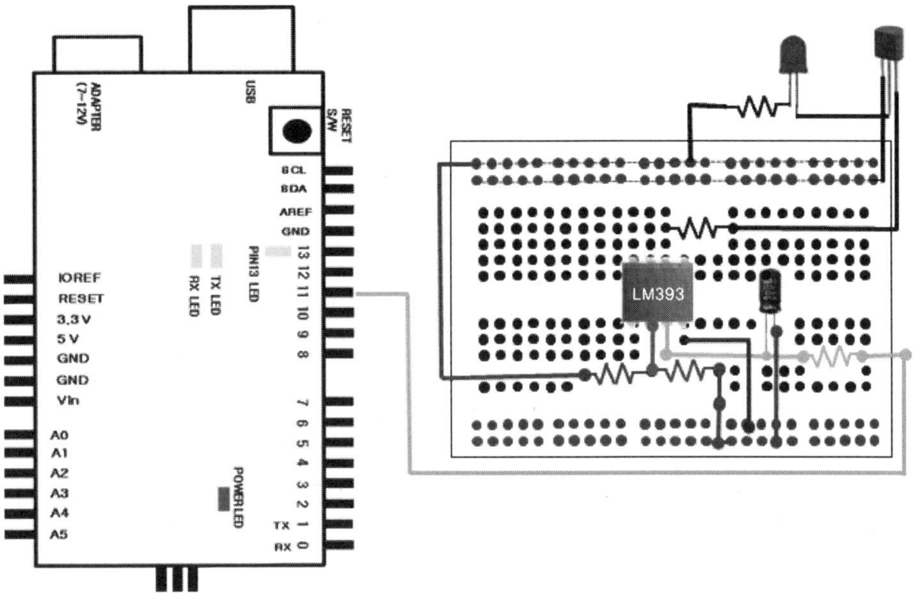

❙그림 4-6❙ 아두이노 보드의 PWM 입력을 갖는 비교기 회로 구성

6 결과 및 검토

본 실험을 통해 아래의 내용을 검토해 보고, 비반전 증폭기의 특성과 비교기의 특성을 종합적으로 정리할 수 있는 기회를 갖도록 합시다.

❶ 비반전 전압 증폭기의 이득은 어떻게 정의되며, 입력전압의 위상변화는 있는지? 재검토해 봅시다.

❷ 비교기로서 동작하기 위해 회로구성상의 조건은 어떤 것이 있는지? 확인해 봅시다. PWM 출력 단자를 비교기의 입력단자로 사용할 때 RC 저역 통과필터를 사용해야 하는 이유를 검토해 봅시다.

PWM 입력과 직렬통신을 통한 PWM 출력전압 확인 스케치

```
const byte Invert =11; //PWM Pin

void setup()
{
  Serial.begin(9600);    //통신 시작
  pinMode(Invert, OUTPUT);//11번 핀을 출력 단자로 정의함
}

void loop()
{
  for (int i=0;i<1023;i+=50)  //PWM 출력이 0 ~ 5 V 정의가 0 ~ 1023 PWM
출력으로 주어지므로
  {
    analogWrite(Invert, i);//i 값에 해당하는 아날로그 출력을 11번 핀에
출력하시오
    float out=i/1023*5.0; //출력전압으로 연산식에 해당한 전압을 출력하시오
    Serial.print("The output voltage is   "); //따옴표 안의 문자를 출
력하고,
    Serial.print(out);                          //출력전압에 해당하는 out
값을 출력하고,
    Serial.println(" [V]");                 //따옴표 안의 문자를 출력하여 out
[V] 임을 제시
    delay (1000);                          // 1초 대기
  }
  delay(1000);                             //1 초 대기 (다음 출력이 제시될 때
까지 2 초 대기
}
```

CHAPTER 05

습도 센서

1. 습기의 영향과 습도 센서의 종류와 응용
2. 디지털 상대 습도 센서와 온도 센서 실험

일상생활 속에서 가장 빈번한 계측은 온도, 습도, 압력이라고 할 수 있다. 이는 사계절의 변화와 주야의 변동에 따라 거주하는 공간의 온도가 변화하고, 이로 인해 의식주 생활이 변화되기 때문일 것이다. 따라서 온·습도와 대기압의 측정을 통한 일간, 주간 혹은 월간 일기예보는 어떻게 생활을 변화해주어야 할지 판단하는 기준을 우리들에게 제공하게 된다. 이때 습도와 압력은 서로 상관성이 존재하는 것으로 여름철 저기압 상태에서 습도는 높고, 가을 및 겨울철 고기압 상태에서는 상대적으로 습도는 낮아 만물의 생장에 영향을 주고 있는 것이다.

광범위한 영역에서의 온도, 압력과 습도의 변화에 따른 영향이외에 일상생활 속 온도와 습도의 영향은, 특히 습기 혹은 습도의 영향은, 특히 여름철 불쾌지수를 높이는 원인을 제공하고, 온도 및 압력에 따른 습도는 생활의 쾌적도 평가에 사용되기도 한다, 또한 습도의 측정과 평가는 호흡기 질환분석, 영유아의 호흡상태 관찰뿐만 아니라, 발전소, 정유라인과 반도체 공정의 환경 측정을 통한 일정 환경의 유지를 위해서도 필요하고, 식품의 건조 및 조리, 채소류의 재배와 동물의 생육을 위한 필수 측정요소로 자리 잡고 있다.

따라서 본 장에서는 습도 센서의 정의와 응용범위, 습도 측정원리 및 습도 센서의 종류에 대해서 살펴보고, 초소형 스마트 온·습도 센서와 LCD를 사용한 온·습도 계측기 구성 실험을 통해 실시간 측정용 온·습도계를 제작하고 구현하는 과정을 살펴보도록 한다.

본 학습과정을 통해 다음과 같은 능력을 갖출 수 있을 것이다.

1. 습기와 습도의 차이를 포함하여 물이 갖는 성질을 설명할 수 있다.
2. 포화수증기압과 상대 및 절대습도를 정의 · 설명할 수 있다.
3. 용량형 습도 센서와 저항형 습도 센서의 특징을 비교 설명할 수 있다.
4. 용량형 습도 센서에서 커패시턴스의 변화와 이에 따른 출력전압의 관계를 설명할 수 있다.

1 생활 속 습기의 영향과 습도 센서의 종류와 응용

일상생활 속에서 친숙한 습도에 대해 살펴보기 전에 물이 지닌 기본적인 특성을 먼저 살펴보고, 대기 중 물 분자의 양과 이들의 정의에 따른 습도의 개념에 대해서 정의한 후, 습도를 측정하는 원리에 따른 센서의 종류와 응용범위를 살펴보고자 한다.

1.1. 습도의 정의

습도(humidity) 센서는 일명 '*Hygrometer*' 라고도 알려졌는데, 여기서 hygros는 그리스어로 wet(축축한, 젖은) 혹은 moist(수분)를 의미하고, 습도는 온도와 압력에 밀접한 관계를 지닌다. 따라서 물(water) 혹은 수증기(water vapor)가 갖는 기본적 물성과 온도와 압력에 따른 수증기의 물성 변화를 살펴보면 다음과 같다.

1.1.1. 물의 특성

물은 수소원자 두 개와 산소원자 한 개가 결합하여 이루어진 분자로서 수소원자와 산소원자의 전기 음성도와 결합각의 차이로 인해 음이온인 산소와 양이온인 수소원자의 전하 중심이 일치하지 않아 쌍극자(dipole) 형태로 존재한다. 따라서 외부에서 전자기장이 주어지게 되면 그 흐름에 왜곡이 발생하는 특징을 지니며, 표준온도와 압력인 25 ℃, 1 기압(1013 mbar)에서 무색 무취하고, 온도와 압력의 변화에 따라 결정인 얼음, 액체, 그리고 기체상으로 존재한다. 액체 상태에서 물은 쌍극자와 쌍극자의 상호 작용으로 군집체(clusters) 형태로 존재하고, 기체상에서 아주 짧은 시간동안 이온화된 형태로 존재한다. 이런 특징으로 인해 물 자체가 갖는 쌍극자 모멘트로 인한 유전율(permittivity) 1.83보다

도 월등히 큰 80.13을 20℃에서 갖고 있으며, 온도에 따른 유전율의 변화를 제시하면 식 (5.1)과 같고, 온도에 따른 유전율의 변화를 제시하면 그림 5-1과 같다.

$$\epsilon_w = 87.74 - 0.4T + 9.389 \times 10^{-4} T^2 - 1.41 \times 10^{-6} T^3 \tag{5.1}$$

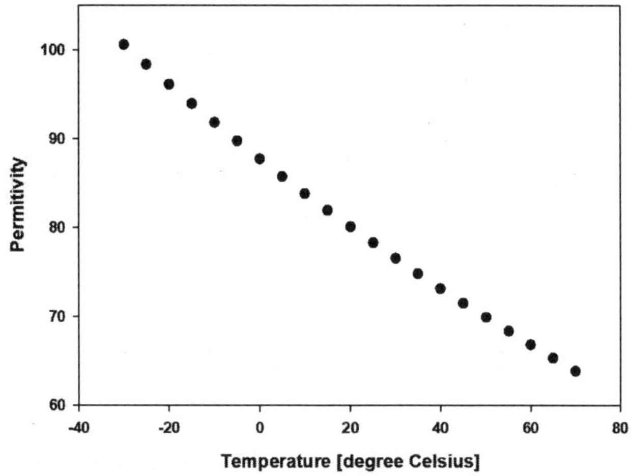

| 그림 5-1 | 온도에 따른 물의 유전율 변화

비록 물의 유전율이 식 (5.1)에서 제시한 것과 같은 온도의 함수로 표현되지만, 물의 유전율은 주파수의 함수로도 표현되고, 식 (5.2)와 같다.

$$\epsilon_w(\omega) = \epsilon_\omega(\infty) + \frac{\epsilon_\omega(0) - \epsilon_\omega(\infty)}{1 + j\omega\tau_r} \tag{5.2}$$

이때 ω는 각주파수를 의미하고, 20℃에서 주파수가 무한히 큰 경우, $\epsilon_w(\infty) \approx 5$이고, 직류 전원이 인가된 상태에서 $\epsilon_\omega(0) \approx 80$이다. τ_r은 유전체 완화시간(dielectric relaxation time)이라고 하는데, 이는 유전체에 전원을 인가하여 분극화한 후, 전원을 제거하였을 때 얼마나 빨리 정상상태로 돌아가는지를 나타낸 것으로 물은 약 $17.8 \times 10^{-6}\,\mu s$ 정도를 갖고 있다. 따라서 물을 유전체로 한 경우, 유전율은 수백 MHz 주파수 범위까지 영향을 받지 않는 것으로 판단할 수 있으며, 주파수의 변화에 따른 유전율 변화 특성을 제시하면 그림 5-2와 같다.

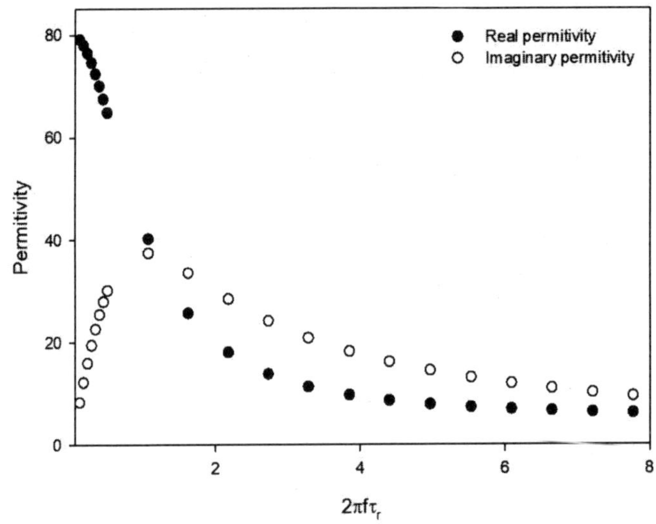

❙ 그림 5-2 ❙ 주파수에 따른 유전율 변화 특성

한편 순수한 물의 경우 이론적 전도도, κ는 식 (5.3)과 같이 주어지는데,

$$\kappa(S/cm) = 1/\rho = 10^{-3}d\left(C_H^+\lambda_H^+ + C_{OH}^-\lambda_{OH}^-\right) \tag{5.3}$$

여기서 d는 물의 밀도(g/cm^3), $\lambda_H^+, \lambda_{OH}^-$는 수소와 수산화기의 전도도 [S-cm^2/mol], C_H^+, C_{OH}^-는 각 이온들의 농도 [mol/kg water]를 의미하며, 온도가 증가함에 따라 전도도가 증가하는 특성을 갖는다.

따라서 물과 물을 구성하는 이온들의 특성을 이용하여 공기 중의 습기의 양을 정량적으로 측정 가능하게 된다.

1.1.2. 습도의 정의

습기(moisture)를 사전적으로 '물기가 서려있는 축축한 기운'을 의미하는 정성적인 함의를 갖으며, 일반적으로 액체나 고체 내 흡수(absorption) 혹은 흡착된 물(adsorbed water)의 양을 나타낸다. 반면에 습도(humidity)라는 것은 대기를 구성하는 공기 중에 수증기가 차지하는 질량, 비율 혹은 부분압(partial pressure)의 정도가 얼마나 되는가의 정량적인 의미를 지니고 있다.

한편 기체 중에 존재하는 수증기의 부분압(partial pressure)을 수증기압이라고 하며, 일반적으로 [Pa 혹은 mbar]의 단위를 사용한다. 포화 수증기압이라 하면 특정 온도의 공기 중에 최대한 포함할 수 있는 수증기양을 의미한다.

일기 예보 및 물리 화학적 계측량을 표현할 때, 해당 온도와 압력 하에서 습도라는 표현을 주로 사용하고 있으며, 습도의 정량적인 표현 방법에는 주로 세 가지 개념의 정의로 수증기의 양을 표현한다.

[1] 포화 수증기압(saturation water vapor pressure)

포화 수증기압이란 어떤 특정 온도에서 물 또는 얼음과 수증기가 공존하여 평형 상태에 있을 때의 수증기압을 말한다. 즉, 물의 응축이 일어나기 시작[1)]하는 바로 그 지점에서의 압력을 의미하며, 0 ~ 63 ℃ 이하에서는 식 (5.4)로 주어지고,

$$P_{ws,T} = 610.78\exp\left[\frac{17.269 \times T}{237.3 + T}\right] \quad (610.78\,Pa < P_{ws,T} < 22870.52\,Pa) \tag{5.4}$$

63 ℃ 이상의 온도에서는 아래와 같은 식 (5.5)로 주어진다고 알려져 있다.

$$P_{ws,T} = 610.78\exp\left[\frac{17.269 \times T}{236.3 + 1.01585 \times T}\right] \quad (22870.52\,Pa < P_{ws,T} < 143292.97\,Pa) \tag{5.5}$$

1) 물의 응축이 일어나면, 고체의 표면에 물이 맺히는 현상이 발생하는데, 온도와 압력이 동일한 여름날 차가운 음료수를 꺼내들고 있으면 음료수 병 표면에 물방울이 맺히는 현상을 볼 수 있음.

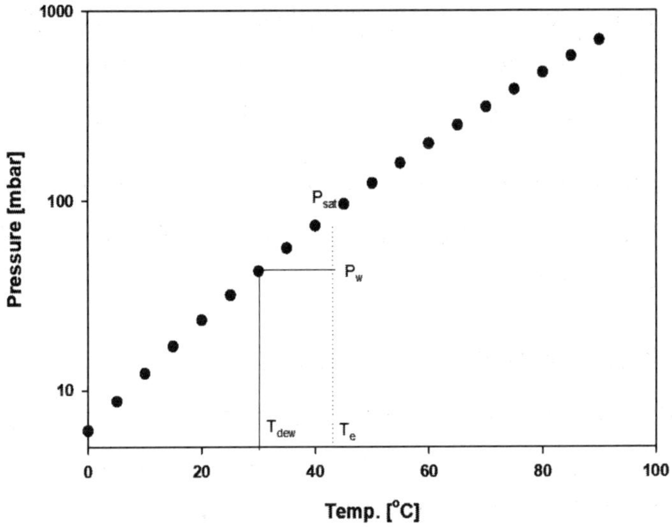

▌그림 5-3▐ 온도에 따른 포화수증기압과 노점온도

[2] 상대습도(relative humidity: $\%R.H.$)

상대습도는 가장 빈번하게 사용하는 습도의 정량적 표현 방법으로서, 동일 온도에서 포화 수증기압에 대한 수증기압의 비로서 식 (5.6)과 같이 정의한다.

$$\% R.H. = \frac{P_w}{P_{sat}} \times 100 = \frac{P_w(T_{dew})}{P_{sat}(T)} \times 100 \tag{5.6}$$

식 (5.6)에서 $P_w(T_{dew})$는 이슬점(dew point)에서의 포화 수증기압을 의미하며, 식 (5.6)의 첫 번째 항의 압력조건을 일정하게 하고, 온도를 낮추어 이슬이 생기는 온도에서의 수증기 압력을 구하는 것과 동일한 값을 갖는다. 이는 그림 5-3에서 측정 온도(T_e)에서 P_w의 수증기압을 갖고 있는 공기의 상대습도는 그 온도에서의 포화수증기압(P_{sat})에 대하여 온도를 낮추어 노점(T_{dew})에서의 수증기압의 상대적인 값을 구하는 것과 같다. 이때 0℃ 이상에서의 이슬점(혹은 결로) 온도는 아래의 식 (5.7)을 통해서 근사화할 수 있다.

$$T_{dew} = 24.1453 + 12.6324\ln(P_w) + 0.0837\ln^2(P_w) \tag{5.7}$$

[3] 절대습도(absolute humidity)

절대습도는 단위 체적 [m³]내의 공기 중에 포함된 수증기의 질량 [g]을 의미하며, 일상생활 및 공학계의 측정 등에서는 자주 사용하지 않는 개념이다.

1.2. 습도 측정원리와 습도 센서의 종류

습도 센서의 종류는 대표적으로 표 5-1에 제시한 네 가지로 나눌 수 있으나, 일상생활 속에서 흔히 접하는 습도 센서는 저항형 습도 센서, 용량형 습도 센서, 그리고 SoC (System-on-Chip) 형 습도 센서 세 가지로 분류할 수 있다.

본 절에서는 전술한 세 가지 습도 센서의 습도 측정원리와 종류에 따른 특징 및 응용범위를 살펴보기로 한다.

[표 5-1] 변환원리에 기반한 습도 센서의 종류와 응용범위

변환 원리	세부구분		응용범위
전기적	용량형 센서	임피던스형 센서 저항/전해질/써미스터 방식	제습기, 건물공조, 식품동결건조, 고압건조기, 비닐하우스, 호흡유지기, 보육기 등
기계적	Hygrometric	Gravimetric	
광학적	투과형	반사형	
SoC	습도 감응형 FET	LC-RC 회로방식	

1.2.1. 용량형 습도 센서

용량형 습도 센서의 동작원리는 이상적인 커패시터를 기초하여 설명할 수 있다. 즉, 두께 t, 면적 A, 유전체의 유전율 ϵ_d을 갖는 그림 5-4와 같은 평행 평판을 생각하면, 그 용량은 식 (5.8)과 같다.

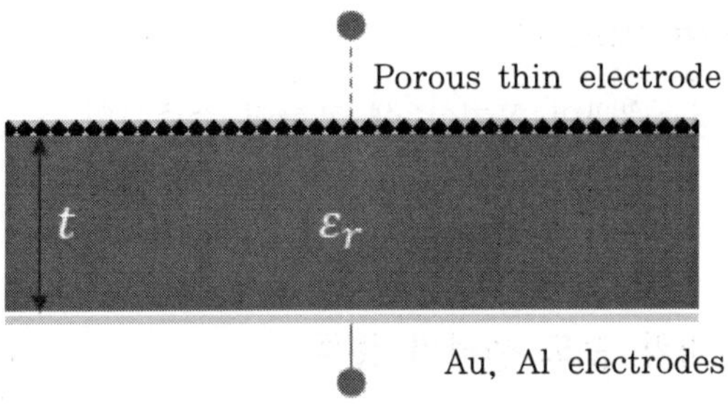

| 그림 5-4 | 용량형 습도 센서의 구조도

$$C_p = \frac{\epsilon_0 \epsilon_d}{t} A \tag{5.8}$$

ϵ_d의 유전율을 갖는 커패시터에 물이 흡수, 흡착 혹은 응축되면, 커패시터는 기존의 유전체와 물이 직·병렬로 결합된 커패시터로 생각할 수 있다. 이로 인해 전체 커패시터는 실효적인 유전율 변화(ϵ_d'')로 인해 용량값이 변화하는 형태로 나타나며, 일예로 그림 5-5와 같다.

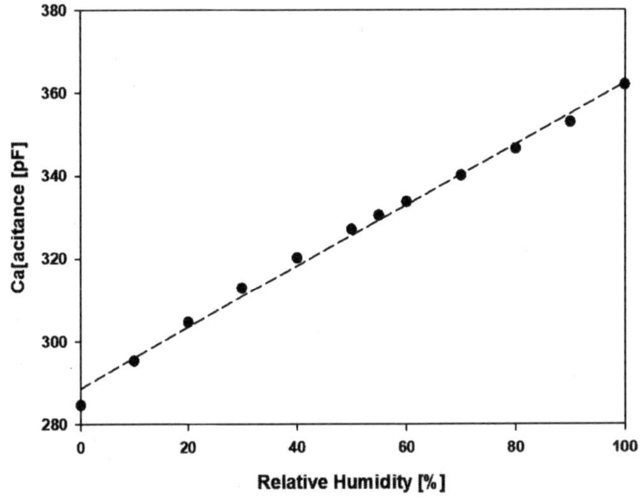

| 그림 5-5 | 상대 습도의 변화에 따른 커패시턴스의 변화(SY-HC-1 습도 센서)

또한 물 분자 자체의 유전율이 식 (5.1)과 같은 온도에 따른 함수이기에 전체적인 용량의 변화 또한 온도 특성을 갖게 된다.

따라서 흡착 혹은 흡수되는 물의 양에 따라 전체 전하량에 대한 변화된 전하량은 식 (5.9)와 같이 표현된다.

$$\frac{\Delta Q}{Q_o} = \frac{\Delta \epsilon_d''}{\epsilon_d} \tag{5.9}$$

여기서 Q_o는 물의 흡착이 없는 초기 상태의 충전 전하량을 의미하고, 물의 흡착 혹은 흡수에 따른 전하량의 변화를 ΔQ라 하면, 이들의 비는 유전율의 변화비와 동일한 특성으로 나타난다. 따라서 용량형 습도 센서의 감도는 전체 측정 습도영역에 대한 용량의 변화 혹은 유전율의 변화에 따른 식 (5.10)으로 나타낼 수 있다.

$$S = \frac{C_{max} - C_{min}}{(RH_{max} - RH_{min})} = C_{min}\left[\frac{\left(\frac{\epsilon_{max}}{\epsilon_{min}} - 1\right)}{(RH_{max} - RH_{min})}\right] \tag{5.10}$$

식 (5.10)에서 C_{max}는 최대 상대습도(RH_{max})에서의 커패시턴스(용량)를 의미하고, C_{min}는 물의 흡수 혹은 흡착이 없는 최소 상대습도(RH_{min})에서의 용량을 의미한다. 또한 각 상태에서의 유전율을 ϵ_{max}와 ϵ_{min}으로 정의한다.

1.2.2. 저항형 습도 센서

일반적으로 폭 w, 길이 l, 면적 A와 두께 t를 갖는 직사각형 저항체의 저항은 사용하는 물질의 비저항(ρ)에 따라 두 가지 형태로 원하는 저항값을 갖도록 센서를 설계할 수 있다. 물질 자체의 비저항이 큰 경우, 그림 5-6 (a)와 같은 구조를 갖게 하고, 비저항이 작은 경우, 자체의 저항 값을 크게 하기 위해 그림 5-6 (b)의 구조를 갖도록 설계한다.

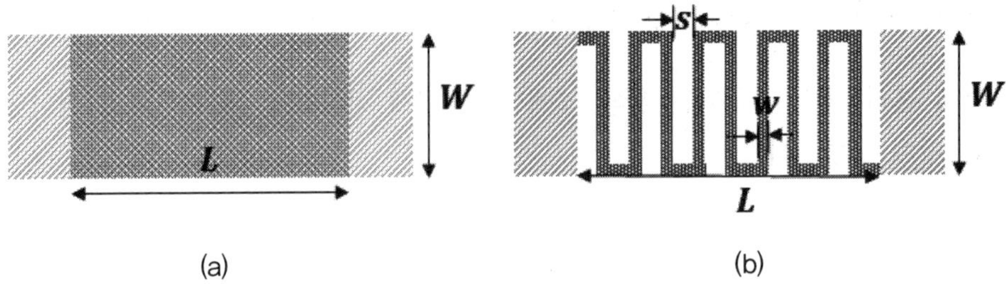

| 그림 5-6 | 고저항체 확보를 위한 대표적 전극패턴

그림 5-6 (a) 구조에서 박막의 저항값은 다음의 식 (5.11)로 주어지는데, ρ는 물질의 비저항, d는 박막의 두께, L은 도체의 길이, W는 도체의 폭을 의미한다.

$$R = \rho \frac{L}{dW} \tag{5.11}$$

식 (5.11)에서 $\frac{L}{W}$를 형상비(aspect ratio)라고 하며, 형상비가 1인 경우, 저항은 비저항과 박막의 두께에 의존하며, 저항을 이루는 정사각형의 개수와는 무관한 값을 갖으며, 이를 특별히 면 저항(sheet resistance) 이라 한다.

그림 5-5 (b) 구조는 일반적으로 많이 응용되는 것으로 저항값은 다음의 식 (5.12)로 주어진다.

$$R \approx \rho \frac{LW}{dnw^2}, \quad n = \frac{s}{w} + 1 \tag{5.12}$$

저항 변화형 습도 센서의 경우, 감습재와 전극간의 접촉저항은 가능한 작아야 습도에 따른 센서 자체의 저항변화를 측정할 수 있다. 즉, 저항형 습도 센서는 식 (5.3)에서 제시한 것처럼 습도가 높아짐에 따라 수소이온(H^+)과 수산화기(OH^-)의 농도가 높아지고, 이에 따라 ρ_{RH}가 작아져 상대 습도의 증가에 따라 센서의 저항은 감소하는 특성을 지닌다. 저항형 습도 센서의 대표적인 구조와 특성 예를 제시하면 그림 5-7과 같다.

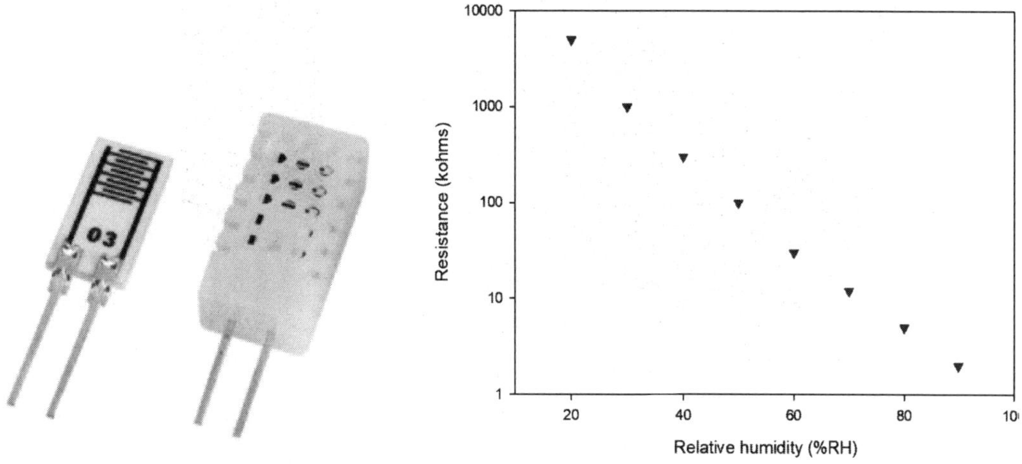

(a) (b)

▌그림 5-7▐ 저항형 습도 센서와 특성: (a) 센서의 외관 (b) 상대 습도에 따른 표준 저항특성

저항형 습도센서는 식 (5.3)에 제시한 것과 같이 온도가 증가하면 수소와 수산화기 이온의 농도가 높아짐에 따라 전기전도도는 증가한다. 따라서 전기전도도의 역수인 비저항의 감소로 인해 습도센서의 저항이 감소하는 특성을 나타낸다. 따라서 저항형 습도센서는 온도에 따른 습도의 영향을 보정해야 하는 단점을 갖고 있다. 특정 온도에서 저항형 습도센서의 습도의 변화에 따른 센서의 감도, S는 식 (5.13)과 같이 표현된다.

$$S = \left(\frac{R(RH_m)}{R_c + R(RH_o)} - 1 \right) \times 100\,\% \tag{5.13}$$

식 (5.13)에서 R_c는 센서 전극과 단자간 접촉 저항값을 의미하고, RH_o는 동작영역의 하한 습도값, RH_m은 동작영역의 상한 습도값을 각각 의미하며, 이때의 저항값들이 식 (5.13)에 제시된 저항으로 표현되어 있다.

1.2.3. SoC(System-on-Chip) 형 습도 센서

그림 5-8은 System-on-Chip 형 온·습도 센서의 외관과 핀의 결선도를 나타낸 것이다. 이 소자는 용량의 변화에 따른 상대적 습도 센서와 밴드갭 온도 센서를 내장하고 있으며, 습도 센서는 용량의 변화에 따른 전하의 변화를 전압으로 변환하는 capacitance-to-voltage 변환 회로를 집적화하고 있고, 미소 온도 및 습도의 변화에 대응하는 특징을 지닌다.

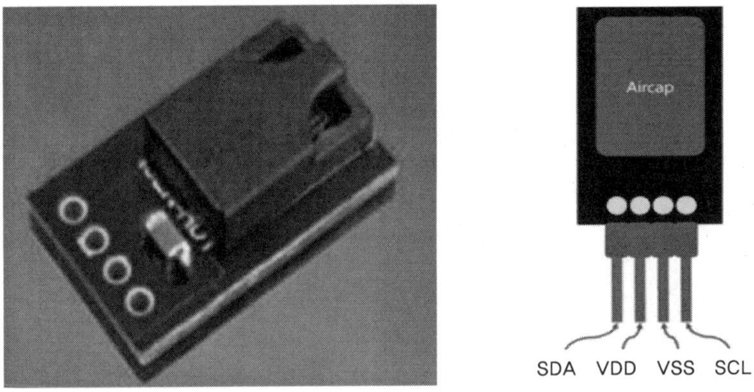

(a) (b)

| 그림 5-8 | SoC 형 온·습도 센서(ISEN-H1D, Inner Sensors): (a) 실물 사진과 핀 구조 (b) 핀의 결선도

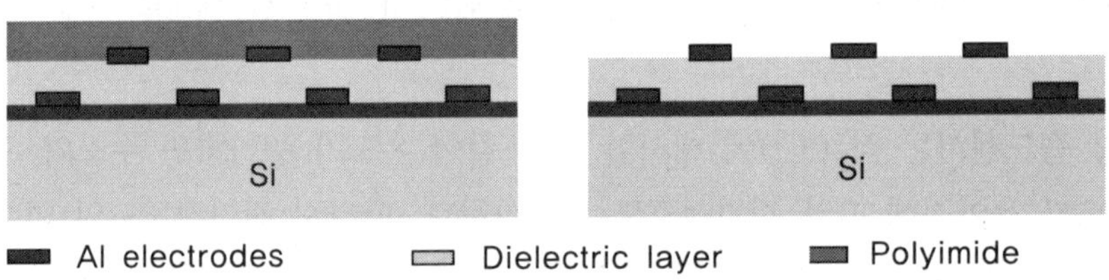

| 그림 5-9 | 습도 센서의 감습부와 기준 용량부의 단면도

상대 습도 센서의 일반적인 구조는 그림 5-9와 같으며, CMOS 공정을 통해 OP-AMP와 온도 센서 IC를 집적화한다. 회로의 구성이 완료되면, 감습부에 폴리머 혹은 폴리이미드(예를 들면, PI2555, HD Microsystem Inc.)를 코팅하고, 패터닝 및 300 ℃에서 약 1시간의 열처리 과정을 거쳐 약 4 ㎛ 두께의 감습막을 형성함으로써 습도 센서의 제작을 완료하게 된다.

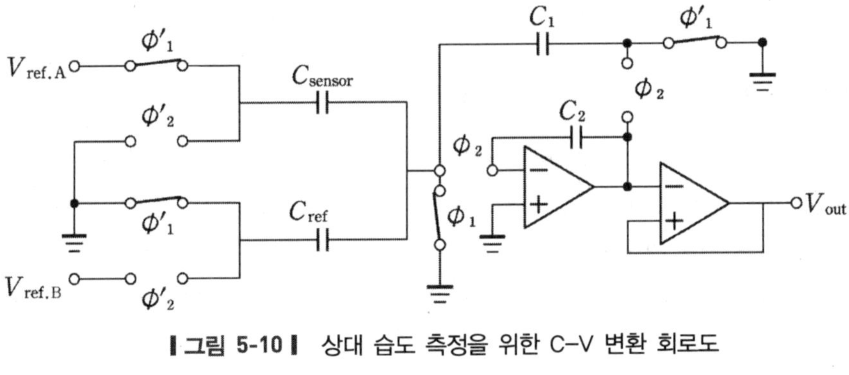

| 그림 5-10 | 상대 습도 측정을 위한 C-V 변환 회로도

한편 그림 5-10은 연산 증폭기(op-amp)를 이용한 전하-전압 변환회로를 나타낸 것이다. 기준 클락주파수 f_c의 반주기 동안 $\phi_1, \phi_1^{'}, \phi_2, \phi_2^{'}$의 디지털 입력신호(high 상태에서 스위치 'on', low 상태에서 스위치 'off')에 따라 인가전압 $V_{ref.A}$이 C_{sensor}에 인가되어 전하가 충전된다. 이때 C_1과 C_{ref}는 접지에 연결되어 있으므로, 커패시터에 충전되었던 전하를 완전히 방전하게 된다. 반주기의 마지막 순간에 습도 센서용 커패시터와 기준 커패시터에 공통으로 연결된 스위치(ϕ_1)을 개방하면 C_{sensor}와 C_1으로 흐르는 전류는 동일하고, 출력단에서의 전압은 습도센서에 인가된 전압에 영향을 받게 된다.

두 번째 반주기 동안 $\phi_1, \phi_1^{'}, \phi_2, \phi_2^{'}$ 스위치의 조정에 의해 $V_{ref.B}$가 $C_{ref.}$에 인가되고, C_{sensor}에 인가된 전압은 차단되고, 습도 센서가 접지에 연결된다. 이 상태에서 습도 센서의 전하의 움직임이 빠르지 않고, C_1과 $\phi_2^{'}$에 의해 출력 단자와 연결되면, 습도 센서와 기준 커패시터 및 출력단에서의 전압은 최종적으로 식 (5-14)와 같은 전압을 제공한다.

$$V_{out} = V_{ref.A}\left(\frac{C_{sensor}}{C_1}\right) - V_{ref.B}\left(\frac{C_{ref.}}{C_2}\right) \tag{5.14}$$

이때 각 단자에 인가되는 전압 $V_{ref.A}$와 $V_{ref.B}$는 수증기가 존재하지 않는 상태에서 커패시터들의 불일치에 의해 발생되는 출력단에서의 옵셋 전압(offset voltage)을 제거하기 위한 전압을 의미한다. 센서의 제작 과정에서 발생된 커패시턴스의 차이에 의한 오차를 외부에서 인가되는 전압을 조정함으로써 출력 전압을 안정화시키는 역할을 하게 된다.

식 (5.14) 식에서 출력전압은 습도 센서의 용량값에 따라 선형적인 출력 특성을 나타낼 것으로 고려할 수 있는데, 이는 습도 센서 용량의 변화에 영향을 미치는 인자는 식 (5.8)에 제시된 비유전율이고, 이는 아래에 제시된 식 (5.15)와 같이 선형적인 관계를 갖기 때문이다.

$$C_{sensor} = \epsilon_w K = \epsilon_o K + K\alpha R.H. \tag{5.15}$$

식 (5.15)에서 K는 센서의 기하학적인 구조에 의한 상수이고, α는 습도 센서의 제작에 사용한 물질상수이다.

즉 식 (5.15)를 식 (5.14)에 대입하면 식 (5.16)과 같이 상대 습도[R.H.]에 선형적인 출력전압(V_{out}) 특성을 갖는다.

$$\begin{aligned} V_{out} &= V_{ref.A}\left(\frac{\epsilon_o K + K\alpha[R.H.]}{C_1}\right) - V_{ref.B}\left(\frac{C_{ref.}}{C_2}\right) \\ &= V_{ref.A}\left(\frac{K\alpha}{C_1}\right)[R.H.] + \left\{V_{ref.A}\left(\frac{\epsilon_o K}{C_1}\right) - V_{ref.B}\left(\frac{C_{ref.}}{C_2}\right)\right\} \\ &= A[R.H.] + B \end{aligned} \tag{5.16}$$

그러나 식 (5.1)에서 제시한 것처럼 비유전율은 온도의 함수를 갖고 있으므로, SoC 형 습도 센서는 온도 센서를 포함하는 특징을 갖는다. 즉, SoC 형의 온·습도 센서는 온도와 습도의 변화에 따른 출력전압의 특성을 측정하여 표준화하고, 이에 따른 보정치를 SoC 내부에 Lookup 테이블화 하거나, 보정 곡선식을 최종 상대 습도의 계산에 적용 한다.

2 디지털 상대 습도 센서와 온도 센서 실험

본 절에서는 디지털 상대 습도와 온도 센서칩을 이용한 온도와 습도의 측정 실험을 실시한다. 실험에 사용될 온·습도 센서는 그림 5-11의 DHT11과 ISEN-H1D로서 온도 센서는 밴드갭 온도 센서(Band-gap temperature sensor)를 사용하고 있으며, 센서의 특성을 제시하면 표 5-2와 같다. 이들 온·습도 센서에 응용된 온도 센서의 특성은 온도 센서 이론 및 실습 부분에서 자세하게 다루고, 본 절에서는 습도 센서에 대해서만 살펴보도록 한다.

| 그림 5-11 | 디지털 온·습도 센서 사진: DHT11 (좌측)과 ISEN–H1D (우측)

[표 5-2] 디지털 온·습도 센서의 특성 비교표

인자	DHT11				ISEN-H1D			
	조건	최소	대표값	최대값	조건	최소	대표값	최대값
습도 센서								
동작범위 (%R.H.)	25 ℃	20	-	90	25 ℃	0		100
정확도 (%R.H.)			±4				±2.5	
분해능	-		8-bit				14-bit	
재현성 (%R.H.)	-		±1					
히스테리시스 (%)	-	-	-	-			〈 1.5	
응답시간 (s)	25 ℃	6	10	15				10
온도 센서								
동작범위 (℃)		0	-	50		-40		120
정확도		±1 ℃	-	±2 ℃			±0.5	
분해능 (bit)		1 ℃	8	1 ℃			14	
응답시간 (s)		6		30		15		25

2.1. DHT11 센서

그림 5-12는 DHT11과 LCD(Liquid Crystal Display) 모듈을 활용하여 꾸민 온·습도 센서 모듈 사진과 회로도를 나타낸 것이다. LCD는 5 V 전압으로 구동하게 제작되었으며, 온·습도 센서에 측정한 습도와 온도의 결과는 디지털 자료로 변환되고, I2 C 통신을 통한 화면상의 자료수신이 가능하도록 설계되어있다. 즉, LCD는 총 4개의 입출력 신호선을 갖고 있는데, 전원선(5 V, GND)과 SCL(Serial Clock)과 SDA(Serial Data) 선을 갖는다. SDA와 SCL은 각각 아날로그 핀 A4와 A5에 연결하여 사용하며, 그림 5-12 (b)와 같이 연결한 후, 제시된 '아두이노 보드와 DHT11 온·습도 센서 및 LCD display를 이용한 온·습도 측정 실험' 스케치를 업로드하여 온도와 습도의 측정결과를 확인할 수 있다(LCD 없이 사용할 때는 그림 5-12의 (b)번 회로도에서 LCD가 없는 상태로 온·습도 센서와 아두이노 보드를 연결하고, 1번 스케치를 업로드하여 실험하길 바랍니다).

❶ 그림 5-11 (b)와 같이 아두이노 보드와 온·습도 센서를 연결하시오.

❷ 외부 환경의 변화가 없는 상태에서 온도와 습도 측정결과를 표 5-3에 기록하시오.

❸ 헤어 드라이어의 온도 조절 스위치를 조정한 후(인위적 환경변화), 동작시킨 상태에서 온·습도 센서에 가져간 후 온도와 습도의 변화를 측정 기록하시오.

2.2. ISEN – H1D

그림 5-13은 ISEN-H1D를 사용한 온·습도 센서 결선 상태와 결선도를 나타낸 것으로 디지털신호의 에러를 방지하기 위해 SCL과 SDA사이에 Pullup 저항으로 2.2 kΩ의 저항과 전원부와 접지사이에 220 nF의 커패시터를 연결한 상태를 나타낸다.

브레드보드 상에 ISEN-H1D를 DHT11 센서와 밀접하게 위치시키고(헤어 드라이어의 열풍이 균일하게 전달될 수 있도록 유지시킴), 아래의 실험을 진행하시오.

❶ 그림 5-13(b)와 같이 아두이노 보드와 온·습도 센서를 연결하시오.

❷ 외부 환경의 변화가 없는 상태에서 온도와 습도 측정결과를 표 5-3에 기록하시오.

❸ 헤어 드라이어의 온도 조절 스위치를 조정한 후(인위적 환경변화), 동작시킨 상태에서 온·습도 센서에 가져간 후 온도와 습도의 변화를 측정 기록하시오.

[표 5-3] 온·습도 측정결과표

측정상태		DHT11			ISEN-H1D		
		습도 (%R.H.)	온도 (℃)	온·습도 평균	습도 (%R.H.)	온도 (℃)	온·습도 평균
정상 상태	1						
	2						
	3						
	4						
	5						
	6						
	7						
	8						
	9						
	10						
헤어 드라이어 작동상태	1						
	2						
	3						
	4						
	5						
	6						
	7						
	8						
	9						
	10						

2.3. 통합 센서 모듈 시험

2.1과 2.2 실험의 스케치를 참고하여, DHT11과 ISEN-H1D를 인접하게 위치시켜 동작할 수 있는 통합 스케치를 작성하고, 선행 실험을 반복하고 그 결과를 표 5-4에 기록하시오.

[표 5-4] 온·습도 측정결과표(통합 실험)

측정상태		DHT11			ISEN-H1D		
		습도 (%R.H.)	온도 (℃)	온·습도 평균	습도 (%R.H.)	온도 (℃)	온·습도 평균
정상 상태	1						
	2						
	3						
	4						
	5						
	6						
	7						
	8						
	9						
	10						
헤어드라이어 작동상태	1						
	2						
	3						
	4						
	5						
	6						
	7						
	8						
	9						
	10						

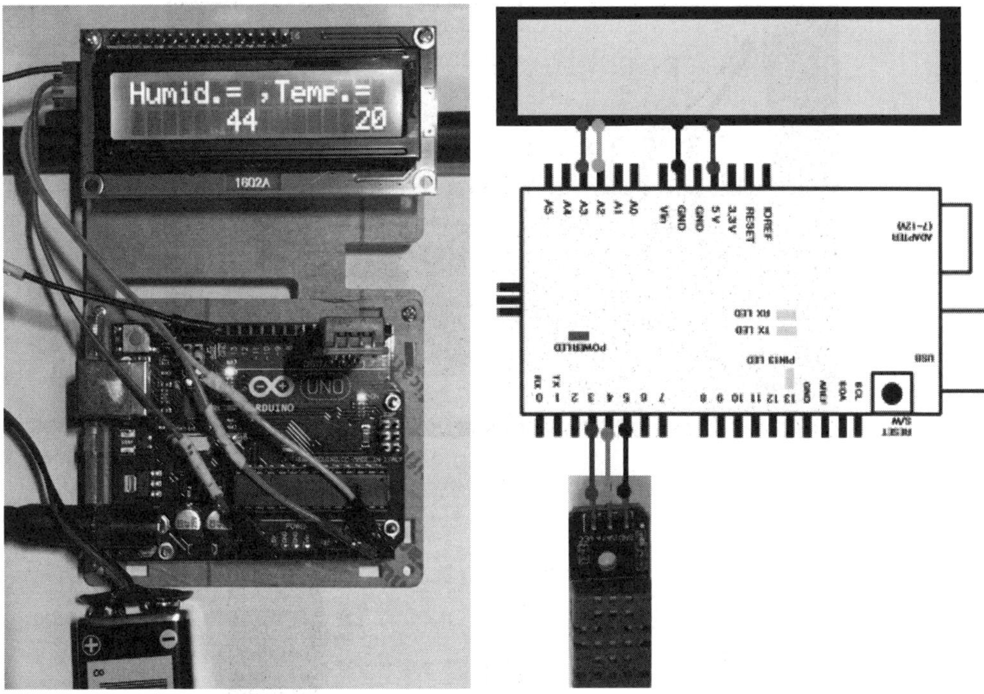

(a) (b)

❙ 그림 5-12 ❙ DHT11 센서와 LCD를 이용한 습도 센서 모듈: (a) 센서 모듈 사진 (b) 회로도

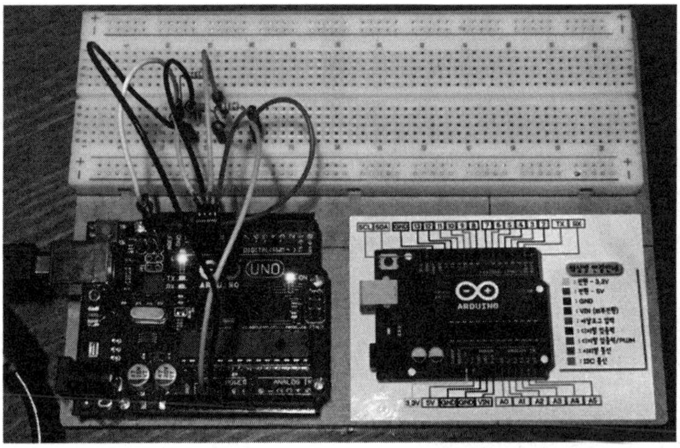

(a)

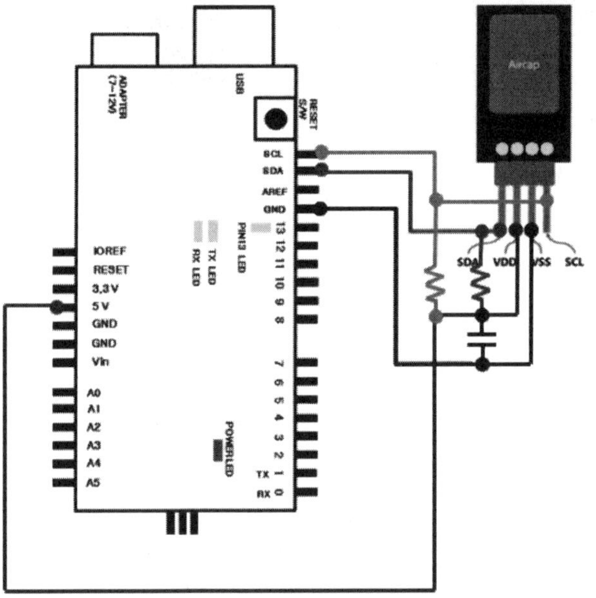

(b)

▍그림 5-13▍ ISEN-H1D를 사용한 온·습도 센서 결선도: (a) 결선사진 (b) 결선 회로도

참고자료 습도 센서를 활용한 아두이노 스케치

1. 아두이노 보드와 DHT11 온·습도 센서를 이용한 온·습도 측정 실험

```
#include "DHT.h"      // DHT.h 라이브러리를 포함시킨다
#define DHTPIN 4      // DHT핀을 4번으로 정의한다(DATA핀)
#define DHTTYPE DHT11  // DHT타입을 DHT11로 정의한다

const byte vcc = 5;  // 5번 핀을 전원으로 정의한다
const byte gnd = 3;  // 3번 핀을 접비(GND)로 정의한다

DHT dht(DHTPIN, DHTTYPE);   // DHT설정 - dht (디지털4, dht11)

void setup()
{
Serial.begin(9600);         // 9600 속도로 시리얼 통신을 시작한다
pinMode(vcc, OUTPUT);       //5번 핀을 출력단자로 정의한다.
pinMode(gnd, OUTPUT);       //3번 핀을 접지로 정의한다
}

void loop()
{
  digitalWrite(vcc, HIGH); // VOLTAGE SETTING-단자의 특성값, 5V
  digitalWrite(gnd, LOW);  //GND SETTING-단자의 특성값으로 0
  delay(60000);            //60초마다 한 번씩 측정

  int h = dht.readHumidity();  // 변수 h에 습도 값을 저장
  int t = dht.readTemperature();  // 변수 t에 온도 값을 저장

  Serial.print("Humidity: ");  // 문자열 Humidity: 를 출력한다.
  Serial.print(h);  // 변수 h(습도)를 출력한다.
  Serial.print("%\t");  // %를 출력한다
  Serial.print("Temperature: ");  // 이하 설명생략
  Serial.print(t);
  Serial.println(" C");
}
```

2. 아두이노 보드와 DHT11 온·습도 센서 및 LCD display를 이용한 온·습도 측정 실험

```
#include "DHT.h"    // DHT.h 라이브러리를 포함한다
#define DHTPIN 4    // DHT핀을 4번으로 정의한다(DATA핀)
#define DHTTYPE DHT11  // DHT타입을 DHT11로 정의한다

#include <Wire.h>      //I2C 통신을 위한 헤더 파일
#include <LiquidCrystal_I2C.h> //LCD와 I2C 통신을 통해 값을 표현하기 위
한 헤더파일 호출(※)

LiquidCrystal_I2C lcd(0x27, 16, 2); //LCD의 주소, 16 개 칸과 2 줄의
LCD임을 지정(※)
const byte vcc = 5;           // vcc를 5 로 지정함
const byte gnd = 3;           //gnd (접지)를 3 으로 지정함
DHT dht(DHTPIN, DHTTYPE);       // DHT설정 - dht (디지털4, dht11)

void setup()
{
  Serial.begin(9600);  // 9600 속도로 시리얼 통신을 시작한다
  pinMode(vcc, OUTPUT);    //vcc 단자(5)를 출력으로 지정함
  digitalWrite(vcc, HIGH); // VOLTAGE SETTING-high 이므로 5 V가 제공됨
  pinMode(gnd, OUTPUT);   //gnd 또한 출력단으로 지정하고,
  digitalWrite(gnd, LOW);  //GND SETTING- 그 값이 low 이므로 0 V로 함

  Serial.begin(9600);  // 9600 속도로 시리얼 통신을 시작한다(※)
  lcd.init();          //LCD를 시작하고(※),
  lcd.backlight ();    //LCD 백라이트를 발광하고(※),
  lcd.setCursor(0,0);  //커서의 위치를 첫 번째 줄의 첫 번째 칸에 위치한 초기
조건(※)
  lcd.print("Humid.= ,Temp.= "); //LCD에 표시할 문자(※)
}
void loop()
{

  int h = dht.readHumidity();  // 변수 h에 습도 값을 저장
  int t = dht.readTemperature();  // 변수 t에 온도 값을 저장
```

```
  Serial.print("Humidity: ");  // 문자열 Humidity: 를 출력한다.
  Serial.print(h);  // 변수 h(습도)를 출력한다.
  Serial.print("%\t");  // %를 출력한다
  Serial.print("Temperature: ");  // 이하생략
  Serial.print(t);       //온도를 출력하고,
  Serial.println(" C"); //C 라는 문자를 출력한다.

  char pr[8];              //8 바이트의 문자 스트링을 만든다(※)
  lcd.setCursor (4,1); //커서의 위치를 두 번째 줄의 네 번째 컬럼에 위치시킨
후(※),
  lcd.noCursor();        //LCD 상에 커서를 지우고(※),
  sprintf(pr, "%4d   %5d", h, t); //네 자리와 다섯 자리수로 습도와 온도를
표시하고(※),
  lcd.print(pr);         //이를 LCD에 문자 스트링 형태로 표시하고(※),
  delay(60000);         // 60 초 동안 기다린다
}
```

3. ISEN-H1D 온·습도 센서를 사용한 온·습도 측정 스케치

```
#include <Wire.h>                    //I2C 통신을 위한 헤더화일의 호출
#define H1D_i2c_address 0x28         //온습도 센서의 주소를 지정

unsigned long humi_decimal, temp_decimal;  /*4-byte 자료로서 humi_
decimal과 temp_decimal을 정의함*/
float humidity, temperature;    //실수형 변수로 humidity와 temperature
를 정의
unsigned char dat[4];     //dat라는 변수명으로 부호가 없는 문자 배열 4개 형성

void DataFetch_ISEN_H1D (void); //리턴값이 없는 함수 DataFetch_ISEN
_H1D 정의
void RawToDecimal_ISEN_H1D (void); //리턴값이 없는 함수 RawToDecimal
_ISEN_H1D
void Calculate_ISEN_H1D (void); //리턴값이 없는 함수 Calculate_ISEN _H1D
정의함

void setup()
  {
  Wire.begin();             // I2C 초기화(Master Mode)
  Serial.begin(9600);       // Baud rate를 9600bps 초기화
  Serial.println("Humidity[%] Temperature[C] Humidity[Dec] Temperature[Dec]");
  }

void loop()
  {
  delay(1000);              // 전원인가 후 최소 50ms Delay 필요, 1초간 기다림.
  DataFetch_ISEN_H1D();     //DataFetch_ISEN_H1D 함수 호출
  RawToDecimal_ISEN_H1D(); //RawToDecimal_ISEN_H1D 함수 호출
  Calculate_ISEN_H1D();     //Calculate_ISEN_H1D 함수 호출
  Serial.print("Humi[%]:");
  Serial.print(humidity);
  Serial.print("  ");
  Serial.print("Temp[C]:");
  Serial.print(temperature);
```

```
  Serial.print("  ");
  Serial.print("Humi[Dec]:");
  Serial.print(humi_decimal);
  Serial.print("  ");
  Serial.print("Temp[Dec]:");
  Serial.println(temp_decimal);
  }

 void DataFetch_ISEN_H1D(void)  //자료 처리를 위해 어드레스에 있는 정보
 를 가져오기
 {
  int i=0;    //지역변수로 i=0으로 초기화함
  Wire.write(H1D_i2c_address+0x01);   // I2C Read_MR(0x01)에 의해 어
드레스의 레지스터에 저장된 측정 결과를 읽어들임
  Wire.endTransmission(); //버퍼 레지스터에 있는 모든 자료를 송신함
  delay(10);              //10 ms 동안 대기함으로써 자료 송신의 신뢰성을 높임

  Wire.requestFrom(0x28, 4); //마스터에서 슬레이브 0x28 주소의 버퍼에 있
는 4 byte 자료를 요청
  while (Wire.available()) //수신된 자료의 바이트수가 4 일 때 까지
    {
    if(i>=4) i=0;
    dat[i] = Wire.read();  //1 byte 단위로 자료를 읽고, 이를 dat[i]로 반환
    i++;
    }
}

 void RawToDecimal_ISEN_H1D(void)
 {
  humi_decimal= (((dat[0] & 0x3F)<<8)|dat[1]);//14-bit 습도자료를
humi_decimal로 지정
  temp_decimal=((dat[2]<<6)|(dat[3]>>2));//14-bit 온도자료를 temp_
decimal로 지정
 }
```

```
 void Calculate_ISEN_H1D(void)
/*humi_decimal 값은 센서가 측정한 습도값을 decimal로 읽은 것이고,
humidity 값은 decimal로 읽어온 값을 일상적으로 사용하는 0~100 %RH로 변환한
값. 즉, humi_decimal값은 0~16383(∵14-bit 습도자료이므로, 214)으로 표현
되고, humidity는 이를 0~100 %R.H.으로 표현해야하기에 제시한 연산을 사용함.
온도값의 경우, 온도 센서의 측정범위가 -40~125 ℃ 이기에 아래와 같이 연산함 */
 {
   humidity = (int)((humi_decimal*100)/16383);
   temperature=165.0*(float)(temp_decimal/16383.0)-40.0;
 }
```

참고문헌

1. 민남기, *센서전자공학*, 동일출판사, 2003.

2. Craig A. Grimes, Elizabeth C. Dickey, and Michael V. Pishko, *Encyclopedia of Sensors*, American Scientific Publishers, 2006.

3. T. S. Light, S.Litch, A.C. Bevilacqua, and K.R. Morash, *The fundamental conductivity and resistivity of water*, Electrochemical and Solid-State Letters, 8 (1), E16-19, 2005.

4. A.K. Singh, H.Singh, S.P. Singh, R.L. Sawhney, *Numerical calculation of psychrometric properties on a calculator*, Building and Environment, 37, pp.415-419, 2002.

5. Jacob Fraden, *AIP Handbook of Modern Sensors: Physics, Designs and Applications*, American Institute of Physics, New York, 1993.

6. P. Ciureanu and S. Middelhoek, Thin film resistive sensors, Institute of physics publishing Ltd, 1992.

7. SamYoung S&C, *Product catalog*, 2020.

8. Inner Sensor, *ISEN-H1D:Humidity & Temperature sensor module*, User's manual, 2020.

9. Y.Y. Qiu et. al., Sens and Actuators A, 92, pp.80-87, 2001.

CHAPTER 06

온도 센서

1 서론

일상생활 속에서 주·야간과 사계절의 변화를 받으며 생활을 한다. 주간과 야간의 변화에 의해 일교차가 발생하고, 사계절의 변화에 의해 봄, 여름, 가을, 겨울의 변화 속에서 기온의 변화를 체감하며 생활하게 된다.

적도에서는 일 년 내내 고온 다습한 상태로 지내게 되나, 우리나라와 같이 위도가 높은 경우, 여름철의 온도와 겨울철의 온도차는 무려 50℃에서 60℃ 이상 차이가 발생하게 된다. 이런 온도의 변화로 인해 생활 속 모든 상황은 변화하게 되는데, 개인적으로 의복의 변화가 있지만, 산업 현장에서는 온도의 변화에 따른 재료 특성의 변화(열팽창, 전기 전도도 변화, 기압의 변화 등)로 소자 특성이 변화되고, 이로 인해 공정, 제어 조건, 측정값의 보정 등이 요구되는 상황에 접하게 된다. 예를 들어 실외 공정 라인상의 압력을 측정한다고 해도, 온도가 높은 여름철이 겨울철보다 더 높은 압력 발생을 유발시킬 수 있으므로 온도의 변화에 따른 영향을 배제하고, 압력의 변화만을 측정할 수 있도록 온도 보상이 된 시스템을 요구하게 된다. 또한 도로와 철도 교량의 경우, 열팽창 계수의 변화에 따른 영향을 받지 않도록 이에 따른 영향을 미리 보완하는 조치가 요구되며, 특정 시스템의 경우, 주·야간뿐만 아니라 사계절의 변화에 따른 온도 변화에 대한 보상

프로그램을 전체 시스템에 추가하여 시스템 성능의 안정성을 확보하고 있다.

따라서 본 장에서는 온도 센서의 종류에 대해 살펴보고, 실생활에서 광범위하게 사용되고 있는 온도 센서를 선정하여 그 특성과 온도 측정을 실시하여 장·단점을 살필 수 있도록 한다.

본 학습과정을 통해 다음과 같은 능력을 갖출 수 있을 것이다.

1. 온도 센서를 변환 원리를 중심으로 설명할 수 있고,
2. 서미스티의 구조와 온도 측정원리 및 측정 회로와 코드를 이해 설명할 수 있으며,
3. 열전대의 종류와 온도 측정 원리 및 회로와 온도 측정을 위한 코드를 제시할 수 있으며
4. 다이오드와 트랜지스터를 이용한 온도 측정 원리를 비교 설명할 수 있다.

2 온도 센서의 종류와 특징

지역과 사계절에 따라 변화하는 온도를 정확히 측정하고, 이를 시스템의 안정화를 위해 보정하기 위해서는 그 용도에 적합한 온도 센서를 선정하는 것이 중요하다. 각종 온도 센서의 종류와 사용 온도 범위에 따라 분류하면, 표 6-1과 같다.

한편 온도 센서가 측정 대상 매질과의 접촉 여부에 따라 접촉식과 비접촉식으로 나뉘어 지는데, 표 6-2에 제시한 센서 중 다중열전쌍(써모파일)과 초전형 센서는 측정 대상의 적외선 복사 에너지를 이용하기에 비접촉식이고, 나머지 센서는 접촉식 센서로 분류할 수 있다. 현재까지 알려진 온도 센서의 종류를 접촉식과 비접촉식으로 분류하면 다음과 같다.

[표 6-1] 각종 온도 센서의 종류와 사용 온도 범위

변환원리	종류	온도 범위[℃]
전기저항	RTD (resistance temperature device)	-200 ~ 850
	NTC (negative temperature coefficient)	-50 ~ 300
	PTC (positive temperature coefficient)	〈 300 -50 ~ 150
열기전력	열전대	-200 ~ 1600
	다중 열전쌍/초전형 센서	-40 ~ 100
전위장벽/전류	IC 온도 센서	-50 ~ 150

[표 6-2] 접촉식과 비접촉식 온도 센서의 종류와 측정원리

분류	측정 원리	현상 및 센서
접촉식	열팽창	기체의 압력변화, 액주의 높이변화, 고체의 변형 (바이메탈)
	전기저항	금속 (RTD)
		세라믹 (NTC, PTC)
	열기전력	열전대
	자기특성	감온 페라이트 특성
	유전특성	정전용량의 변화
	발진특성	수정발진 센서, 탄성 표면파 센서
	IC 센서	내부전계변화 및 전류변화
	광 파이버센서 외	흑체방사
비접촉식	휘도검출 방식	광 고온체, 2색 고온체, 휘도 온도계
	방사 에너지 검출 방식	열형 (보로미터, 써모파일, 초전형센서) 양자형 센서(광전도도, 기전력)

본 과정에서는 NTC 써미스터, k-형 열전대, 반도체 IC 온도 센서에 대한 특성 실험을 통해 온도 측정 방법과 기본적 특성을 비교 평가해 본다.

3 NTC 써미스터를 응용한 온도 센서 회로와 실험

써미스터(Thermistor)는 thermally sensitive resistor의 준말로 우리말로는 온도 감응 저항체라 표현하면 적절할 것으로 보이며, 주로 금속산화물 반도체로 이루어진다. 금속 산화물반도체의 온도에 따른 저항변화에 따라 PTC(positive temperature coefficient) 혹은 NTC(negative temperature coefficient) 온도 감응 저항체로 분류되며, 온도 센서로는 NTC 특성을 갖는 산화물 반도체가 가전용, 장남감, 자동차용 온도 센서 등으로 광범위하게 사용되고 있다.

써미스터는 형성공정, 기본 특성, 회로내에서의 사용조건과 구조 등에 따라 로드형, 디스크형, 와셔형, 칩형, 비드형, 다이오드형 등으로 나누어지며, 그림 6-1은 비드형과 다이오드형 NTC 써미스터를 나타낸 것이다.

❙그림 6-1❙ 비드형과 다이오드형 NTC 써미스터 사진

3.1. NTC 써미스터의 기본 동작특성과 온도측정 원리

써미스터는 산화물 반도체 저항의 온도 의존성에 기반을 두고 있는데, 온도에 따른 저항의 변화는 온도 변화에 따른 전하의 농도와 전하의 이동도의 변화에 기인한다. NTC 써미스터의 경우, 온도가 증가함에 따라 저항이 감소함으로 이동도와 전하 농도의 증가에 기인함을 고려할 수 있으며, 일반적으로 약 50℃ 온도 구간에서 아래의 식 (6.1)과 같이 지수 함수적인 저항 변화를 나타낸다.

$$R_T = R_0 e^{B(1/T - 1/T_0)} \tag{6.1}$$

R_0는 25℃에서의 저항을 의미하고, T_0는 25℃의 절대온도를 나타낸다. 즉, $T_0 = 273.15 + 25 = 298.15\,K$을 의미한다.

식 (6.1)에서 B(혹은 β) 정수는 물질의 특성 온도(characteristic temperature)를 의미하는데, 물질과 제조사에 따라 상이한 값을 갖으나 대략 2000 K에서 4000 K 값을 갖고 있다. 써미스터의 온도-저항 특성은 이 값에 의하여 정의되기 때문에 이 값을 써미스터 정수, B 정수 혹은 β 정수라고 부른다.

식 (6.1)에서 R_0로 양변을 나눈 후 자연로그를 취하면,

$$\ln\left(\frac{R_T}{R_0}\right) = \beta\left(\frac{1}{T} - \frac{1}{T_0}\right) \tag{6.2}$$

가 되고, 25℃와 임의의 온도 T에서의 저항값을 구하면, β 값을 구할 수 있게 된다. 또한 이로부터 임의의 온도에서의 저항값을 알게 되면, 식 (6.2)를 통해 저항값에 해당하는 온도를 두 개의 파라미터를 통해 ±0.3℃ 범위 내에서 알 수 있게 된다.

세 개의 파라미터를 이용하면 온도 구간 100℃에서 ±0.01℃ 범위내로 온도를 측정할 수 있음이 실험적으로 Steinhart-Hart에 의해 제안되었는데, 그 식을 제시하면 식 (6.3)과 같다.

$$R_T = e^{(A + B/T + C/T^3)} \tag{6.3}$$

식 (6.3)을 변형하면,

$$\frac{1}{T} = a + b\ln R_T + c(\ln R_T)^3 \tag{6.4}$$

식 (6.4)와 같이 표현되며, 미지의 상수 a, b, c를 구하기 위해 세 개의 온도에서의 저항값과 이에 따른 연립방정식을 풀면 상수 a, b, c를 도출할 수 있고, 이를 통해 보다 정확한 온도 측정이 가능해진다. 본 실험에서는 MF58 시리즈를 사용하여 실험을 진행하는데, 이는 Cantherm사의 제품으로 상온에서 50 kohm의 저항과 B 정수로 3950 K를 갖는 써미스터이며, 자세한 사항은 제작사(www.cantherm.com)의 사양서(MF58503F3950)를 참고하여 주길 바란다.

3.2. NTC 써미스터를 활용한 온도 측정

식 (6.4)를 통해 온도에 따른 저항을 구한 후, 역수를 취하고, 이를 섭씨온도로 표현하면,

$$Temp = T - 273.15 \tag{6.5}$$

가 된다. 따라서 대상물의 온도를 측정할 수 있는데, 이때 저항값을 어떻게 구할 것인가 중요하며, 이는 그림 6-2 (a)와 같이 써미스터와 직렬로 10 kΩ 정도의 저항을 연결하고, 전체 직렬회로에 공급전원 5 V를 인가한 후, 써미스터가 온도에 따라 저항값이 변화할 때 10 kΩ에 인가되는 전압으로부터 전압분배의 원리를 이용하면 써미스터의 저항값을 구할 수 있게 된다. 즉, 아래의 회로와 같이 결선한 후, 제시된 스케치(Arduino에서는 프로그램을 '스케치'라 한다)를 입력하고, 출력되는 온도를 측정해 보자.

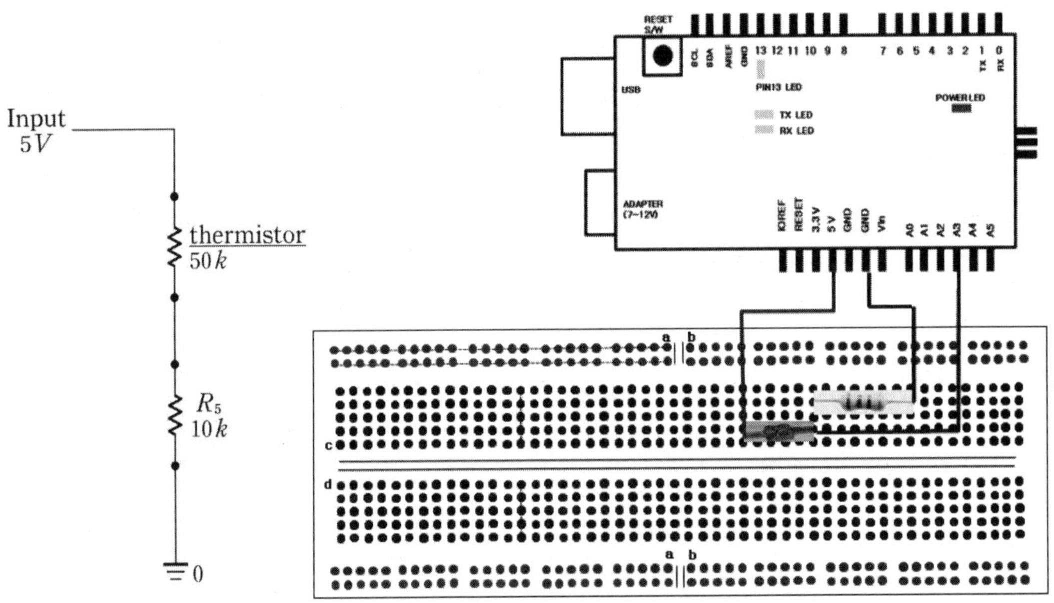

(a) (b)

그림 6-2 써미스터와 저항의 직렬연결을 통한 온도측정 회로구성도: (a) 써미스터와 저항의 결선도 (b) Arduino와 Breadboard 상의 연결

❶ 회로를 구성한 후, 측정된 온도를 기록하자.

❷ 25℃에서 써미스터의 저항값이 사양서에 제시된 값과 같이 된다는 가정하에 두 곳의 온도에서 써미스터의 저항값을 도출한 후, Steinhart-Hart 식에서 제시한 상수값을 구하시오.

❸ 세 개의 상수값을 스케치에 입력하여 프로그램을 보정한 후, 온도를 측정하고, 다른 조와 비교하고, 온도차에 영향을 줄 수 있는 환경요인이 있는지 살펴보고, 설명해 봅시다.

❹ 헤어 드라이기를 이용하여 찬 바람을 온도 센서 IC에 불어, 그 상태에서 온도 측정 결과를 기록하시오.

❺ 헤어 드라이기의 온도 조절 수준(level)을 조절하면서 온도 측정하고, 그 결과를 기록하시오(LM35 측정 시 동일한 헤어드라이어를 사용하여 온도 측정의 오차를 작게 하시오). 이때 열원은 온도 센서의 온도 측정 시 가급적 동일한 환경 조건을 제시할 수 있도록 합시다.

```
 //Steinhart-Hart coeff: MF58 50K Thermistor, Cantherm Inc.
#define A 0.00091876            //실험적으로 정해져야 할 상수
#define B 0.000286596           //실험적으로 정해져야 할 상수
#define C 6.4443E-8             //실험적으로 정해져야 할 상수
const byte pinTherm = A3;       //A3 핀을 온도 측정 위한 아날로그 단자로 설정

void setup()
{
 Serial.begin (9600);           //Baud rate을 9600 으로 설정함
}

void loop()
{
 float valueTherm = analogRead(pinTherm); //A3 단자를 통해 측정된 아날로그 값을 읽어서 valueTherm이라는 실수형 변수에 저장함
 float RT = 10000*((1023/valueTherm)-1);  //10,000 Ω의 저항과 NTC 서미스터간의 전압 배분값의 비를 구하여 서미스터의 온도에 따른 저항값을 구한다
```

```
float RT3 = log(RT)*log(RT)*log(RT);   //서미스터의 저항값의 자연로그를 세제곱하여 RT3 라는 실수형 변수에 저장
float tempTherm1 = log(RT); //RT의 자연로그값을 tempTherm1 실수형 변수에 저장
float tempTherm = 1/(A+B*tempTherm1+C*RT3); //Steinhart-Hart 식에 대입하여 현재 온도 절대온도를 구함
tempTherm = tempTherm-273.15; //섭씨 온도로 환산
Serial.print(tempTherm), Serial.println(" C");  //섭씨 온도를 시리얼 포트를 통해서 출력
delay(1000);      //1초간의 지연시간을 둔 후, 루프를 반복하면서 온도측정을 계속한다.
}
```

4 열전대와 전압증폭기 회로 응용 실험

4.1. 열전대를 이용한 온도 측정원리

동일한 금속 내에서 온도의 변화가 있어도 금속의 양단간에 전압이 발생하지 않지만, 서로 상이한 두 금속을 접합시키면, 두 금속 사이에 일함수의 차이가 생기고, 이로 인해 기전력(electromotive force)이 형성된다. 또한 두 접합부 중의 하나는 열적으로 상대적 온도가 반대 접합부보다 높은 경우, 온도가 높은 쪽에서 낮은 쪽으로 전류가 흐르게 되거나 두 접점 중의 하나가 개방된 상태라면 온도가 높은 쪽에 (+), 낮은 쪽에 (−) 전압이 발생되는 것을 열-전기 기전력(thermoelectric electromotive force) 현상이라 말하고, 이런 원리를 이용한 것이 열전대(thermocouple)라고 한다.

열에 의한 전기 에너지로의 변환을 통한 기전력(emf), V_{ab}와 두 접합부 사이의 온도변화 dT의 관계는 지벡계수(Seebeck coefficient)와 아래의 수식으로 정의되어 있으며,

$$\alpha_{ab} = \frac{dV_{ab}}{dT} = S_a - S_b \text{ [mV/K]} \tag{6.6}$$

지벡계수는 온도의 함수로 정의되어, 일반적으로 온도가 증가하면 증가하는 특성이 있다.

두 물질간의 지벡계수를 알고, 두 접점 간에 온도차가 존재하며 알고 있는 경우, 지벡효과에 의해 발생하는 기전력은 다음의 식 (6.7)과 같이 정의된다.

$$\Delta V_{ab} = \alpha_{ab}(T_h - T_c) \quad (6.7)$$

따라서 식 (6.7)에서 제시한 것과 같이 직선성이 우수한 열전대는 지벡계수가 온도 측정범위에서 안정적이고 선형성이 우수한 경우에 확보할 수 있음을 생각할 수 있다. 표 6-3은 열전대의 종류와 특성을 나타낸 것이다.

[표 6-3] 열전대의 종류와 특성

열전대 종류	조성	측정범위(℃)	측정 전 영역에서의 출력전압(㎷)	오차 (℃)
B	Pt(6%)/rhodium-Pt(30%)/rhodium	38 ~ 1800	13.6	–
E	Chromel-constantan	0 ~ 982	75.0	±1
J	Iron-constantan	184 ~ 760	43	±2.2
K	Chromel-Alumel	-184 ~ 1260	56	±2.2
R	Pt(13%)/rhodium-Pt	0 ~ 1593	18.7	±1.5
S	Pt(10%)/rhodium-Pt	0 ~ 1538	16.0	±1.5
T	Copper-constantan	-184 ~ 400	26.0	±1.0

표 6-3에 제시된 특성에서 알 수 있듯이 각 열전대를 사용할 때, 전체 측정 온도범위에서의 출력전압이 수십 ㎷ 이내이기에 온도의 변화에 따른 출력의 증폭이 요구되나, 증폭과정에서 잡음성분들이 동시에 증폭되기 때문에 측정결과에 영향을 주는 상황을 배제하여 회로를 설계하여야 한다.

4.2. 온도 측정을 위한 회로의 결선

그림 6-3은 k-형 열전대와 열전대의 출력전압을 증폭하기 위한 AD8495를 사용한 연산증폭기 회로부를 이용한 온도측정 센서 모듈을 나타낸 것이다. 열전대에서 발생된 전압은 차동 증폭기 회로를 통해 내부 이득만큼 증폭되는 결과로 출력단자에 나타나게 된다. 열전대의 각 단자와 반전과 비반전 단자의 입력 단 사이에 저역통과 필터를 장착함으로

써 잡음의 영향을 제거하고자 하였으며, 0℃에서도 1.25 V의 전압을 제공하는 기준 전압원(reference voltage source, 1.25 V)을 사용함으로써 하드웨어적으로 열전대의 기준 온도를 설정하여 온도의 증감에 따른 출력전압의 변동으로 온도를 측정하고자 설계되었다. 따라서 연산 증폭기의 특성과 출력전압과 온도와의 상관성은 다음의 식 (6.8)로 정의된다.

$$T_{measure} = \frac{V_{out} - 1.25\ V}{5\,mV/℃} \tag{6.8}$$

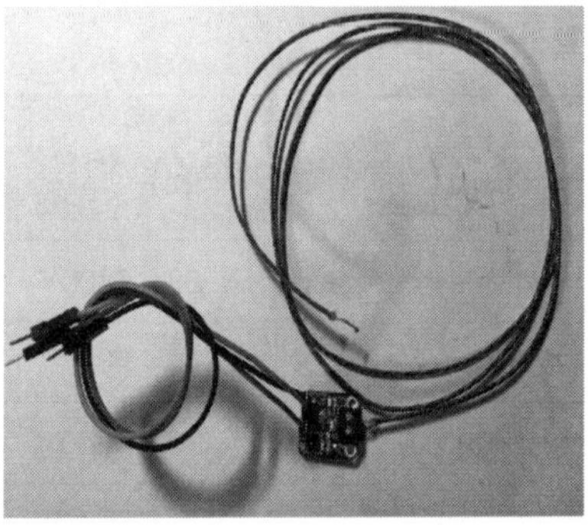

(a)

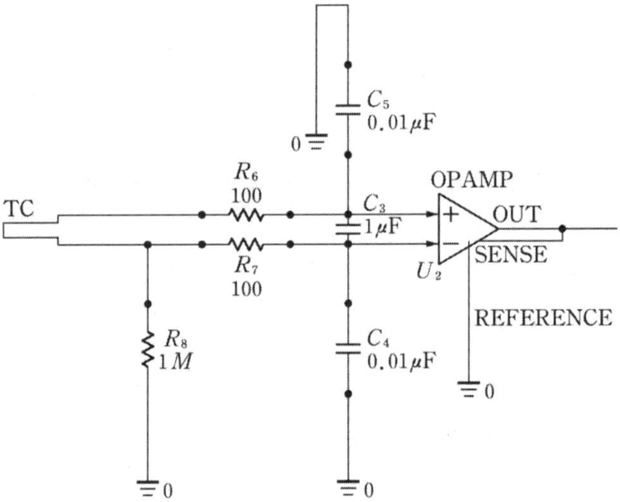

(b)

| 그림 6-3 | k-형 열전대를 이용한 온도측정 센서: (a) 열전대와 AD8495 연산 증폭기 사진 (b) AD8495 연산 증폭기 회로도

열전대와 증폭 회로부 및 아두이노 보드를 이용한 온도측정 회로의 결선 상태를 나타내면 그림 6-4와 같으며, 제시된 스케치를 아두이노 보드에 입력하고, 주변 온도의 변화에 따른 온도측정 실험을 실행하시오.

❶ 실험실의 기준 온도 센서의 온도를 기재하고, 본 실험에서 제시된 온도 센서를 이용한 온도 측정결과를 기록하시오.

❷ 헤어드라이어를 사용하여 온도를 변화시켰을 때, 열전대를 통해 변환 측정된 온도 측정결과를 기록하시오(이때 드라이어의 모드 상태를 정확히 분별하여 제시하고, 그때의 온도를 기록하시오).

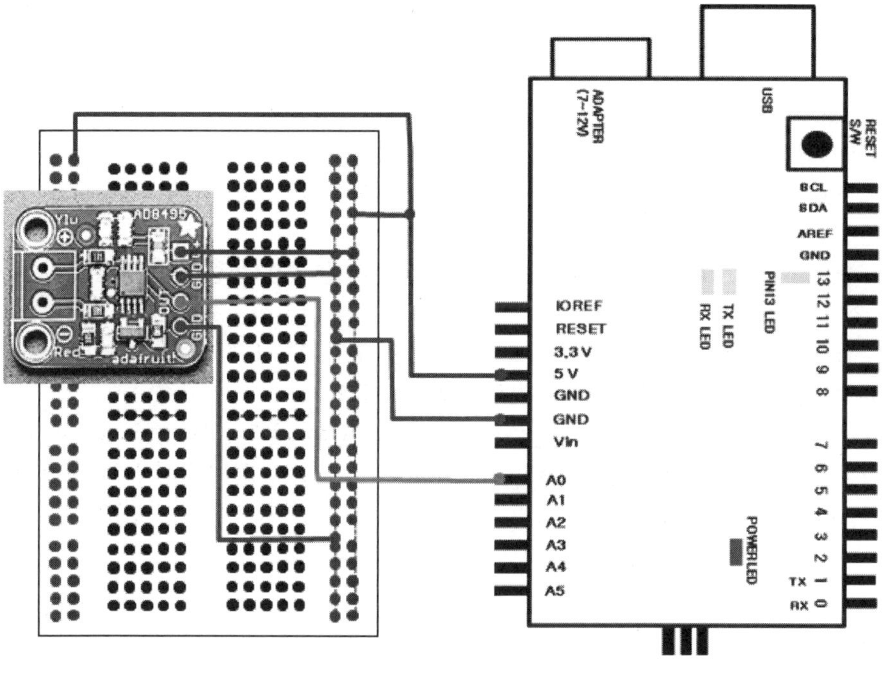

| 그림 6-4 | AD8495와 ARDUINO 보드와의 결선도

K-type 열전대를 이용하여 온도를 측정하는 예이다.

K-type Thermocouple을 이용한 온도측정

```
const byte pinLM35 = A0;  //A0를 온도 측정단으로 설정함
const float VREF=5;       //입력 전압 5 V를 VREF라는 실수형 변수로 지정함

void setup()
{
 Serial.begin(9600);            //Baud rate을 9600 으로 설정함
}

void loop()
{
 float value, voltage, temp;  //value, voltage, temp를 실수형 변수
로 지정함
 value=analogRead(pinLM35);  //A0 단자에서 측정한 아날로그 값을 value
라는 변수에 저장함
 voltage=value/1023*VREF;     //A0 단자를 통해 변환된 입력을 5 V에 비례
한 값으로 출력함
 temp=(voltage-1.25)/0.005;   //기준 전압 1.25 V로 측정전압을 제하고,
5mV로 나누어 계산된 값을 측정 온도값으로 변환함
Serial.print(value),Serial.print("   temperature"), Serial.print ("="),
Serial.print(temp),Serial.println(" C"); //프린트 순서에 의해 출력함
delay(1000);                          //1초간 기다린다.
}
```

5 LM35 온도 센서 IC를 이용한 온도 측정 실험

5.1. 온도 센서 IC의 온도검출 원리

전통적인 온도 센서로 광범위하게 사용되고 있는 열전대와 써미스터는 온도에 따른 열기전력과 저항의 변화가 비선형적인 특성을 나타낸다. 따라서 선형화 과정을 통해 온

도에 따른 1차 함수적인 전압과 저항 변화를 출력하게 한다. 그러나 근래에는 반도체 다이오드의 순방향 전압의 온도 의존성을 이용하여 다이오드나 트랜지스터에 흐르는 전류 변화로 온도를 측정하는 반도체 IC 온도 센서가 널리 사용되고 있다.

즉, 반도체 다이오드의 순방향 전류와 전압은 식 (6.9)로 정의되고,

$$I_d = I_o\left[\exp\left(\frac{qV}{kT}\right) - 1\right] \tag{6.9}$$

단, I_d 다이오드의 순방향 전류, I_o 역방향 포화전류, V 다이오드에 인가된 전압, k 볼쯔만 상수, T 절대온도를 의미한다.

식 (6.9)를 전압-전류의 관계식으로 다시 표현하면,

$$V = \frac{kT}{q} ln\left(\frac{I_d}{I_0} + 1\right) \cong \frac{kT}{q} ln\left(\frac{I_d}{I_0}\right) \tag{6.10}$$

식 (6.10)과 같다. 이는 다이오드에 흐르는 전류, I_d는 역방향 포화전류에 비해 상당히 크기 때문에 식 (6.10)의 마지막과 같이 근사화된다. 따라서 식 (6.10)에서 다이오드에 흐르는 전류를 일정하게 하면, 다이오드 전압 V는 온도에 비례하는 특성을 나타내게 되고, 따라서 선형적인 특성을 갖는 $V-T$ 관계를 식 (6.10)과 같이 얻게 된다. 이때 전압 감도 $\frac{dV}{dT}$는 다이오드 구동전류, I_d와 포화전류 I_o에 의존하는 특성을 갖게 된다. 이런 다이오드의 특성을 트랜지스터에 적용하고, 전류 혹은 전압을 일정하게 한 상태에서 온도에 따른 특성을 확인하고, 그 결과를 응용하여 다이오드, 트랜지스터와 연산 증폭기를 이용한 온도 센서 IC를 확보할 수 있게 된다.

일예로 트랜지스터의 콜렉터와 베이스를 공통단자로 하여, 이미터 접지 회로를 구성하고, 콜렉터에서의 출력전압 회로를 구성한 예로 온도 센서 IC를 그림 6-5와 같이 구성할 수 있다.

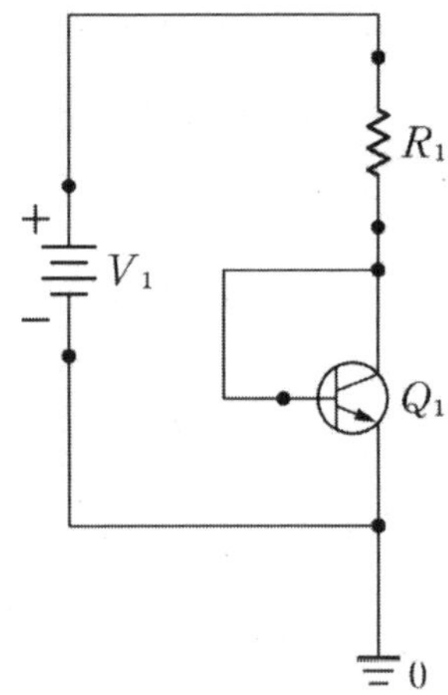

| 그림 6-5 | 다이오드로 결선한 트랜지스터 온도 센서의 예

5.2. 온도 센서 IC의 구조와 실험

LM35 온도 센서 IC의 측정 온도범위는 −55 ~ 150 ℃ 범위이고, 이 범위에서 ±0.75 ℃의 측정 오차를 갖고 있다(상온에서는 ±0.25 ℃ 오차). 이 온도 센서는 넓은 동작온도 범위를 갖고 있기에 자동차에 적용 가능한 성능을 갖고 있으며, 기본 동작회로 구성 상태에서는 0 ~ 150 ℃ 범위의 온도를 측정할 수 있다. 이때 출력단인 V_{out}에서 10 ㎷/ ℃의 전압을 출력하고, 전원에서 60 ㎂ 정도의 전류만을 소비함으로써 자기 가열(self heating)에 의한 온도변화가 0.1 ℃ 미만인 우수한 특성을 지닌다.

본 실험에 사용할 온도 센서 IC의 형상을 제시하면 그림 6-6과 같은데, LM35 온도 센서 IC의 단자는 그림 6-6의 우측과 같이 소자의 상부에서 보았을 때, 좌측은 전원인가 단자, 중앙은 출력전압 단자, 우측은 전원 접지단자를 의미한다.

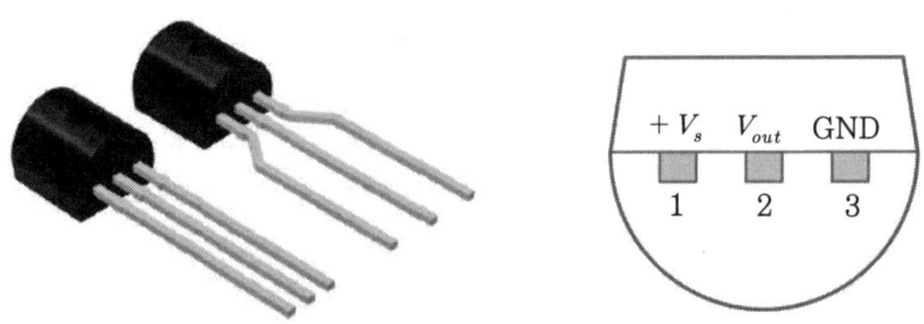

| 그림 6-6 | LM35 온도 센서의 형상 및 핀 번호별 단자 역할

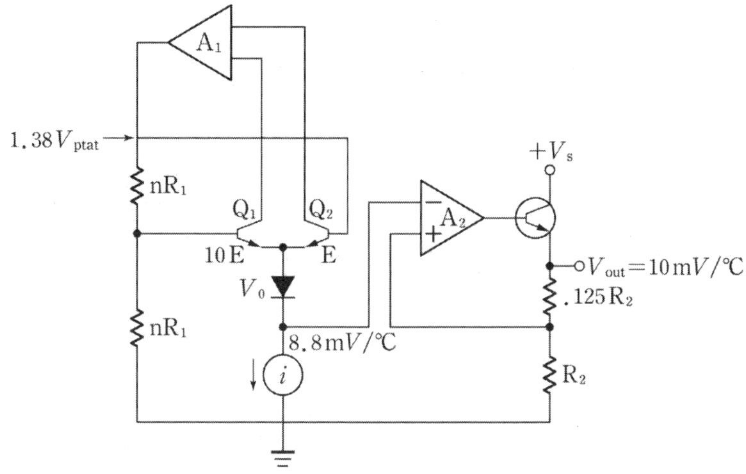

(a)

(b)

▌그림 6-7▐ LM35 온도 센서: (a) 기능적 블록다이어그램 (b) 온도 센서 IC 사진

또한 온도 센서 IC의 블록도와 실물 사진은 그림 6-7과 같다. 식 (6.10)과 그림 6-5에서 설명한 컬렉터 전류와 베이스-이미터 전압특성을 이용하여, 두 개의 트랜지스터의 베이스-이미터 전압의 차와 각각의 트랜지스터의 콜렉터에 흐르는 전류관계식을 도출하면 식 (6.11)과 같다.

$$V_{BE,\,Q1} - V_{BE,\,Q2} = n\frac{kT}{q}\left[\left(\ln\frac{I_{c1}}{I_{o1}}\right) - \left(\ln\frac{I_{c2}}{I_{o2}}\right)\right] \tag{6.11}$$

동일한 반도체 공정과정에서 이웃한 트랜지스터간의 역방향 포화전류가 동일하다면, 회로적으로 두 트랜지스터의 컬렉터 전류를 각각 일정하게 조절하면 베이스와 이미터간의 전압차를 조절할 수 있으며, 이 전압차는 온도에 비례하는 특성을 갖도록 할 수 있음을 식 (6.11)을 통하여 확인할 수 있다. 제시된 블록 다이어그램에서 트랜지스터 Q_1과 Q_2 및 연산증폭기를 통해 8.8 ㎷/℃의 내부전압 출력(V_o)을 얻고, 이를 A2 연산 증폭기를 통해 비반전 증폭하고, 트랜지스터를 통해 단위 온도당 10 ㎷의 출력을 갖는 최종 출력단(V_{out})으로 구성되어 있는 것이 그림 6-7의 (a)에 제시된 블록 다이어그램인 것이다. 결론적으로 온도 센서 IC의 출력전압과 온도(T℃)는 아래의 식 (6.12)로 나타나며, 전압의 측정을 통해 측정온도를 역산할 수 있게 된다.

$$V_{out} = 10mV/℃ \times T℃,\ T = \frac{V_{out}}{10 \times 10^{-3}}\ [℃] \tag{6.12}$$

따라서 온도 측정을 위해 그림 6-8의 결선도를 참고하여 회로를 구성한 후, 주변온도를 측정할 수 있다. 기본적인 섭씨온도 측정 시, $+V_s$에 5 V 전압을 인가하고, GND를 접지한 상태에서 중앙의 V_{out} 단자에서의 출력전압을 측정한다.

회로의 결선이 완료되면, 아래에 제시한 스케치(온도 측정을 위한 프로그램)를 업로드하여 온도를 측정할 준비를 하고, 다음과 같은 순서에 준하여 온도를 측정한다.

❶ 현재 상태의 측정 온도결과를 기록하시오.

❷ 헤어 드라이기를 이용하여 찬 바람을 온도 센서 IC에 불어, 그 상태에서 온도 측정 결과를 기록하시오.

❸ 헤어 드라이기의 온도 조절 수준(level)을 조절하면서 온도 측정하고, 그 결과를 기록하시오.

❹ 써미스터를 이용한 온도 측정회로도 LM35에 인접하게 배치하고, 두 온도 센서에서 측정한 현재온도를 각각 기록하시오.

❺ 상기 제시한 ❷와 ❸을 반복하여 진행한 후, 써미스터와 LM35에서 측정한 온도를 기록하시오.

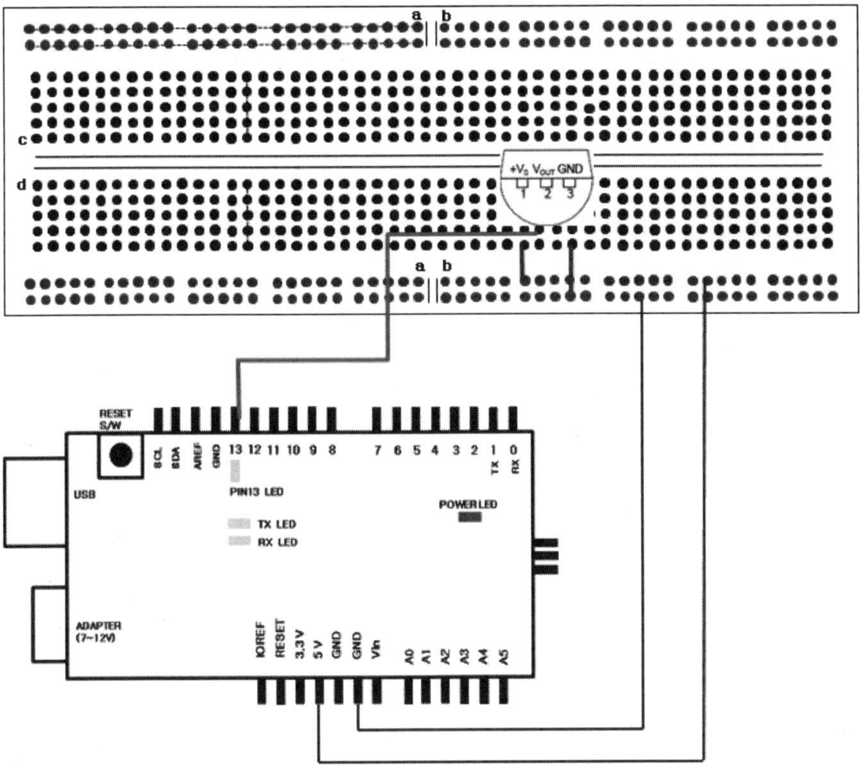

| 그림 6-8 | LM35와 Arduino 보드와의 결선 상태도

```
const byte pinLM35 = A0;          // A0를 LM35의 출력 핀으로 지정함
const float VREF = 5;             // 실수형 변수로 VREF를 지정함

void setup()
{
 Serial.begin(9600);              //Baud Rate 9600으로 통신을 시작함
}

void loop()
{
 float value, voltage, temp;        //value, voltage, temp를 실수형 변
수로 지정함

 value=analogRead(pinLM35);       //LM35의 출력을 읽어 value라는 변수에
저장함
                                  //이때의 출력은 아날로그를 읽어 디지털로
반환함
 voltage=value/1023*VREF;         //디지털로 반환된 온도에 따른 출력값을 8
비트 최고값과
                                  //인가 전압의 나눗셈과 곱셈을 통해 전압값
으로 환산함
 temp=voltage*100;               //측정 구간이 100 ℃ 까지 이므로 전압에 100
을 곱하여
                                 //현재 온도를 확인함
 Serial.print(value),Serial.print("temperature"), Serial.print("="),
                       Serial.print(temp), Serial.println(" C");
                                //LM35의 출력값, 문자들과 측정 및 계산된
온도를 출력함
 delay(1000);                  //1 초 동안 기다린 후, loop를 다시 반복함
}
```

참고문헌

1. 강 보선외 4인 역서, *기계계측공학*, 시그마프레스, 2016.
2. 민남기, *센서전자공학*, 동일출판사, 2003.
3. 백수현 역편, *센서핸드북*, 도서출판 세화, 1990.
4. R. Pallas-Areny and J.G. Webster, *Sensors and signal conditioning*, John Wiley and Sons, New York, 2001.
5. 김병일외 13인, 공학입문 컴퓨터 계측 및 실습, 진샘미디어, 2015.
6. ANALOG DEVICE Inc, AD8494 Series evaluation board user guide: UG-142.
7. TEXAS INSTRUMENTS, LM35 precision centigrade temperature sensors, revised Dec., 2017.

CHAPTER 07

광 센서(Photo Sensors)

1 서론

빛(Light, photon)은 평범한 일상 생활과 과학적인 측면에서 다량의 정보를 제공하고, 각종 생명연장 활동에 커다란 영향을 미치는 요인들 중의 하나이다. 종교적인 의미에서도 성경에는 천지창조이후에 발생한 사건으로 '하느님께서 말씀하시길 "빛이 생겨라" 하시자 빛이 생겼다'라고 적고 있으며, 동양철학에서도 무극 혹은 태극의 세계에서 음(어둠)과 양(밝음)으로 양분되어 사상과 팔궤 및 주역의 64궤에 이르는 세상으로 확대되고 있음을 제시하고 있다. 또한 지구상에서 빛의 유무로 인해 주야 구분이 생겼으며, 이로 인해 동식물의 생육과 휴식 등의 생명활동과 휴식이 주어졌고, 빛을 통한 광합성 작용으로 식물이 성장 발육하며, 우주로부터 지구로 전해오는 각종 빛(전자기파)의 분석을 통해 우주에 대한 이해를 할 수 있는 과학문명을 이루게 되었다.

즉, 빛을 그 자체 해석을 통한 정보인식도 가능하고, 빛을 통해 우리가 원하는 정보를 원격지로 전달할 수 있는 광 통신 세상을 구현하였으며, 빛을 이용하여 물체의 존재 유무, 물체의 통과 여부, 인체 내의 종양과 골절의 상태 및 장기의 손상유무도 판단할 수 있고, 생활 속 편의성 향상을 기할 수 있도록 끊임없이 발전하고 있다.

본 장에서는 광 센서의 종류와 원리를 이해하기에 앞서, 빛이 갖는 성질과 스펙트럼에 따른 특성을 이해하고, 실생활에서 적용되고 있는 근자외선에서 중적외선 파장범위의 빛을 검출할 수 있는 센서의 종류를 살펴보고자 한다. 또한 각종 광 센서의 적용 예를 실험을 통해 직접 확인함으로써 광 센서의 이론과 실무지식을 보다 정확하게 이해하는 것을 그 목적으로 한다.

본 학습과정을 통해 다음과 같은 능력을 갖출 수 있을 것이다.

1. 빛의 이중성을 설명할 수 있다.
2. 적외선 센서의 일반적 구조에 대해 설명할 수 있다.
3. 단일 광 센서(CdS, 보로미터)의 동작원리를 설명할 수 있다.
4. 적외선 센서인 써모미터와 초전센서의 동작원리를 비교 설명할 수 있다.
5. 복합 광 센서(포토 인터럽터)의 구성과 종류 및 동작원리를 설명할 수 있다.
6. CdS 센서, PIR 센서, 포토 인터럽터를 활용한 코드를 설명할 수 있다.

2 빛의 성질

본 장에서는 빛의 일반적인 특성에 대해서 설명하고, 빛이 물질 내부에 흡수되었을 때 발생하는 현상과 이로 인한 물질의 특성 변화를 통해 광 센서의 변환 원리의 기초를 살피고, 빛의 스펙트럼 분석과 이를 통한 광 센서의 분류를 고찰함으로써 광의 흡수와 변환에 따른 센서의 이해를 통해, 이들의 응용성을 대비 이해할 수 있는 역량을 배양하고자 한다.

2.1. 빛의 이중성

우리들이 생활하고 있는 환경에서 빛은 태양으로부터 방사되는 연속 광이며, 이 연속 광이 지표면에 도달하는 과정에서 자외선을 포함한 대부분의 우주선은 제거되고, 일부의 자외선과 가시광선 그리고 적외선이 대기권을 통해 흡수된다.

태양으로부터 방사되는 빛은 진공 상의 우주에서 주파수와 무관하게 전파되고, 진공

상태에서 빛의 속도, c는

$$c = \lambda\nu = \frac{\lambda}{T} = 2.998 \times 10^8 \ [m/s] \tag{7.1}$$

λ는 연속 광을 구성하는 특정 전자파의 파장, ν는 그 전자파의 진동수(주기, T의 역수)를 나타낸다. 만약 진공이 아닌 상태에서 빛이 전파되는 경우, 전자파의 속도는 작아지고, 속도는 물질의 굴절율에 따라 변화한다. 즉, 매질 내에서 전자파의 속도, v는 식 (7.2)로 주어진다.

$$v = \frac{c}{n} \tag{7.2}$$

이때 매질의 굴절률이 크면 클수록 전자파의 속도는 작아지게 된다.

그림 7-1은 열방사 에너지와 파장간의 관계를 나타낸 그림으로, 1800년대 말부터 흑체에서의 열방사 에너지와 파장과의 관계를 연속적인 에너지 분포를 갖는 개념으로 Rayleigh-Jeans 등은 실험적으로 증명하려고 하였다. 그러나 이들의 이론은 현상과 부합되지 않았다.

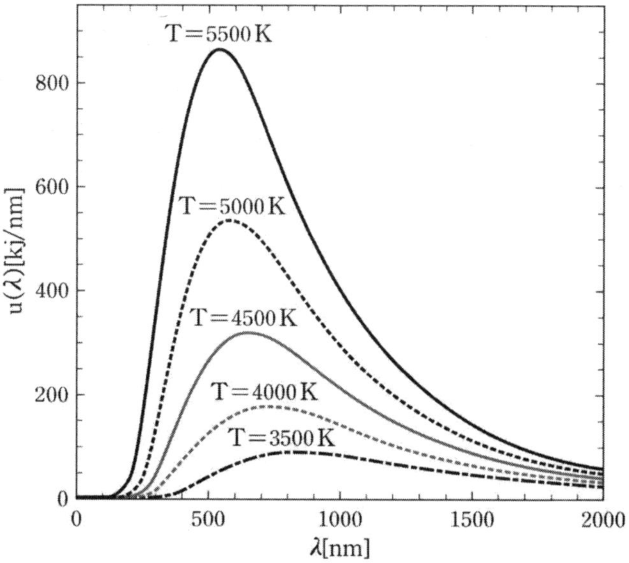

그림 7-1 열방사 에너지의 파장 의존성

플랑크(Max Karl Ernst Ludwig Plank: 1858년 4월 23일 ~ 1947년 10월4일)는 1900년 비인(Wien)이 주장한 이론을 수정하여 식 (7.3)으로 알려진 프랑크의 법칙(Plank's Law)을 제시하여, 이론과 실험적 결과가 부합됨을 증명하였다.

$$E(\nu, T) = \frac{8\pi h\nu^3}{c^3} \frac{1}{\exp\left(\frac{h\nu}{kT}\right) - 1} \tag{7.3}$$

여기서 ν는 전자파의 진동수, $h = 6.626 \times 10^{-34}\,[J \cdot \text{sec}] = 4.136 \times 10^{-15}\,eV$로 알려진 프랑크 상수, $k = 1.3805 \times 10^{-23}\,[J/K]$ 볼츠만 상수, T는 흑체표면의 온도 $[K]$ 이다.

플랑크는 빛이나 열 에너지가 방사되거나 흡수되는 경우 에너지는 불연속적으로 흡수 혹은 방사된다는 개념을 도입하였다. 즉, 진동수 ν를 갖는 전자파는

$$E = h\nu = \frac{hc}{\lambda} \tag{7.4}$$

식 (7.4)의 에너지를 방사한다고 하였으며, 이 에너지를 작용양자 혹은 에너지 양자(energy quantum)라 정의하였고, 양자역학(Quantum Physics)의 출발점이 되었다.

1905년 아인슈타인(Einstein)의 광전효과(photoelectric effects)와 아서 콤프턴(Arthur Compton)의 실험적 증명으로 빛의 입자성이 밝혀지기 전까지 빛은 파동의 성질만을 갖고 있는 것으로 인식되어 왔다. 그러나 그림 7-2에 제시된 진공관 내부의 음극에 빛을 조사하고, 이로부터 빛의 파장 혹은 진동수와 전자 방출간의 관계를 실험적으로 증명한 아인슈타인의 발견으로 빛은 파동의 성질과 입자의 성질을 갖고 있음이 증명되었다.

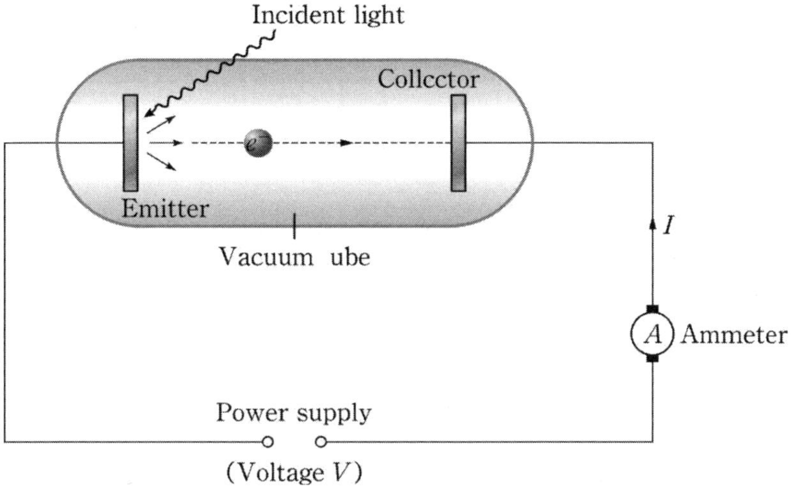

| 그림 7-2 | 빛에 의한 음극에서의 전자방출인 광전효과 실험장치의 개략도

즉, 음극인 금속 표면에 빛을 조사하면 음극에서 전자가 튀어 나오고, 이 전자는 전계에 의해 양극으로 이동하여 전류가 흐르게 된다. 이는 아인슈타인이 발견한 광전 효과(photoelectric effects)이며, 빛을 받아 음극에서 방출된 전자를 광전자(photo electron)이라고 한다. 광전자의 질량을 m_e, 속도를 v_e라 하면, 음극인 금속에서 일함수(Work function), $e\Phi$를 넘어 튀어나온 전자의 운동에너지는 $\frac{1}{2}m_e v_e^2$가 된다. 그러나 양극에 (−) 전압을 서서히 증가시켜 음극에서의 광전자가 방출되지 않도록 했을 때의 전압과 빛의 파장(ν)과의 관계를 나타내면 식 (7.5)와 그림 7-3과 같이 표현된다.

$$\frac{1}{2}m_e v_e^2 = E - e\Phi = h\nu - e\Phi \tag{7.5}$$

금속 표면에서의 광전자 방출은 빛의 강도가 아무리 커도 임계 진동수 이하에서는 발생되지 않는다는 것을 보여주며, 광전자의 방출에 의한 전류의 흐름이 없는 상태의 전압을 구하면 이 전압이 진공관을 구성하는 음극 금속의 일함수(Φ)가 됨을 알 수 있다.

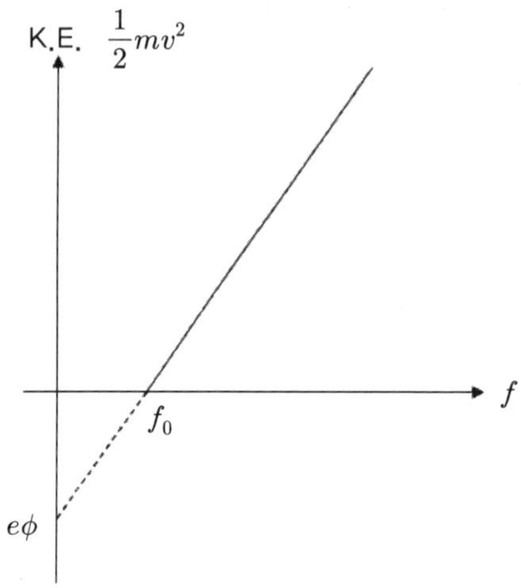

┃그림 7-3┃ 광전자의 운동에너지의 입사광의 진동수(f) 의존성

또한 아인슈타인의 특수상대성 이론에서 전자가 광속도에 비해 무시할 수 없을 정도로 빠른 속도 v로 움직이는 경우, 그 질량 m은 정지 상태에서의 질량 m_0과 아래의 식 (7.6)의 관계를 갖는다.

$$m = \frac{m_0}{\sqrt{1-\beta^2}} = \frac{m_0}{\sqrt{1-\left(\frac{v}{c}\right)^2}}, \; m_0 = 9.1091 \times 10^{-31}[kg] \tag{7.6}$$

식 (7.6)으로부터 전자의 이동속도가 증가하여 광속에 접근하는 경우, 질량이 증가하는 것을 나타내며, 이는 에너지와 질량이 같은 의미를 지니고 있음을 알려주고 있다. 또한 이항정리에 의해 식 (7.6)을 2차 항까지 정리하여 제시하면,

$$m \cong m_0 + \frac{1}{2}m_0 v^2/c^2 \tag{7.7}$$

식 (7.7)이 되고, 두 번째 항의 운동에너지는 움직이는 전자의 운동에너지이므로, 이를 E로 표현하면, 식 (7.8)과 같다.

$$m \cong m_0 + \frac{E}{c^2} \tag{7.8}$$

식 (7.8)으로부터 아인슈타인 방정식(Einstein equation)으로 알려진 식 (7.9)을 얻게 되며, 식 (7.4)과 식 (7.9)를 통해 특정 주파수를 갖는 광양자의 질량을 식 (7.10)으로 계산할 수 있다.

$$E = mc^2 \tag{7.9}$$

$$m = \frac{h\nu}{c^2} \tag{7.10}$$

진동수 ν를 갖는 전자파는 식 (7.4)에 주어진 관계를 통해 파동과 같이 거동하고, 또한 식 (7.9)에 의해 질량 m을 갖는 입자처럼 거동하는 빛의 이중성을 갖고 있음을 알 수 있으며, 이를 다시 정리하여 제시하면 아래와 같이 간략하게 파동성과 입자성을 분류할 수 있다.

- 빛
  - 파동성
    - 회절현상
    - 간섭현상
  - 입자성
    - 광전효과
    - 콤프턴효과

2.2. 물질 내에서 빛의 흡수와 방출

물질 내에서 빛의 흡수와 방출을 다루기전, 원자 내에서의 빛의 흡수와 방출을 다루도록 한다. 양자역학(Quantum physics)에서 원자내의 에너지 준위와 준위 간 전자의 이동 등을 포함한 원자 상태의 설명은 Bohr의 모델을 통해 잘 설명된다.

그림 7-4는 수소원자의 원자모델과 수소원자의 에너지 준위 상태를 나타낸 것이다. 에너지가 안정된 원자상태에서 외부에서 열 혹은 빛 에너지를 받으면 원자는 불안정해지고, 이에 따라 안정된 궤도 내에 있던 전자는 불연속적인 에너지 준위로 올라가는데, 전자가 저 에너지 준위에서 고 에너지 준위로 이동하는 것을 여기(excitation)라 하고, 고 에너지 준위에서 저 에너지 준위로 이동하는 것을 천이(transition)라고 한다. 전자가 천이할 때는 에너지 준위의 차에 해당하는 에너지만큼을 빛으로 방출하게 되는데, 그림 7-4의 E_5 준위에서 E_1 준위로 전자가 이동할 때 방출되는 빛의 파장은 다음의 식 (7.11)로

주어진다.

$$\lambda = \frac{hc}{E_5 - E_1} \tag{7.11}$$

식 (7.11)이 에너지 차이에 해당하는 파장의 빛을 방출하는 하나의 광양자(photon)를 의미한다면, 실제 생활에서 보는 빛은 이런 광양자의 다발이 조사되는 것으로 생각할 수 있다.

그림 7-5는 수소원자의 에너지 준위와 에너지 준위의 차이에 따른 방출 광의 파장을 나타낸 것이다. 즉, 외부에서 큰 에너지를 받아 주양자수 $n=6$까지 올라간 전자가 주양자수 1/2/3까지의 에너지 준위까지 천이함에 따른 방출광의 스펙트럼을 나타낸 것이다. 라이만 계열(Lyman series)은 수소 원자 내에서 전자가 기저상태인 $n=1$까지 천이함에 따른 방출광의 파장으로서 94 ~ 122 nm의 파장, 발머계열(Balmer series)은 410 ~ 656 nm, 파센 계열(Paschen series)은 1094 ~ 1875 nm의 파장을 방출하는 것을 볼 수 있다. 이는 에너지 준위의 차이가 작을수록 파장은 길어짐을 볼 수 있고, 이는 식 (7.4)에서 제시한 에너지와 파장간의 관계를 잘 설명하고 있음을 확인할 수 있다.

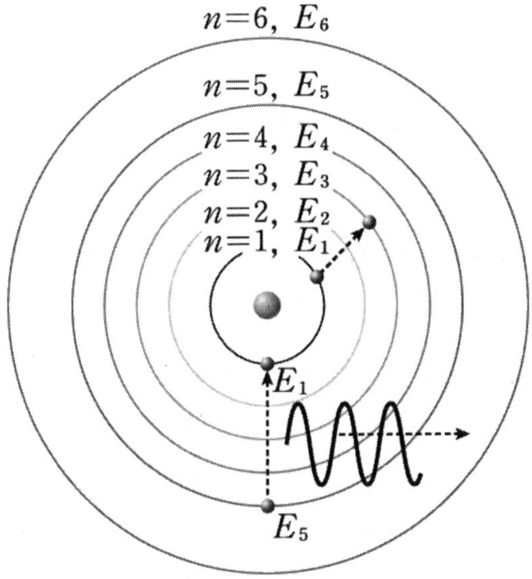

| 그림 7-4 | 수소원자 모델과 전자의 여기와 천이

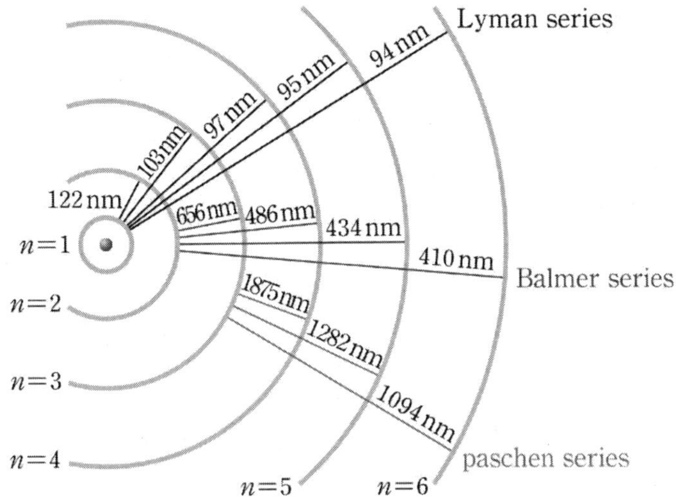

| 그림 7-5 | 수소원자의 에너지 준위와 전자의 천이에 의한 빛 방출

원자를 기본으로 한 물질의 에너지 흡수로 인한 전자의 여기와 에너지 방출을 통한 빛의 방사 관점에서 빛은 차가운 빛(cold light)과 따뜻한 빛(warm light)으로 구분할 수 있는데, 이는 광원이 얼마나 많은 양의 적외선을 포함하는 지로 판단된다. 적외선을 포함하지 않는 광은 에너지는 크지만 열감이 없는 광의 특성을 나타내고, 백열등과 같은 광원의 온도는 상대적으로 낮은 온도이지만 적외선을 많이 포함하고 있어 따뜻한 특성을 지니고 있다.

공학적인 의미에서 발광 현상(Luminescence phenomena)은 형광등과 같이 cold light를 방사하는 루미네슨스(Luminescence)와 적외선을 포함하여 열감을 느낄 수 있는 백열등(Incandescent)과 같은 열방사(thermal radiation)로 나눌 수 있다. 또한 발광에는 여기와 천이사이의 시간차가 10^{-4} 이하인 형광(fluorescence)과 그 이상에 해당하는 인광(phosphorescence)으로 구분하는 경우도 있다. 주요 발광에는 빛에 의해 형광체를 자극하여 발광을 하는 photo-luminescence, 고속 음극선에 의해 형광체를 자극하는 브라운관의 동작원리에 해당하는 음극선관 발광(cathode-ray luminescence), 전계에 의해 형광체를 발광하는 전자 발광(electro luminescence)이 있다.

2.3. 빛의 스펙트럼과 광 센서의 분류

입자와 파동의 이중성을 지닌 전자기파를 파장에 따라 분류하면 그림 7-6과 같다. 식 (7.4)에서 제시한 것과 같이 파장이 짧을수록 해당 에너지는 상승하며, 물질 내부에 깊이 투과될 수 있는 성질을 지니게 된다. 원자폭탄의 폭발 등에서 발생될 수 있는 감마선의 경우, 콘크리트 수 미터를 투과할 수 있으며, X-선의 경우 의료용으로서 진단 의료기에 오랫동안 사용되고 있다.

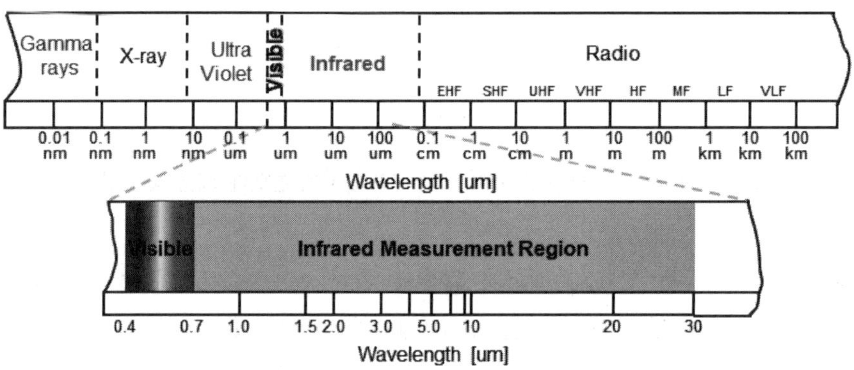

| 그림 7-6 | 전자기파 스펙트럼

자외선 영역은 파장 100 ~ 380 nm 사이로 생활 속에서 접할 수 있는 자외선 감지기는 불꽃 감지기를 고려할 수 있다. 가시광선은 380 ~ 780 nm 사이의 영역으로 CdS, CdSe, 포토다이오드와 트랜지스터가 가시광선 영역을 측정하기 위해 사용되고 있다.

근 적외선 영역은 780 nm에서 2500 nm 영역으로 가전용 적외선 송수신기와 화재 감시기, 적외선 LED를 이용한 가스센서 등의 영역에서 활용되고 있으며, 중 적외선 영역은 2500 nm에서 25000 nm의 파장 대역으로 인체 온도감지기, 각종 유해가스 성분 분석용 가스 감지기 등의 용도로 적용되고 있고, 원적외선은 25000 nm 이상의 파장을 갖는 전자기파를 의미한다.

본 장에서는 근자외선에서 중적외선 영역의 다양한 광센서들의 변환원리와 응용범위를 살펴보기로 하며, 실생활에서 접할 수 있는 감지기의 동작원리와 종류를 제시하면 표 7-1과 같다.

[표 7-1] 동작 원리별 광센서의 종류와 구성 물질

동작원리	세부동작원리	광 센서 종류	광 센서 구성 물질
광전 효과	내부 광전 효과 (internal photoelectric effects)	광도전형	CdS, CdSe, PbS, PbSe, HgCdTe 등
		접합형: 광기전력, 광도전효과	Si, Ge, $GaAs_XP_{1-X}$, InSb, InGaAsP, 등
		혼합형: 포토 인터럽터와 포토커플러	LED-Photo Tr. LED-Photo Diode
	외부 광전 효과 (external photoelectric effects)	광전관	GaAs/AlGaAs, Ag-O-Cs, Ag-O-Rb, Rb-Te, Cs-Sb,Sb-K-Na-Cs
		광전자 증배관	Ag-O-Cs, Sb-K-Na-Cs, Cs-Sb
열 효과	초전 효과 (pyroelectric effect)		TGS (triglycine sulfate), $LiTaO_3$, PZT, $BaTiO_3$, PVDF
	열전 효과 (thermoelectric effects)		Poly-Si/Al, Bi_2Te_3/Sb_2Te_3 $Pt/Zn_{0.5}Sb_{0.5}$
	열저항 변화 (bolometers/microbolometers)		Pt, Ni, thermistor, VOx, $\alpha-Si/\alpha-SiGe$

동작원리의 측면에서 광 센서를 분류하면, 그 전자기파가 cold한 성질을 갖고 있는지? 열속(heat flux)을 지닌 형태로 방사되는 열방사(thermal radiation) 특성을 중심으로 감지기를 분류하는지에 따라 광전 효과와 열 효과 형(type)으로 나눌 수 있다.

광전 효과에 의한 센서의 경우, 광전 효과가 물질의 내부와 외부에서 일어나는 것에 관점을 두어 내부 광전 효과와 외부 광전 효과 감지기로 나누어지는데, 본 장에서는 주로 내부 광전 효과에 의한 감지기에 대해서 살펴보기로 한다. 열 효과(thermal effects)에 의한 광 센서는 열에 의한 내부기전력 발생형 감지기인 초전형 센서와 열에 의해 기전력이 발생하는 써모파일 센서와 열에 의한 전기저항변화를 이용한 볼로미터로 나눌 수 있으며, 이들에 대해서는 다음 절에서 상세하게 다룬다.

2.4. 적외선 방출과 흡수 및 적외선 센서의 구조

적외선 광원을 흑체로 가정하면, 흑체에서 방출되는 에너지 총량(R_T)는 흑체의 표면 온도에 비례한 값으로 Stefan-Boltzmann 법칙인 식 (7.12)로

$$R_T = \int_0^{\infty} r_T(\nu) d\nu = \sigma T^4 \tag{7.12}$$

여기서 ν는 주파수(Hz), T는 적외선 광원인 흑체의 표면 온도(K), σ는 Stefan-Boltzmann 상수(5.67032×10^{-8} W/$m^2 T^4$)로 주어진다. 태양의 경우, 표면온도는 약 5778 K로 알려져 있고, 최대 표면온도라 가정할 때, 그림 7-1에서 태양 표면에서 방출되는 최대 에너지를 지닌 파장은 약 500 nm 이다.

그림 7-7은 현용되고 있는 적외선 광원의 예를 제시한 것이다. 그림 7-7 (a)는 백열 전등 형상의 구조를 갖고 있으며, 적외선 방사의 지향성은 구비되지 않은 구조이고, 그림 7-7 (b)는 박막의 흑체(blackbody)와 다이어프램을 이용한 적외선 광원으로 지향성을 제공하기 위해 타원형 혹은 포물선형 반사경을 구비한 것을 특징으로 한다.

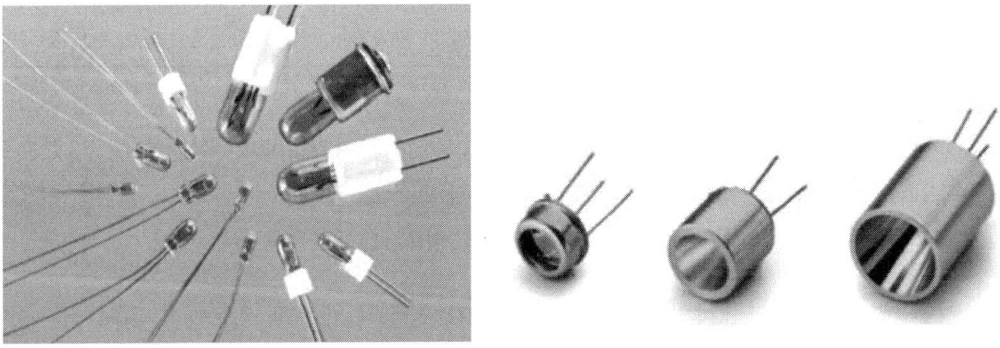

(a) (b)

| 그림 7-7 | 적외선 광원: (a) 백열전등형 구조 (b) MEMS 기술을 이용한 박막형 구조

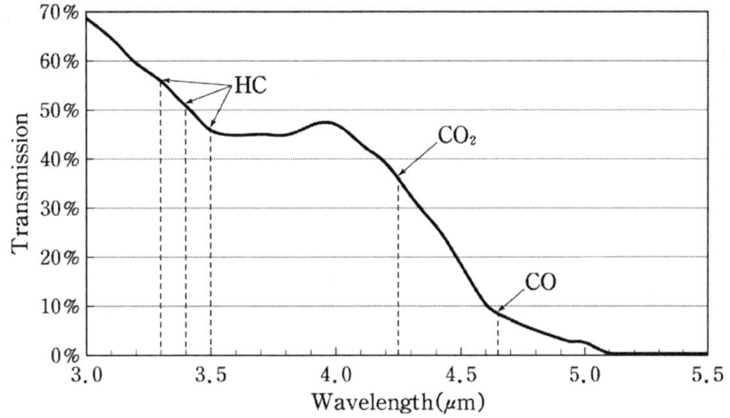

(a)

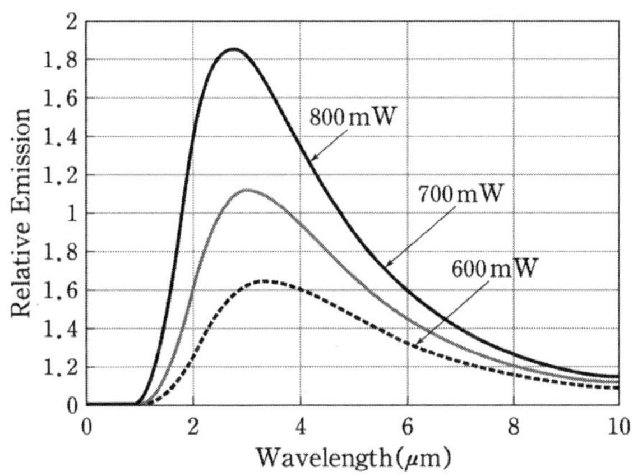

(b)

┃그림 7-8┃ 상대적 방출 에너지의 파장과 인가 전력 의존성

그림 7-8은 그림 7-7에 제시된 적외선 광원의 파장에 따른 적외선의 투과도와 상대적인 방출 에너지를 나타낸 것이다. 그림 7-8 (a)에 탄화수소, 이산화탄소와 일산화탄소의 적외선 흡수 파장이 제시되었다. 백열 전등형 구조의 경우, 외부 진동에 의해 필라멘트의 미동으로 인해 가전용으로 국한된 응용 범위 및 방사 에너지가 낮은 단점이 있다. 그림 7-7 (b)에 제시된 광원은 그림 7-8 (a)에 제시된 것과 같이 백열 전등형 구조에 비해 장파장(5㎛ 이상)의 중적외선 영역에서도 상대적인 감도가 높은 특성과 함께 외부 진동에 의한 영향을 받지 않는 구조를 갖고 있다.

적외선 광원은 외부에서 전원이 인가되지 않은 상태에서 대기 온도와 동일한 상태이나,

전력을 인가함에 따라 가열되고, 흑체의 가열 면과 대기에 노출된 방사면으로 에너지 이동이 발생하게 된다. 에너지가 이동함에 따라 흑체는 온도가 변화하게 되고, 가열된 흑체의 온도는 식 (7.13)으로 정의된다.

$$T_{body} = T_{amb} + \frac{g' V}{hA} = T_{amb} + R_{th} Q_{rad},\ Q_{rad} = g' V \tag{7.13}$$

여기서 T_{body}는 흑체의 온도(K), $T_{amb.}$는 주변온도(K), g'은 단위 체적당 에너지 공급량 (W/m^3), V는 흑체 부피 (m^3), R_{th}는 열 저항(K/W)을 의미한다.

식 (7.13)에서 흑체에 공급되는 에너지는 적외선 광원에 인가되는 전력과 동일하게 볼 수 있다. 이에 따라 흑체 온도를 적외선 광원에 인가되는 전력에 관한 식으로 표현하면 식 (7.14)와 같고, 흑체로 사용되는 적외선 광원은 주변 온도가 증가하면 자체의 온도도 증가한다.

$$T_{body} = T_{amb} + R_{th} P \tag{7.14}$$

한편 자연계의 모든 물체는 일정한 온도를 지니고 있으므로 특정 파장의 적외선을 방출하게 되며, 물체의 온도 T와 그 온도에서 방사 에너지가 최대가 되는 파장 λ_{max} 사이에는 빈의 변위법칙(Wien's displacement law)이 성립하고, 이들의 관계는 식 (7.15)와 같이 알려져 있다.

$$\lambda_{max} T = 2.898 \times 10^{-3} [m \cdot K] \tag{7.15}$$

빈의 변위법칙에 의거한 인체에서 방사되는 최대 에너지를 지닌 적외선 파장, λ_{max}는 $\lambda_{max}(306.5K) = 2.898 \times 10^{-3}\, mK$ 에서 $\lambda_{max} = 9.36$ ㎛가 됨을 알 수 있다. 즉, 36.5 ℃ 정상 온도를 지닌 사람의 표피에서 방출되는 에너지가 최대인 파장은 9.36 ㎛ 이고, 이 파장의 전후에서 적외선을 계측하여 인체의 온도를 측정할 수 있고, 적외선을 이용한 체온 측정기를 제시하면 그림 7-9와 같다.

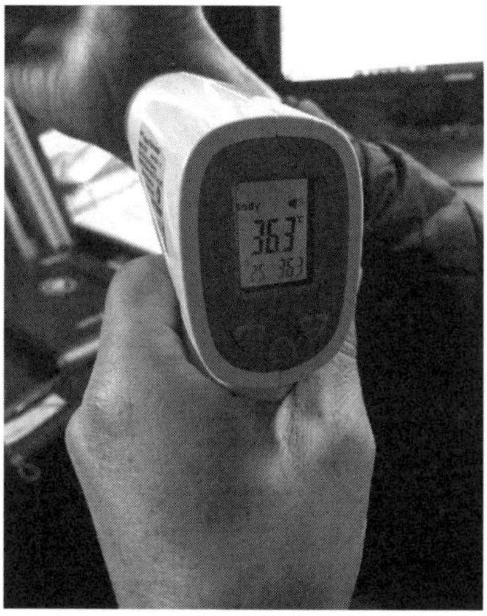

| 그림 7-9 | 적외선 체온 측정기

그림 7-9에 제시된 적외선 체온 측정기를 예로 들어 적외선 센서의 구조를 개략적으로 살피면 다음과 같다. 적외선 센서들은 광원의 유무에 따라 능동형과 수동형 두 가지로 분류되고, 능동형 적외선 센서는 적외선 광원을 구비하고 있으며, 수동형은 광원을 구비하지 않은 적외선 센서를 말한다. 체온계 자체에 적외선 광원을 구비하지 않으므로 수동형 적외선 센서이고, 적외선 가스 감지기는 광원을 포함하는 능동형 감지기라 할 수 있다.

적외선 체온계를 그림 7-10으로 대표되는 수동형 적외선 센서 시스템의 구성도를 중심으로 설명하면 다음과 같다. 수동형 적외선 센서는 검출 대상의 표면에서 방출되는 적외선을 감지하는 것으로 렌즈를 구비함으로써 감도를 높일 수 있고, 시야각(FOV, field of view) 이내의 일정 면적에서의 적외선을 검출하게 된다. 그림 7-9에 제시된 체온 측정기의 경우, 렌즈는 포함되어 있지 않고, 적외선을 검출하기 위한 외형 구조물, 검출기(detector)의 광학 필터(filter)와 모니터로 사용된 LCD 창만 외부에 노출되어 있는 상태로, 그림 7-10의 사선으로 표시된 영역만을 포함하고 있다.

적외선 검출기(Detector)는 일반적으로 이 장에서 다루고자 하는 써모파일 혹은 초전형 센서이고, 금속 캔의 패키지 안에 광학필터(체온 측정을 위해 약 5 ㎛ 이상의 적외선을 투과시킬 수 있는 광학필터)와 적외선 검출을 위한 써모파일 칩과 온도 보상을 위한 써미스터 혹은 집적회로(integrated circuits)가 내장되어 있다. 집적회로가 내장되어 있지 않는 적외선 센서의 경우, 외부에 전자회로부가 구성되어, 잡음제거를 위한 필터링 회로,

소신호 증폭을 위한 증폭부등을 포함하고 있다. 검출된 적외선을 신호 처리하여 그 결과를 LCD 표시 창에 출력하는 것을 특징으로 하는 감지기 시스템을 구성하고 있는 것이 그림 7-9에 제시한 적외선 체온계이다.

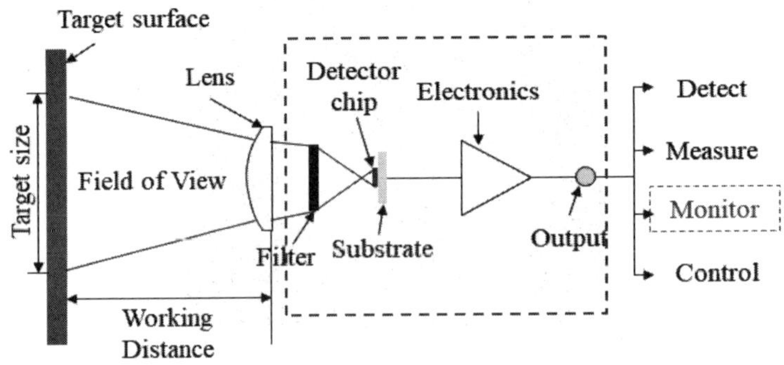

| 그림 7-10 | 수동형 적외선 센서 시스템의 구성도

적외선 검출기(Detector)는 일반적으로 이 장에서 다루고자 하는 써모파일 혹은 초전형 센서이고, 금속 캔의 패키지 안에 광학필터(체온 측정을 위해 약 5㎛ 이상의 적외선을 투과시킬 수 있는 광학필터)와 적외선 검출을 위한 써모파일 칩과 온도 보상을 위한 써미스터 혹은 집적회로(integrated circuits)가 내장되어 있다. 집적회로가 내장되어 있지 않는 적외선 센서의 경우, 외부에 전자회로부가 구성되어, 잡음제거를 위한 필터링 회로, 소신호 증폭을 위한 증폭부등을 포함하고 있다. 검출된 적외선을 신호 처리하여 그 결과를 LCD 표시창에 출력하는 것을 특징으로 하는 감지기 시스템을 구성하고 있는 것이 그림 7-9에 제시한 적외선 체온계이다.

그림 7-11은 능동형 적외선 센서 시스템의 일례를 제시한 것으로 적외선 광원과 검출기와 신호처리 회로로 구성되어 있다. 능동형 적외선 센서 시스템은 수동형 적외선 센서 시스템에 대상물에 대한 정확한 검출을 위한 광학계(optical waveguide)와 적외선 광원(infrared source)을 추가한 시스템으로 정의할 수 있고, 그림 7-11 (b)에 제시된 것과 같이 적외선 검출기(써모파일 센서)의 출력을 아날로그-디지털 변환기(A/D converter)를 통해 디지털 신호로 변환한 뒤, MCU(Micro-controller Unit)에서 검출된 신호를 연산하고, 이 신호를 다시 아날로그 신호로 변환하여 통신 모듈(RS-485/RS-232/I2C 등)을 통해 컴퓨터에 전송하여 측정된 신호를 분석, 처리할 수 있도록 한 특징을 지닌다. 또한 MCU에서 적외선 광원을 주기적으로 ON/OFF 시킴으로써 적외선 검출기에서 대상물의 존재유

무와 검출 량을 측정할 수 있도록 구성되어 있으며, 이에 대한 자세한 설명은 가스센서를 논하는 장에서 자세하게 설명한다.

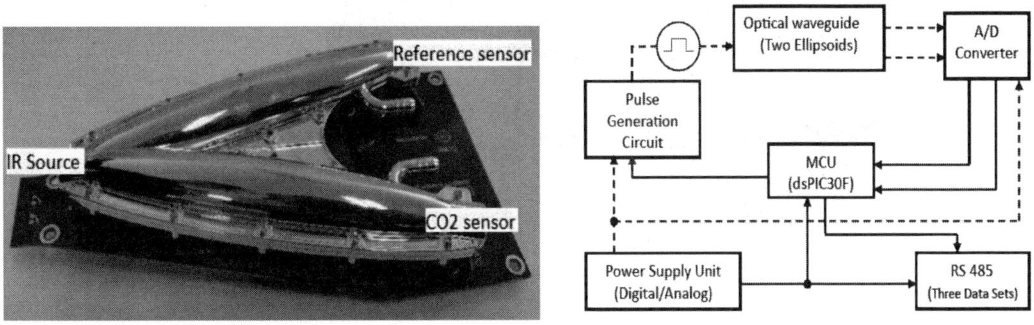

(a) (b)

| 그림 7-11 | 능동형 적외선 센서 시스템: (a) 광원을 구비한 센서 시스템 사진 (b) 구성도

3 광 센서의 원리와 동작특성 및 적용

광 센서를 전자기파의 특성과 물질 내외부에서의 에너지 변환 원리에 따라 분류한 것이 표 7-1이라면, 전자기파의 스펙트럼이 아닌 물질의 관점에서 빛의 흡수에 따라 어떤 현상이 발생되는가?의 관점으로 살펴보면, ❶ 물질의 전기전도도 혹은 저항 변화에 의한 센서, ❷ 에너지 흡수에 따른 기전력(electromotive force) 혹은 광기전력(photovolatic) 효과를 이용한 센서, ❸ 제시된 사항들을 혼합한 광센서로 분류할 수 있다.

본 절에서는 이런 관점에서 가시광선에서 적외선 영역에 이르기까지 실생활에 적용된 센서를 제시하고, 그들의 변환원리와 동작특성을 중심으로 살펴보기로 하며, 그림 7-12는 대표적인 광 센서 모듈을 보여주고 있다.

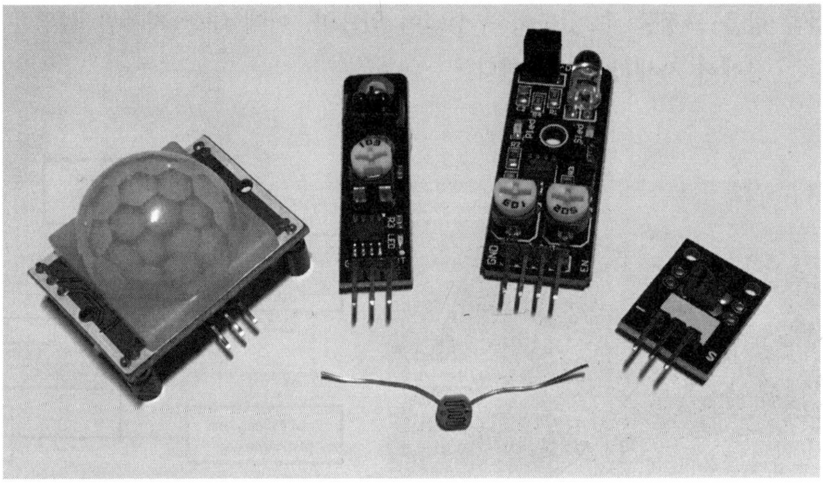

▌그림 7-12▐ 대표적인 광 센서 모듈 사진

3.1. 광도전 효과와 반도체 물질

열 평형상태에서 진성 반도체내에서 전자농도(n)와 정공농도(p)는 일정한 상태에 있으며, 이로 인한 물질의 전기전도도는 식 (7.16)과 같으며,

$$\sigma_i = nq\mu_n + pq\mu_p \tag{7.16}$$

μ_n, μ_p는 전자와 정공의 이동도를 나타낸다. 외부에서 빛을 조사하여 물질이 전자-정공쌍(electron-hole pair)을 형성하고, 이들이 전기전도에 기여할 수 있는 상태가 되면, 식 (7.16)의 전기전도도는 식 (7.17)과 같이 변한다.

$$\sigma_r = (n+\Delta n)q\mu_n + (p+\Delta p)q\mu_p = (\Delta n\mu_n + \Delta p\mu_p)q + \sigma_i$$

$$\sigma_r = \Delta\sigma + \sigma_i \tag{7.17}$$

즉, 빛을 조사하면, 전자의 농도가 $n \rightarrow n+\Delta n$, 정공의 농도가 $p \rightarrow p+\Delta p$가 되고, 물질의 전기전도도는 증가되는 상태를 나타내는데, 이를 광도전 효과(photoconductive effect)라 한다.

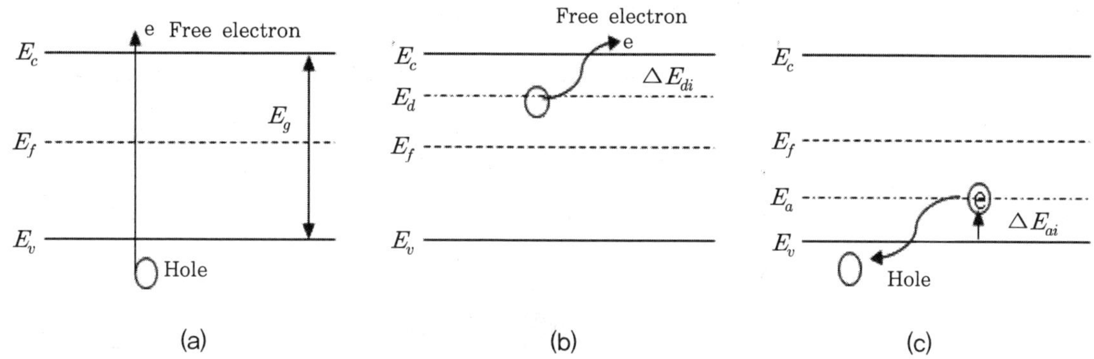

| 그림 7-13 | 물질 내에서 광 에너지에 의한 자유전하의 발생

광도전 효과는 빛에 의해 전기전도도의 향상을 기할 수 있는 상태가 되어야 한다. 이런 상태는 그림 7-13 (a)와 같이 물질 내에서 전자가 충만하게 채워져 있는 가전자대에서 전도대로 전자가 이동하는 경우, 그림 7-8 (b) 혹은 7-8 (c)와 같이 불순물 준위에 존재하던 전자와 정공이 전도대와 가전자대로 이동하여 전기전도에 기여할 수 있는 경우에 가능하다.

즉, 외부에서 조사되는 광 에너지 $E_{ph} = h\nu_c = \dfrac{hc}{\lambda_c}$가 그림 7-13 (a)의 경우 E_g, (b)와 (c) 일 때, ΔE_{di}, ΔE_{ai} 보다 큰 경우, 전자-정공쌍과 전도대에 자유전자와 가전자대에 정공을 발생시켜 전기전도에 기여하는 전하(charge carriers)의 농도를 증가시킴으로써 식 (7.17)에 의거하여 전기전도도는 증가하게 된다. 광 에너지가 에너지 밴드갭, E_g와 같을 때, 차단 주파수(ν_c) 혹은 차단 파장, λ_c을 식 (7.18)과 같이 구할 수 있다.

$$\lambda_c = \frac{hc}{E_g} = \frac{6.623 \times 10^{-34}[J.s] \cdot 2.998 \times 10^8 [m/s]}{E_g\,[eV]} = \frac{1.24}{E_g}\,[\mu m] \tag{7.18}$$

또한 불순물을 반도체 물질에 주입하여 전기전도도 향상에 기여할 수 있도록 도우핑을 하면 차단 파장을 조절할 수 있으며, 광센서로 사용되는 여러 가지 반도체 물질의 차단 파장을 제시하면 표 7-2와 같다. 본 절에서는 가시광선, 근적외선과 중적외선 범위의 광센서에 대해서 주로 살펴보고자 한다.

[표 7-2] 각종 반도체 물질의 에너지 밴드갭과 차단파장

물질	에너지 밴드갭, E_g(eV)	차단파장(μm)	스펙트럼 분류
ZnS	3.6	0.345	근자외선
CdS	2.41	0.52	가시광선
CdSe	1.8	0.69	
CdTe	1.5	0.83	근적외선
Si	1.12	1.10	
Ge	0.67	1.85	
PbS	0.37	3.35	중적외선
InAs	0.35	3.54	
Te	0.33	3.75	
PbTe	0.3	4.13	
PbSe	0.27	4.58	
InSb	0.18	6.90	

3.1.1. CdS/CdSe 광 센서

가시광선 영역의 광 센서로서 TV의 명암과 카메라의 노출계 조정, 가로등 스위치 등의 조도에 따른 광도전 셀로 가장 많이 사용하고 있는 것이 황화 카드뮴(CdS)와 셀레늄화 카드뮴(CdSe) 광센서이며, 실물 사진은 그림 7-14 (a)와 같다. 그림 7-14 (b)에 제시된 CdS 센서는 세라믹 기판위에 광 도전층으로 CdS 분말을 페이스팅하고, 소결한 뒤, 접촉저항을 낮추기 위한 방법으로 소결체의 양단전극으로 In 혹은 Sn으로 저항성 접촉(ohmic contact)을 일차적으로 형성하고, 전극의 접촉면적을 넓게 하여 최종적으로 전극과 단자(leads)간의 저항을 낮춘 구조를 갖고 있다. 또한 습기에 의한 CdS 셀의 열화와 저항변화를 방지함으로써 센서의 빛에 대한 선택성 향상을 기하기 위해 표면을 수지 코팅하여 광 도전층의 외부환경 변화에 둔감한 구조로 형성하였다.

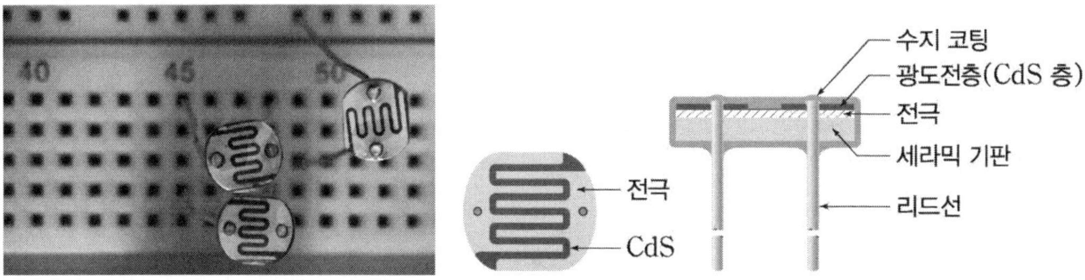

▌그림 7-14▐ CdS 센서: (a) 실물 사진 (b) CdS 센서의 구조도

한편 그림 7-15는 눈의 시감도 대비 광도전형 CdS/CdSe/CdS-Se 센서의 분광감도 특성(spectral response characteristic)을 나타낸 것으로, 인체의 눈과 비슷한 감도특성은 CdS 센서이다. CdS 셀은 파장 520 ~ 540 nm에서 최대 감도를 갖는다. 이는 인체의 최대 시감도 파장인 550 nm와 거의 유사하고, CdSe는 약 720 nm에서 최대 감도특성을 갖는다. 그림 7-15에서 제시한 것과 같이 광 감응막의 제조과정에서 CdS에 CdSe을 일정비율 첨가하여 소결함으로써 CdS와 CdSe 사이의 최대 감도를 갖는 광 도전 셀을 제조할 수 있고, 첨가물의 양에 따라 CdS가 갖는 응답시간 지연, 광이력 특성을 개선하는 효과를 갖게 할 수 있다.

한편 광 도전체에 전압 V를 인가한 상태에서 조도 L의 광을 조사하였을 때, 광전류 I는 식 (7.19)로 표현된다,

$$I = \alpha V^{\beta} L^{\gamma} \tag{7.19}$$

여기서 α는 정수이고, β는 전압지수로 수 V에서 수십 V 사이에서는 1이고, γ는 조도지수이고, 저항 대 조도 그래프에서의 기울기를 나타낸다.

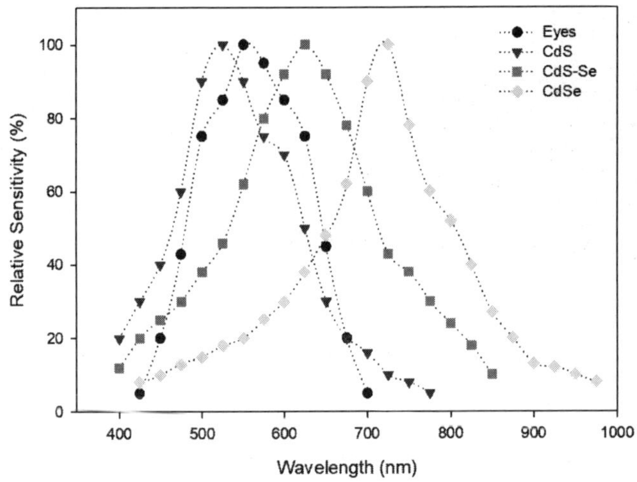

| 그림 7-15 | 눈의 시감도와 광도전형 센서의 분광감도 특성

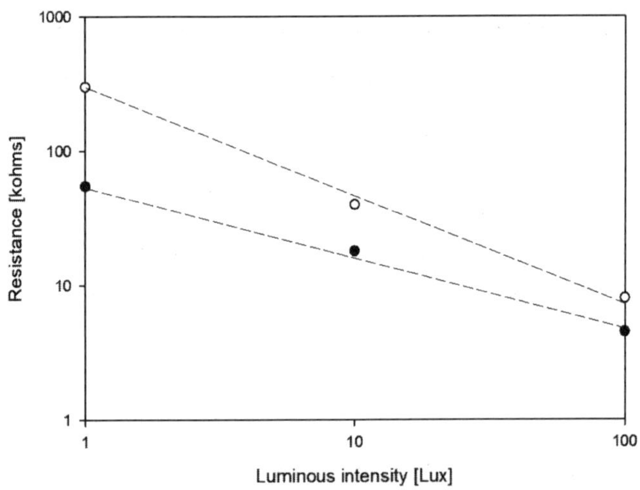

| 그림 7-16 | CdS 광 센서 저항의 조도 의존성

그림 7-16은 조도에 따른 CdS 광센서 저항변화를 나타낸 것인데, 일반적인 제품에서 특정 조도(10 Lux)에서 저항은 2~20 kΩ 사이의 값을 갖고 있다. 그림 7-16에서 제시된 것 같이 빛의 조도가 커질수록 저항은 더 감소하여 CdS 센서는 빛의 유무를 판단할 수 있는 센서로 사용할 수 있다. 한편 상용 제품의 특성을 제시하면 표 7-3과 같다.

[표 7-3] CdS 광 센서의 특성 비교표

Categories	GL5528	GL5537	PGM5506	PGM5526	MJ5516
Light resistance (kΩ), 25 ℃, 10 Lux	8 ~ 20	8 ~ 20	2 ~ 6	8 ~ 20	5~10
Dark resistance (MΩ), 25 ℃, 0 Lux	1	1	0.15	2	0.6
γ-value, 100-10 Lux	0.7	0.6	0.6	0.6	0.5
Power dissipation (mW)	100	100	90	100	90
Spectral response peak (nm), 25 ℃	540				
Response time (ms), Rise/Fall	20/30	20/30	30/40	20/30	30/30
Ambient temperature (℃)	-30 ~ 70				

표 7-3에서 제시된 상용제품에서 빛이 없는 경우, CdS 센서의 암저항(Dark resistance)은 0.15 ~ 1 MΩ의 범위를 갖으며, 10 Lux의 빛을 조사한 경우, 센서의 명저항(light resistance)은 2 ~ 20 kΩ으로 급격하게 감소한다. 센서의 최대 분광감도는 540 nm이고, 빛의 조사 여부에 따른 센서의 반응시간(response time)은 상승시간(rise time) 20 ~ 30 ms, 하강시간(falling time) 30 ~ 40 ms를 갖고 있으나, Se의 농도를 증가시킴에 따라 응답시간을 빠르게 할 수 있다.

조도 L_a와 L_b에 따른 저항치가 각각 R_a, R_b 일 때 그 변화율, γ_a^b는 식 (7.20)으로 나타낸다.

$$\gamma_a^b = \frac{\log R_a - \log R_b}{\log L_b - \log L_a} \tag{7.20}$$

예를 들어, 식 (7.19)에서 $\alpha = \beta = 1$ 이라하면, 조도가 10 Lux일 때 $10^\gamma = \frac{1}{R_{10}}$, 조도가 100 Lux일 때 $100^\gamma = \frac{1}{R_{100}}$가 된다. 따라서 이들의 비를 구하면, $100^\gamma/10^\gamma = \frac{1/R_{100}}{1/R_{10}}$이 되고, 양변에 상용로그를 취하면, $\log\left(\left[\frac{100}{10}\right]^\gamma\right) = \log\left(\frac{R_{10}}{R_{100}}\right)$ 이다. 따라서 γ값은 식 (7.21)과 같으며,

$$\gamma = \frac{\log(R_{10}/R_{100})}{\log(100/10)} = \frac{\log R_{10} - \log R_{100}}{\log 100 - \log 10} = \log(R_{10}/R_{100}) \tag{7.21}$$

통상적으로 식 (7.20)으로 주어진 γ_a^b를 나타낸다. 조도에 따른 저항의 변화 기울기를 나타내는 γ는 광센서가 스위칭 용도로 사용되는 경우 γ값이 큰 것이 좋고, 넓은 광량 범위의 측정에는 작은 것이 유리하다. 표 7-3에 제시된 것과 같이, γ값은 0.5 ~ 0.9의 값을 갖고 있는데, 이는 감광막인 CdS, CdSe 등의 조성과 소결조건에 따른다.

근적외선 영역에서 실온상태의 검출기로는 PbS와 PbSe가 많이 사용되고 있으며, 이들은 유리 기판상에 진공 증착법 혹은 화학 침전법에 의해 감광막을 형성한다. 감광막 형성 후, 산소에 의한 활성화 처리에 의하여 높은 감도를 얻으며, 전극물질로는 금(Au)이 사용되고 있다. PbS 셀의 감도는 2.2 ㎛에서 최대이고, PbSe는 3.8 ㎛ 이다. 두 물질의 밴드 갭의 온도특성은 일반 반도체 소자와 달리 부 온도계수를 지니므로, 소자를 냉각하면 감도의 증가와 장파장의 측정이 가능해진다. 또한 온도의 저하와 함께 암저항은 커지며, 응답속도는 느려진다. 암저항은 상온에서 0.1 ~ 5 MΩ 정도이고, 응답시간은 수십 ㎲로 CdS나 CdSe 광전도 셀보다 빠른 특성을 지닌다.

3.1.2. 보로미터(Bolometer)

볼로미터는 마이크로파에서 적외선에 이르기까지 광대역의 전자파 신호의 실효값(RMS value)을 측정하는 소형 혹은 초소형 RTD 혹은 써미스터를 지칭하는 것으로, 응용범위로는 적외선 온도 센서와 이미지 센서, 국부 영역의 대전력 측정, 마이크로파 소자의 측정, RF 안테나 빔 프로파일, 의료용 마이크로파 가열기의 진단 등에 사용되고 있다.

볼로미터의 동작원리는 입사된 전자기파의 흡수와 이로 인한 에너지의 발산 과정에서의 물질 온도의 변화에 기반하고 있으며, 에너지의 변환 과정을 살펴보며 다음과 같다.

첫 번째 단계로 오옴성 저항체에 전자기파가 입사되면, 이를 흡수하여 열로 변환되고, 두 번째 단계로 주변온도보다 높게 변환된 열은 저항체 자체를 가열하고, 이에 따른 전자기파의 에너지와 저항체의 온도 증가 의존성을 나타내게 되는 것이다.

입사 전자기파에 의한 볼로미터의 저항 증가로 인한 입사파의 에너지 측정은 기본적으로 그림 7-17에 제시된 휘스톤 브릿지 방식을 통해 용이하게 측정 가능하다.

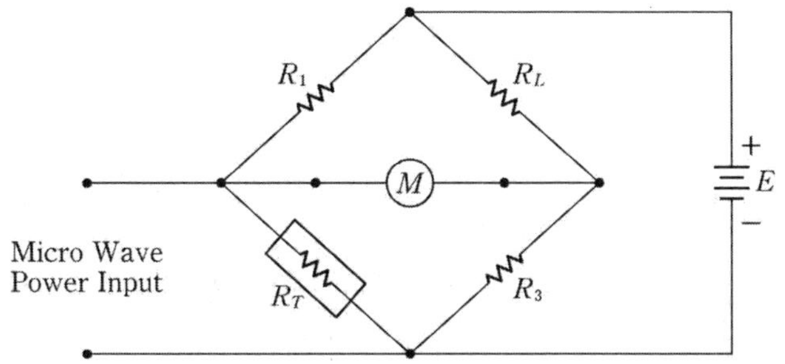

| 그림 7-17 | 휘스톤 브릿지 방식에 의한 마이크로파 에너지 측정 회로도

즉 휘스톤 브릿지 구조에서 마이크로파의 입사가 없는 상태에서 브릿지를 평형상태로 안정화시킨 후($R_1 = R_L = R_3 = R_T$), 입사 마이크로파에 의해 볼로미터의 온도가 증가하면, R_T가 증가하고, 이로 인해 브릿지 회로에서의 전압 불평등이 발생하고, 이는 측정기 M의 전압 변화로 나타난다.

입사되는 전자기파에 대한 볼로미터의 감도는 식 (7.22)로 정의된다.

$$\beta_B = \frac{\alpha \epsilon Z_T E}{4\sqrt{1+(\omega\tau)^2}} \tag{7.22}$$

여기서 α는 볼로미터 저항의 온도계수로서 $\alpha = (dR/dT)/R$ 이고, ϵ은 전자기파를 방출하는 물질 표면의 방사율, Z_T는 볼로미터의 열저항, E는 적외선의 에너지, ω는 입사 전자기파의 각주파수, τ는 열 시정수(thermal time constant)를 의미한다.

볼로미터의 온도 증가 ΔT는 식 (7.23)

$$\Delta T = T - T_o = P_E Z_T = \frac{E^2}{4R} Z_T \tag{7.23}$$

이고, 온도의 변화에 의한 볼로미터 저항의 변화는 저항체의 온도변화에 따른 저항식에 의해 아래의 식 (7.24)와 같이 단순화된다.

$$R = R_o(1 + \alpha \Delta T) \tag{7.24}$$

따라서 식 (7.22)로 제시된 보로미터의 감도는 식 (7.23)에 의해 식 (7.25)로 수정되고,

$$\beta_B = \frac{1}{2}\alpha\epsilon\frac{\sqrt{RZ_T\Delta T}}{\sqrt{1+(\omega\tau)^2}} \tag{7.25}$$

보로미터의 감도는 전기적인 저항(R)과 열저항(Z_T)의 증가에 따라 증가한다.

볼로미터의 구조는 열전달 계수가 작은 다이어프램 물질(산화막 혹은 질화막과 그들의 조합인 Oxide/nitride/oxide 박막층) 상부에 금속이나 실리콘 박막을 증착시켜 제조하며, 최근 미세가공기술(micromachining)의 발전에 따라 마이크로 볼로미터의 개발 및 적용은 증가되고 있는 상태이다. 그림 7-18은 볼로미터의 기본구조와 최근에 산업 현장에 적용된 미세구조의 한 예를 나타낸 것이다.

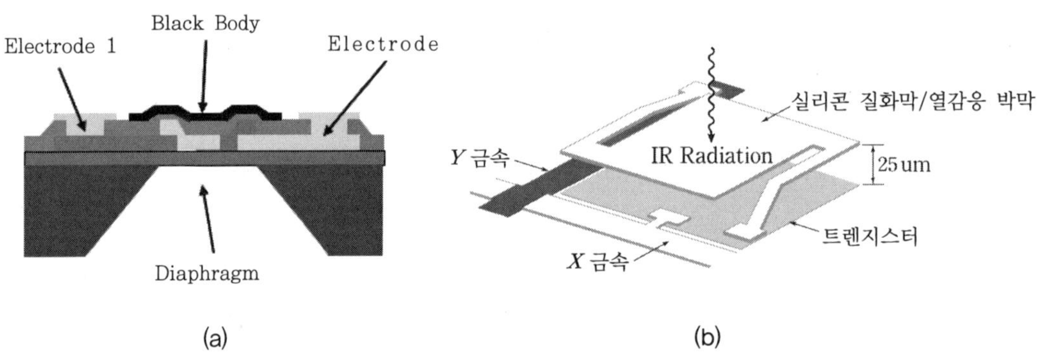

❙ 그림 7-18 ❙ 보로미터: (a) 기본 구조 (b) 미세가공기술에 의한 상용화 예

기본적인 구조는 그림 7-18 (a)와 같이 다이어프램 위에 금속 박막과 전자기파의 흡수를 위한 층을 증착한 구조를 갖고 있다. 그러나 현용되는 제품은 그림 7-18 (b)와 같이 반도체 IC 공정기술을 이용하여 신호처리 회로를 집적한 후, 3차원 미세가공기술을 접목하여 기판에서 약 2.5 ㎛ 정도 부상시켜 입사되는 전자기파를 효과적으로 흡수, 가열될 수 있는 VO_2, Ti, $\alpha-Si$, poly-Si 박막을 희생층 위에 증착하고, 희생층을 제거하여 C-MOS 공정에 의해 제작된 신호처리 회로기판 상에 부양된 구조를 채택하고 있다. 이때 하나의 마이크로 보로미터 픽셀의 크기는 약 25 ㎛×25 ㎛ 이하, 320×320에서 640×480 배열의 형태로 제작되어 해상도를 넓히고 있다. 그림 7-19는 실용화된 마이크로 보로미터를 이용한 열화상 카메라의 핵심부품과 이를 이용한 열화상 카메라를 제시한 것이다.

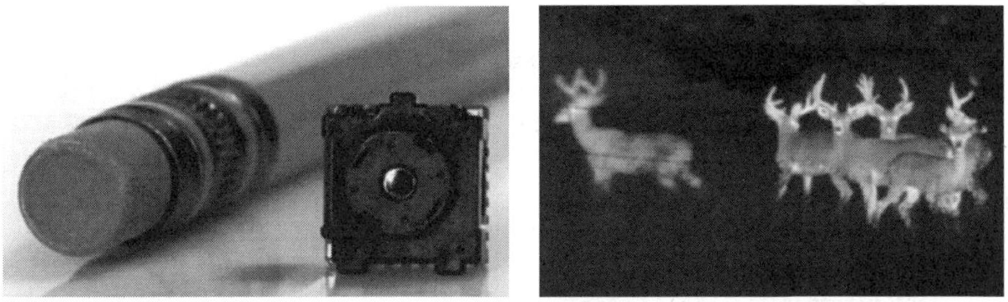

(a) (b)

▌그림 7-19▌ 마이크로보로미터의 응용 예: (a) 실용화된 마이크로 보로미터의 외관 (b) 열화상 사진의 예

3.2. 광 기전력 효과를 이용한 센서

본 절에서는 빛에 의해 소자의 내부에 기전력이 형성되는 광 기전력(photovoltaic) 효과(광 다이오드와 광 트랜지스터), 제벡(Seebeck) 효과(써모파일 소자)와 초전(Pyroelectric) 효과(초전소자)에 대해 먼저 설명하고, 이들 효과를 이용한 감지기의 종류와 동작원리를 제시한다. 즉, 가시광선에서 적외선 영역의 빛을 흡수하고, 이로 인한 전자-정공 쌍의 형성, 기전력의 발생, 물질 내에서 분극중심 혹은 분극 정도의 변화로 인한 소자의 거동에 따른 특성을 중심으로 설명하고자 한다.

3.2.1. 광 다이오드(photo diode)

일반 pn 접합 다이오드와 광 다이오드는 내부 구조상으로는 동일한 pn 접합 구조를 하고 있다. 일반 다이오드와 달리 광 다이오드는 빛을 통과 흡수할 수 있는 창과 반사 방지막이 있다는 차이점이 존재하며, 대표적인 광 다이오드의 사진과 구조를 제시하면 그림 7-20, 그림 7-21과 같다.

▌그림 7-20▌ 광 다이오드의 일례

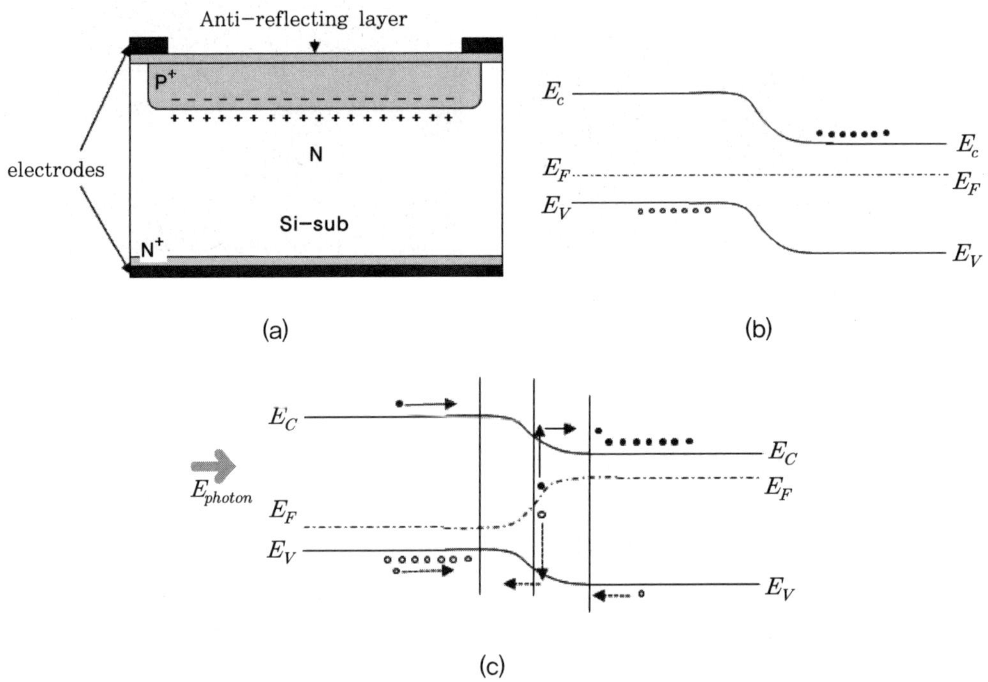

그림 7-21 광 다이오드: (a) 일반 구조 (b) 에너지 밴드 다이어그램 (c) 광 조사 시 에너지 밴드 다이어그램

빛이 조사되기 전 광 다이오드는 일반 다이오드와 같이 공핍층에 형성된 내부 전계에 의해 각각의 반도체 영역에서의 전하이동이 없으며, 개방된 상태에서 누설 전류는 흐르지 않는다. 그러나 에너지 밴드갭 이상의 에너지를 가진 빛이 pn 접합 내부에 조사 흡수되면, 반도체 각 영역에서 전자-정공쌍이 발생된다. p-영역과 n-영역에서 발생된 전자와 정공 쌍은 확산 기구에 의해 pn 접합의 경계영역까지 이동한다. p-영역에서 발생된 전자는 내부 전계에 의해 n-영역으로 이동하고, n-영역에서 발생된 전자는 내부 전계에 의해 방해를 받아 n-영역에 쌓이게 된다. 한편 각 영역에서 발생된 정공은 p-영역에 쌓이게 된다. 또한 공핍층에서 발생된 전자-정공의 경우, 전자는 내부전계에 의해 n-영역으로, 정공은 p-영역으로 이동하여 각각 축적되는 효과를 발생하게 된다. 즉, pn 다이오드의 접합면에 정공과 전자가 축적되어 기전력이 형성되는 현상이 발생되며, 이를 광기전력 효과(photovoltaic effects)라 한다.

빛을 조사하기 전(어두울 때)과 후(밝을 때), pn 접합다이오드에 인가되는 전류-전압식을 제시하면 각각 식 (7.26), (7.27)과 같다.

$$I = I_o[e^{(qV/kT)} - 1] \tag{7.26}$$

$$I = I_o[e^{(qV/kT)} - 1] - I_L \tag{7.27}$$

식 (7.26)과 (7.27)에서 q는 전자의 전하량, V는 인가전압, k는 볼쯔만 상수, T는 절대온도, I_o는 포화전류 혹은 역방향 누설전류, I_L 광 조사에 따른 전류 성분을 의미한다.

외부 전압의 유무와 광 조사량의 증가에 따른 전류-전압 특성 곡선을 제시하면 그림 7-22와 같다. 빛의 조사가 없고(E_{ph0}), 외부에서 pn 광 다이오드에 전압을 인가하지 않은 경우, 역방향 누설전류만 흐르지만, 빛의 조사가 있을 때(E_{ph1}, E_{ph2}), 누설전류와 광전류 성분이 흐르며, 이는 광 조사량이 증가함에 따라 선형적으로 증가한다(제 3 사분면).

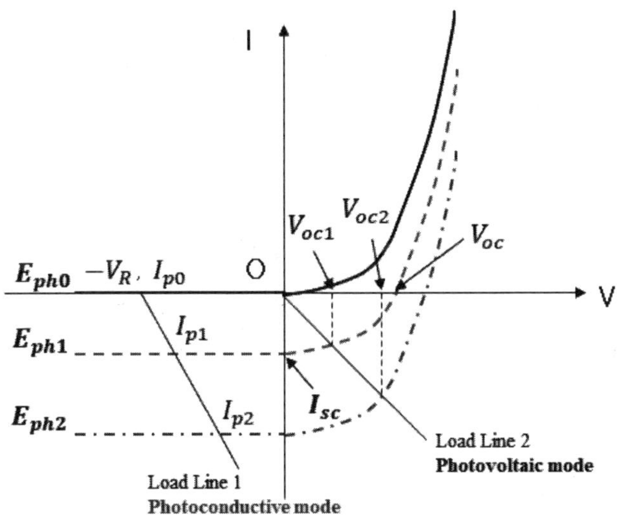

| 그림 7-22 | 광 다이오드의 전류-전압 특성 곡선

그림 7-22에서 광 조사 때의 전류 축과의 교점을 단락 광 전류(I_{sc}), 전압 축과의 교점을 개방 전압(V_{ol})이라 하고, $I=0$으로 해서 개방 전압은 식 (7.28)과 같이 구해진다.

$$V_{ol} = \left(\frac{kT}{q}\right)\ln\left(1 + \frac{I_L}{I_o}\right) \approx \left(\frac{kT}{q}\right)\ln\left(\frac{I_L}{I_o}\right) \tag{7.28}$$

광 다이오드의 광 조사와 전류-전압 특성 곡선에서 외부로 공급할 수 있는 전력 P는

$$P = VI = V\left[I_o e^{(qV/kT)} - I_o - I_L\right] \tag{7.29}$$

로 정의되며, 최대전력은 전압에 대한 전력의 편미분을 통해 구할 수 있게 된다.

그림 7-23에서와 같이 광 다이오드에 전압이 역방향으로 인가되고, 저항(R)이 직렬로 연결된 경우, 광 조사량에 따라 다이오드에 흐르는 전류가 선형적으로 증가하는 특성을 나타낸다. 광 다이오드와 저항이 병렬로 연결된 상태에서 개방 전압을 측정하면 식 (7.28)과 같이 광전류와 지수함적으로 대응됨을 알 수 있다. 따라서 광 다이오드를 감지기로 응용하는 경우, 광 조사량에 따라 전류의 증가, 내부 전도도의 증가를 이용할 것인지 혹은 기전력을 이용할 것인지에 따라 그림 7-23의 회로 구성과 같이 광 전도도 모드 (photoconductive mode)와 광 기전력 모드 (photovoltaic mode) 두 가지로 나누어 사용할 수 있다. 광량에 따른 선형성을 고려하면 광 전도도 모드가 선호된다.

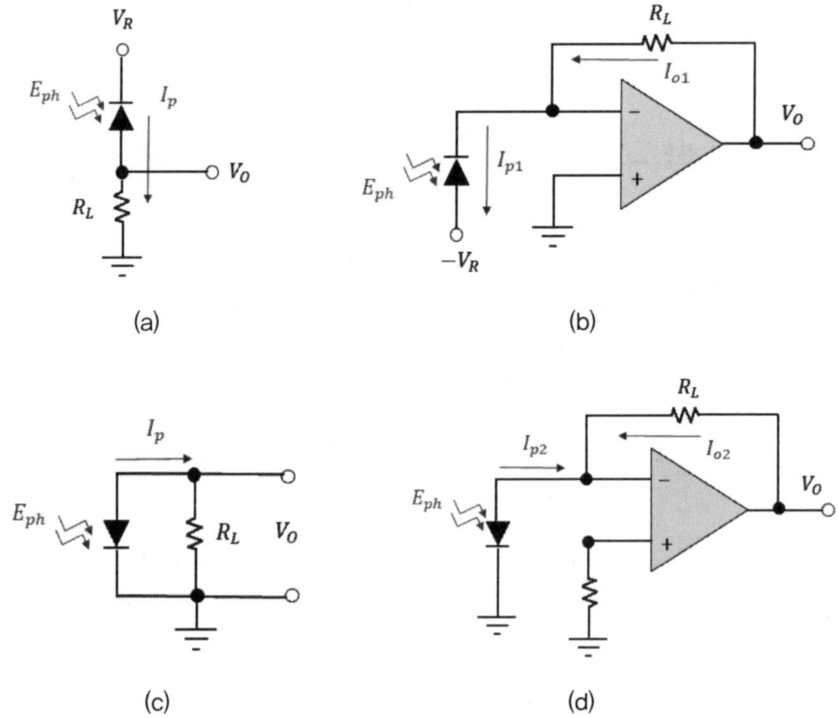

| 그림 7-23 | 광 다이오드 응용모델: (a) & (b) 광 전도도 모드 (c) & (d) 광 기전력 모드

광 전도도 모드는 가장 광범위하게 응용되는 모델로서 광 다이오드에 역방향 바이어스 V_r를 인가하고, 이와 연결된 부하저항에 전류가 흐르게 함으로써 광 조사량에 따른 선형적 전류증가와 이로 인한 부하전압의 선형적 증가를 이용한 것으로 그림 7-23 (a)와 (b) 구조와 같다. 그림 7-23 (a) 모델은 역방향 바이어스에 의해 광 다이오드의 내부 공핍층의 증가에 따른 용량과 시정수 감소로 응답시간을 빠르게 할 수 있는 장점을 지닌다. 그러나 역방향 바이어스 인가에 따른 암전류와 잡음전류의 증가로 인한 오차 증가의 단점을 지닌다. 한편 그림 7-23 (b)는 연산증폭기를 이용한 광 전도도 모드의 응용 예로서 광의 조사와 함께 광전류, I_{o1}이 흐른다. 이 전류는 연산 증폭기의 출력 단에서 반전 단자 쪽으로 흘러들어온 전류와 같게 된다. 따라서 출력 전압은 광 조사에 따른 전류와 부하 저항, R_L에서의 옴의 법칙에 따른 전압으로 정의된다.

광 기전력 모드는 그림 7-23의 (c) 혹은 (d)의 회로와 같이 동작하는 모델을 의미한다. 즉, 그림 7-23 (c)는 두 단자를 개방하거나 고저항을 접속하여 단자 혹은 저항 양단간의 전압을 측정하는 방식이다. 이 모드에서는 전압을 인가하지 않아, 암 전류에 의한 영향을 배제할 수 있고, 열잡음 성분만이 오차로 작용하게 된다. 광 기전력 모드에서의 다이오드 용량은 상대적으로 크기에 응답특성이 광 전도도모드에 비해 늦다는 단점이 있다. 그림 7-23 (d)와 같이 연산 증폭기를 응용한 예의 경우, 반전과 비반전 단자의 전압이 동일하며, 이때 비반전 단자의 전압은 광 조사에 의해 광 다이오드에 발생한 전압과 동일한 상태이다. 또한 광전류는 연산 증폭기의 출력 단에서 부하저항을 통해 흐르는 전류 성분과 동일한 값을 갖게 된다.

3.2.2. 광 트랜지스터(photo transistor)

그림 7-24는 바이폴라 광 트랜지스터의 구조와 등가회로를 보여주고 있다. 광 트랜지스터가 기존의 npn 트랜지스터와 다른 점은 ❶ 많은 광을 흡수하기 위해 넓은 베이스-컬렉터 접합을 형성하고 있다는 것과 ❷ 광 다이오드와 일반 트랜지스터를 조합한 구조를 갖는다는 점이다. 따라서 광 트랜지스터는 광-분리(opto-isolator) 응용을 위한 유용한 구조인데, 이는 높은 전류 전달비(입력 LED 전류 대비 출력 광전류 특성: 약 50 %, 광 다이오드의 경우 약 0.2 %)를 갖고 있기 때문이다.

광 트랜지스터의 베이스가 부동전압(floating voltage) 상태(그림 7-24 (b))의 베이스가 전기적 접속이 없는 경우)에서 입사광에 의해 베이스-콜렉터간 광 다이오드가 광전류, I_{ph}를 발생하여 콜렉터 전류성분에 기여한다. 이 광 전류는 베이스-이미터간 전류로 작용한다. 입사광에 의해 베이스 영역에서 형성된 정공(hole)과 콜렉터 영역에서 베이스 영역으로 주입된 정공은 베이스-이미터 양단간을 순방향 바이어스 상태로 만들고, 광전류의 증가에 의해 순방향 전압을 더 낮추어 광 트랜지스터의 동작을 활성화시킨다. 또한 베이스에서 형성된 전자는 콜렉터로 이동하여 전체 전류 성분에 기여하게 되고, 이를 식으로 제시하면 식 (7.30)과 같다.

$$I_{ceo} = I_{ph} + h_{fe}I_{ph} = (1 + h_{fe})I_{ph} \approx h_{fe}I_{ph} \tag{7.30}$$

h_{fe}는 직류 전압이 인가된 상태에서 공통 에미터 전류 이득을 의미한다.

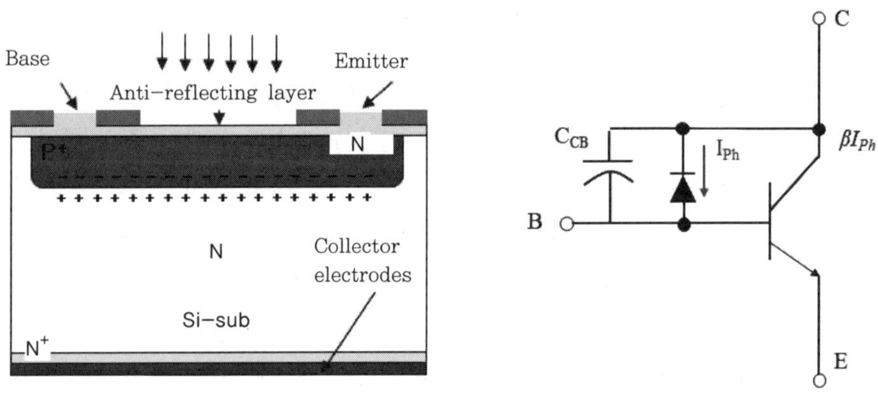

(a) (b)

▎그림 7-24▐ 광 트랜지스터의 구조와 등가 회로도: (a) 구조 (b) 등가 회로

그림 7-24 (b)의 광 트랜지스터의 등가회로에서 일반 트랜지스터와 다른 점은 베이스와 콜렉터 사이에 ❶ 광 다이오드가 역방향으로, ❷ 커패시터가 병렬로 연결되어 있는 구조라는 것이다. 즉 베이스와 콜렉터 사이에 광 다이오드가 연결되어 있어 빛이 조사되면, 역방향 광전류가 입사광에 비례하여 증가하는 특성을 갖는 구조로 표현되는 것이다.

한편 광 트랜지스터의 외형상의 구조에 따른 분류를 제시하면 그림 7-25와 같다. 그림 7-25 (a)는 2 단자의 광 트랜지스터 구조로서 그림 7-24 (b)에서 베이스가 부동 상태(floating status)를 나타내는 것과 같다. 그림 7-25 (b)는 베이스 단자를 추가하여 암전류를 감소시키고, 응답 속도를 개선하며, 온도 보상 등의 장점을 갖게 할 수 있으나, 외부 단자의 연결을 통해 잡음이 영향을 받을 수 있는 단점 또한 존재하는 구조이다. 7-25 (c) 구조는 광 트랜지스터와 일반 트랜지스터를 연결한 달링톤 구조로서, 식 (7.30)으로 표현된 광전류에 의해 증폭된 전류가 다시 트랜지스터의 베이스로 입력된다. 따라서 최종적인 콜렉터 전류는 식 (7.31)로 주어진 대전류를 흘리게 함으로 계전기(relay) 구동에 충분한 전류를 제공하는 특성을 지닌 구조이다.

$$I_{ceo,T} = (1+h_{fe,T})h_{fe}I_{ph} \approx h_{fe,T} \times h_{fe}I_{ph} \tag{7.31}$$

단, $h_{fe,T}$는 인접한 트랜지스터의 전류 이득을 의미한다.

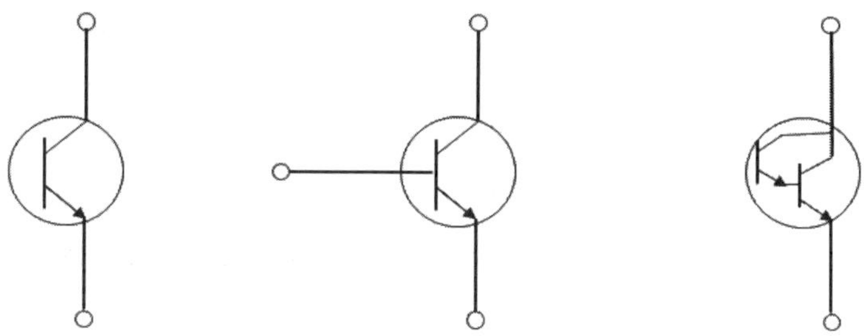

(a) (b) (b)

▌그림 7-25▐ 광 트랜지스터의 종류: (a) 2 단자형 (b) 3 단자형 (c) 달링톤형

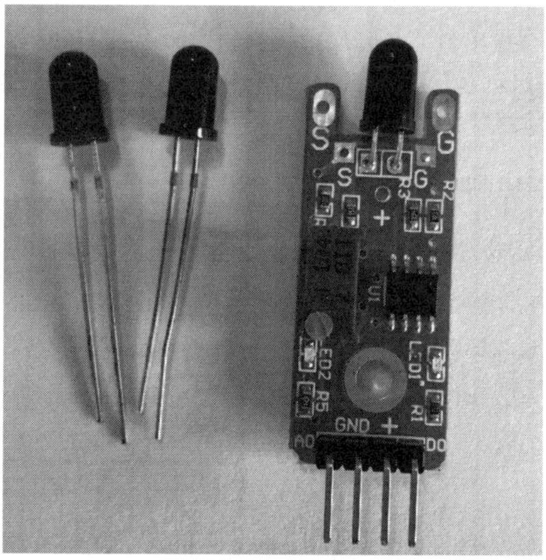

▌그림 7-26▐ 2 단자형 광 트랜지스터와 센서 모듈

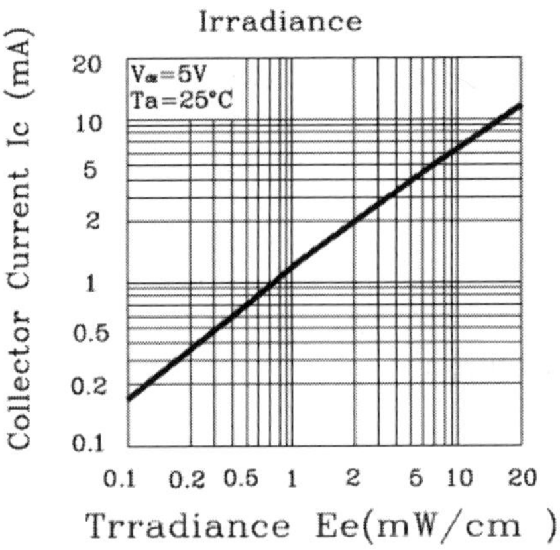

(a)

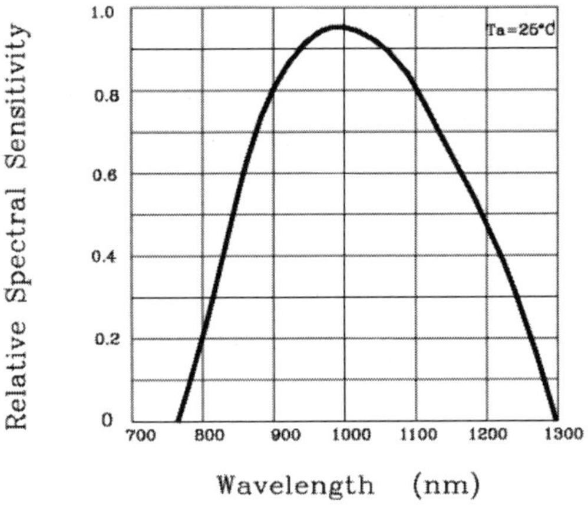

(b)

┃그림 7-27┃ 광 트랜지스터의 특성: (a) 입사광량에 따른 콜렉터 전류 (b) 상대감도의 파장 의존성

그림 7-26은 광 트랜지스터와 이를 응용한 센서 모듈(불꽃감지 센서)을 나타낸 것이다. 외부 광을 수광함으로써 베이스-이미터 사이에 순방향 전압을 형성함으로 트랜지스터가 동작하는데, 그림 7-27 (a)에서와 같이 입사광량이 증가함에 따라 콜렉터 전류를 선형적으로 증가하는 특성을 나타내고 있다. 또한 그림 7-27 (b)는 광 트랜지스터의 파장에 따른 상대 감도 측정 결과로서 상대감도의 최대치는 1000 nm 파장이며, 750 nm에서 약 1300 nm 영역의 근적외선 영역의 빛을 흡수하는 감지기로 동작하고 있음을 나타낸다.

3.2.3. 써모파일(thermopile)

열전대(thermocouple)를 쌓아놓았다(pile 혹은 pile something up)는 사전적 의미를 지닌 thermopile(thermocouple + pile up)은 미세가공기술(micromachining)을 이용하여 수십에서 백여 개의 써모커플을 이차원 평면상에 직렬로 접속시켜 제작된 열형 적외선 감지 센서를 의미한다. 외부에서 본 써모파일의 형상을 제시하면 그림 7-28과 같고, 내부 세부구조를 제시하며 그림 7-29와 같다.

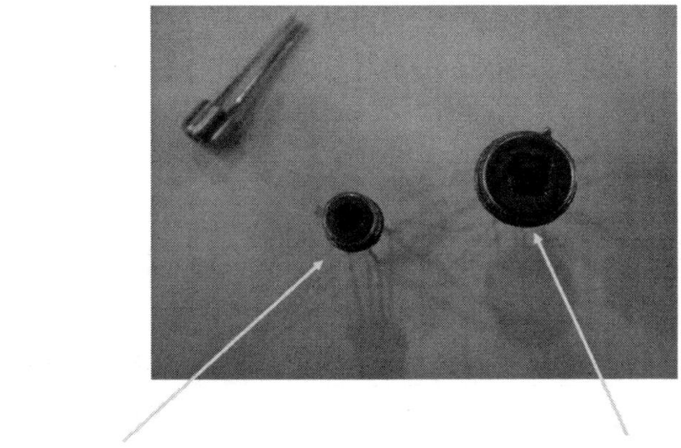

| 그림 7-28 | 실리콘 써모파일 적외선 센서

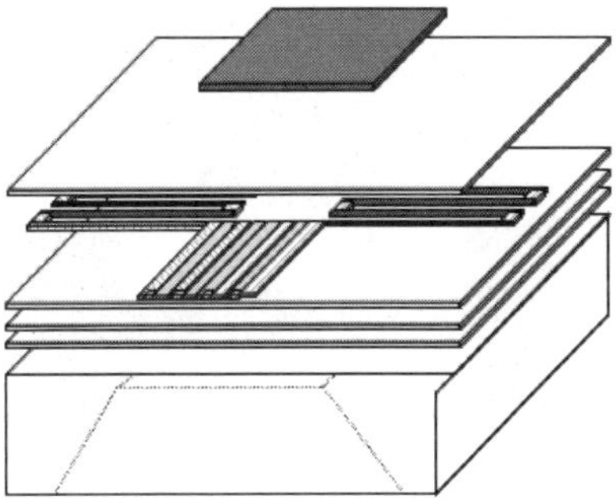

(a)

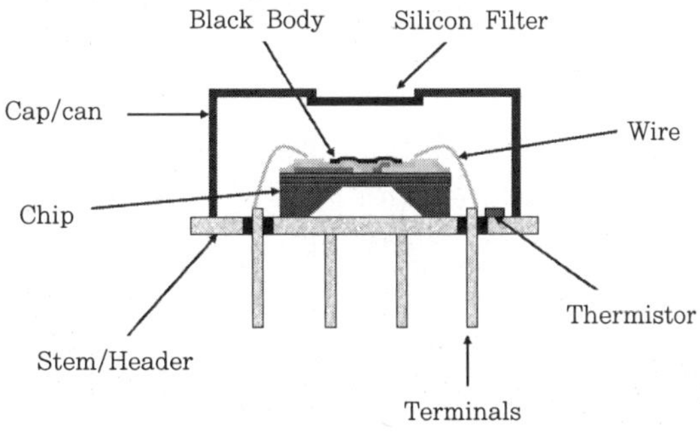

(b)

| 그림 7-29 | 써모파일 센서: (a) 칩 구조 (b) 써모파일 센서의 단면도

그림 7-29를 중심으로 써모파일의 구조를 설명하면, 그림 7-29 (a)에 제시된 칩 구조는 실리콘 기판 상에 다이어프램으로 oxide/nitride/oxide 박막으로 열전달 계수가 작고, 기계적인 스트레스가 거의 없는 박막을 증착한다. 증착막 위에 다결정 실리콘과 알루미늄 박막을 증착하여 열전대 구조를 형성하는데, 패터닝을 통해 열전대가 직렬로 접속하게 한다. 이들 써모파일 위에 표면 보호막으로 질화막 혹은 저응력의 산화막을 증착한 뒤, 적외선의 흡수를 돕기 위해 흑체(CrO_x)를 증착 패터닝하고, 하부의 실리콘 기판을 미세가공기술에 의해 식각하여 칩의 중앙부분에는 상부 세 개의 다이어프램(oxide/nitride/oxide)

과 그 상부에 써모파일의 열점(hot junction)을 남기고 실리콘을 식각한다. 이러한 일련의 과정을 통해 그림 7-29 (a) 구조의 써모파일 칩을 제조하게 되며, 그 일례를 제시하면 그림 7-30 (a)와 같다.

한편 써모파일 칩을 이용하여 적외선 센서를 제작하고, 응용 범위에 따른 최종 써모파일 센서의 단면 구조를 제시하면 그림 7-30 (b)와 같다. 그림 7-30 (b)의 구조는 금속 캔(metal can)형의 써모파일 적외선 센서로서, 적외선 센서의 칩을 보호하고, 외부 환경과 격리를 위한 캡(Cap)의 중앙에는 일정 시야각을 갖는 적외선 투과창 혹은 적외선 필터(window or filter)가 있다. 금속 캡과 헤더(header)는 일반적으로 질소 분위기 혹은 특정 비휘발성 가스 분위기에서 융착을 통해 접합된다. 또한 주변 온도를 측정하고 온도 보상을 적용하기 위해 NTC 써미스터를 헤더 위에 접합시킨 후, 외부에서 고정 저항과 직렬로 연결하여 온도에 따른 출력전압을 읽어 온도 보상을 실시한다.

(a) (b)

| 그림 7-30 | TO8 금속 패키지에 접착한 써모파일: (a) 칩 사진 (b) 센서의 단면 사진

한편 그림 7-29에 제시된 실리콘 필터 혹은 적외선 투과창과 이들의 적외선 통과대역과 응용 범위를 제시하면 표 7-4와 같다.

[표 7-4] 적외선 측정을 위한 필터의 종류와 응용 예

필터	물질	굴절율	투과대역(μm)	응용범위
표준	실리콘(Si)	3.52 (1.2 μm) 3.42 (10 μm)	6 ~ 13 2 ~ 8	타이어 온도, HVAC, 귓속형 체온계, 체온 측정 등
F1	실리콘(Si)		8 ~ 14	침입감지, 보안
F2	사파이어	1.42 (2 μm)	2 ~ 5	화재감시, 고온 비접촉 측정, 분석기기
F3	CaF_2	-	0.12 ~ 10	
협대역 필터	실리콘 (Si)	-	3.99 ± 90 nm	가스분석, 기준센서
		-	4.65 ± 90 nm	CO 가스 검출
		-	4.26 ± 90 nm	CO_2 가스 검출
		-	3.45 ± 90 nm	HC 가스 검출

일반적인 광학 필터는 실리콘의 적외선 투과 성질을 이용하여 광대역 필터로 사용하고 있다. 즉, 투과 대역이 2 ~ 8, 6 ~ 13 μm 용 실리콘 필터는 써모파일과 초전형 센서 앞단에 위치하여 측정 대상체에서 발산하는 적외선을 측정하는데 사용하고 있다. 이와 관련된 법칙은 빈의 변위법칙과 흑체 방사이론이다. 즉, 그림 7-9에서 제시한 체온 측정기의 경우, 인체가 정상온도에서 적외선 피크 파장이 9.36 μm 이므로, 표준 혹은 F1 필터를 사용하면 인체 온도 및 침입 감지센서의 제작에 응용 가능하다. 또한 화재감지와 비접촉식 고온 측정 장비 응용에는 F2, F3 필터가 적용되고 있으며, 적외선 가스 분석기 혹은 적외선 가스 센서에는 제시한 중심파장 3.99 μm 필터를 기준 센서용 필터로 사용한다. 이는 대기 중에 존재하는 가스의 흡수 파장이 이 파장과 중복되지 않기 때문이다. 한편 일산화탄소, 이산화탄소와 방향족 탄화수소는 각각 4.65 μm, 4.26 μm, 3.45 μm를 중심파장으로 갖는 필터를 써모파일 적외선 센서의 필터로 사용하여 가스농도 측정에 응용된다.

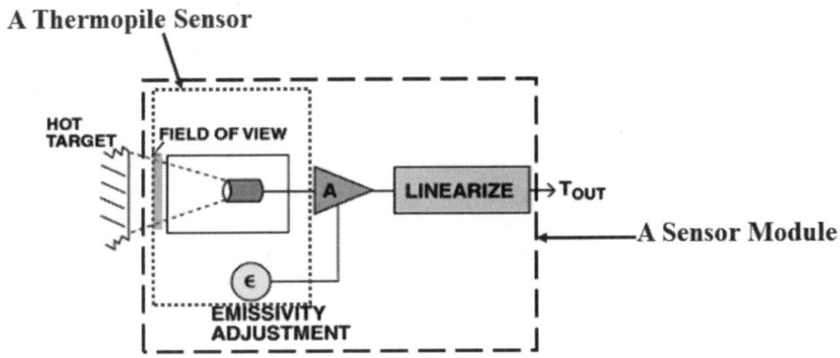

Ⅰ그림 7-31Ⅰ 증폭과 보상 기능을 겸비한 스마트 써모파일 적외선 센서의 구조

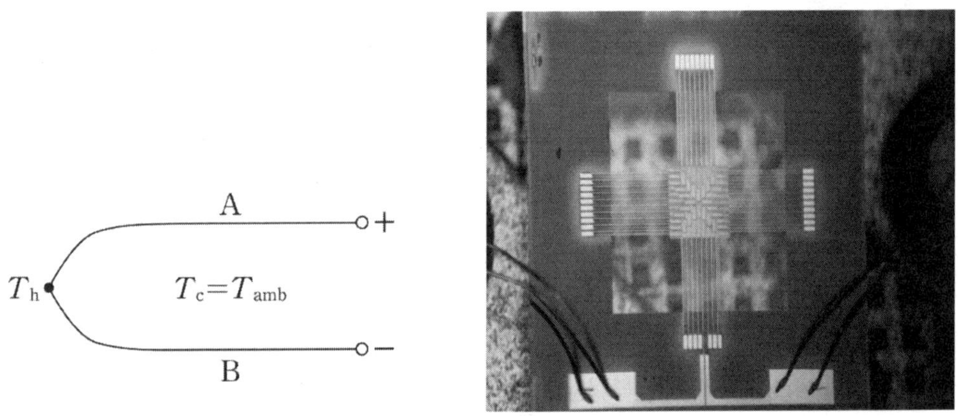

(a) (b)

Ⅰ그림 7-32Ⅰ 써모파일 칩의 전기적 접속구조: (a) 기본 구조 (b) 칩 사진

그림 7-31은 증폭과 보상 기능을 겸비한 스마트 써모파일 적외선 센서의 대표적인 구조를 나타낸 것이다. 그림 7-32는 그림 7-31의 써모파일 센서 내부에 존재하는 써모파일 칩의 구조를 사진으로 보여 준 것이다. 써모파일은 그림 7-32 (a) 보여준 열전쌍 (A-B)을 그림 7-29 (a)에서 보여준 것처럼 3차원 공간상에서 적층 배열하여 제작한 것이다, 그림 7-32 (b)의 사진과 같이 수 마이크론 두께의 다이어프램의 중앙에 수십 개의 열점(hot junctions)들과 실리콘 기판 상에 냉점(cold junctions)들이 존재하는 thermocouples이 piled up 된 상태를 나타내고 있는 것이다. 이런 써모파일 칩을 내장한 스마트 써모파일은 시야각(Field of view) 내에서 적외선 방출 대상으로부터 에너지를 받아 전압값을 출력하며, 이는 제벡 효과(Seebeck effects)에 의한 출력 식 (7.32)를 의미한다.

$$V=\int_{T_{amb.}}^{T_{body}} n\Delta\alpha dT = n\Delta\alpha(T_{body}-T_{amb.}) = n\Delta\alpha\Delta T \tag{7.32}$$

여기서 n은 전체 써모커플의 수, $\Delta\alpha$는 써모파일을 구성하는 물질간의 제벡계수 차이, ΔT는 열점(hot junction)과 냉점(cold junction) 간의 온도 차이를 말한다.

식 (7.32)는 적외선을 방출하는 물체(Hot target)와 주변 분위기 온도차에 비례하는 특성이 있으며, 따라서 식 (7.32)를 적외선 방출 물체의 온도와 주변 온도의 관점에서 표현하면, 식 (7.33)과 같이 나타낼 수 있다.

$$V \approx \epsilon\left(T_{body}^4 - T_{amb.}^4\right) \tag{7.33}$$

여기서 ϵ은 물체의 표면 방사율을 의미한다.

식 (7.33)에 의한 전압은 대략 수십 ㎶에서 수 ㎷이기에 잡음의 영향을 최소화하기 위해 금속 패키지 내부의 기억장치에 대상물의 방사율을 입력할 수 있다. 또한 증폭(A, amplification)과 필터회로를 내장하고 있으며, 온도 센서 IC와 선형화를 위한 집적회로(integrated circuits)를 보유하고 있는 것이 특징이다. 내부에 온도측정을 위한 써미스터나 온도 센서 IC를 포함하는 이유는 식 (7.33)에서 알 수 있듯, 주변 온도($T_{amb.}$)의 변화에 따라 출력 전압이 영향을 받기 때문이다. 또한 그림 7-32 (b)에 제시된 단일 써모파일 칩 뿐만 아니라, 배열(array) 형 써모파일 센서 모듈로 장거리 대면적의 온도 측정 등이 가능하다.

써모파일 적외선 센서의 응용범위로는 의료용 체온계, 봉입된 센서의 공동(cavity) 내에서 온도분포 측정, 가스버너의 동작 확인, 인쇄기의 동작상태 확인, 전자레인지의 음식물 온도 측정 등 광범위하게 응용되고 있으며, 그 응용의 일예를 제시한 것이 그림 7-33이다. 그림 7-33은 듀얼(써모파일 칩이 한 패키지 안에 두 개가 있어 두 영역에서의 적외선 방사를 측정한다는 의미) 써모파일 적외선 센서가 자동차에 장착되어, 운전자와 동반 승객의 체온을 측정하여 냉난방 시스템의 자동조절에 응용된 것이다. 스마트 적외선 써모파일 센서와 차량 내부의 ECU(Electronic control unit)의 결합으로 사람의 존재 유무와 체온의 검지 및 습도 센서의 통합을 통해 차량내 공간의 온·습도 조절을 통해 쾌적성 향상을 위해 사용되고 있다.

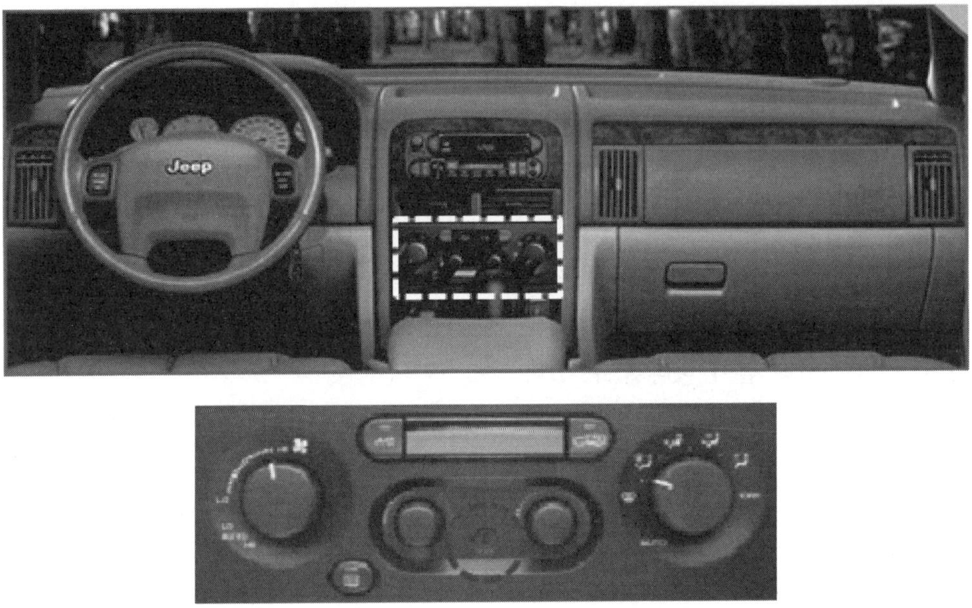

▌그림 7-33▐ 써모파일 적외선 센서의 응용 예(자동차 실내온도 조절용)

3.2.4. 초전(焦電) 센서(pyroelectric sensor)

pyroelectric이란 말의 어원을 살펴보면 pyro(fire라는 그리스 어원으로 열, 불의 의미를 지님)와 electric의 합성어로서, 사전적 의미로는 '열전'이라는 의미를 가진다. thermo(열적인, 열의)라는 단어의 뜻과 유사한 의미도 있으며, thermoelectric(열전)이라는 의미와의 혼동을 피하기 위해 일단 '초전'이라고 정의한다.

초전체는 전하의 중심이 대칭을 갖지 않기 때문에 외부 압력이 가해지는 경우, 결정의 표면에 분극이 유발되는 압전성과 유사한 특성을 나타낸다. 압전성을 나타내는 결정 중에서 특정 원자의 전하 중심이 한쪽으로 치우치는 자발분극 현상에 의해 외부에서 열적인 변화를 결정에 주면 전하의 중심이동으로 인해 표면에 자발분극의 변화를 더욱 유발시킨다. 이로 인해 전하 혹은 전압의 유도가 발생되는데, 이를 초전 현상이라고 한다. 이런 초전 현상이 발생하는 물질로는 $BaTiO_3$, $PbTiO_3$, $LiTaO_3$, PZT, PLT, PVF_2 등이 있으며, 이들 물질은 압전특성도 나타낸다. 따라서 외부 진동과 잡음에 간섭을 받는 특징을 지니므로, 이들 영향을 최소화하는 전기적, 기계적 decoupling이 요구된다. 또한 초전 현상을 나타내는 물질은 대기 중의 전하를 표면에 포획하고 있기 때문에 전기적인 중성을 나타내고, 자발 분극은 퀴리온도 이상에서 전하중심이 일치하여 분극이 상쇄되고, 이로 인해 전기적인 중성을 나타낸다.

그림 7-34는 $BaTiO_3$ 결정과 이 결정의 상온에서의 자발분극 상태를 나타낸다. 퀴리온도(약 120 ℃) 이상에서는 모든 원자의 전하중심이 일치하여 외부에서 이 결정구조를 봤을 때 중성을 나타낸다. 퀴리온도 이하에서는 Ti^{4+} 이온의 전하 중심이 c-축 방향으로 이동하여, 자발분극을 일으키고, 이로 인해 입방체에서 정방정계로 변형되는 결정구조(c/a는 약 1.01)를 지닌다.

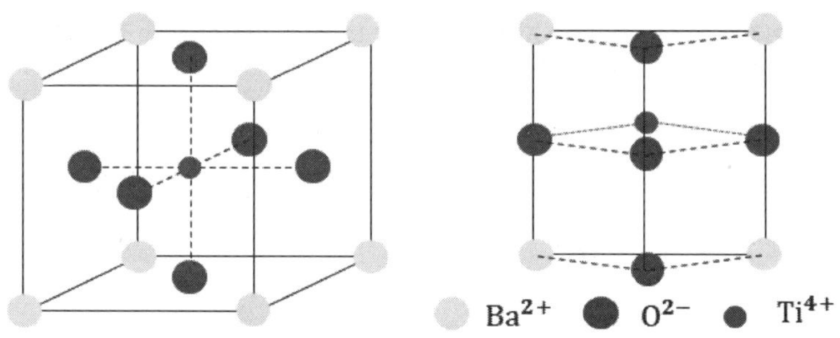

그림 7-34 $BaTiO_3$ 결정(T 〉 120 ℃)과 상온에서의 자발분극

그림 7-35는 직렬로 연결된 초전소자의 동작원리를 나타낸 것이다. 모든 초전소자는 압전특성을 나타내므로, 외부에서의 진동이 초전소자에 가해지면 이로 인해 초전소자의 변형이 발생된다. 즉 압력이나 진동에 의해 전하 혹은 전압이 소자에서 발생된다. 따라서 그림 7-35 (a)에 제시된 결합처럼 두 초전소자를 직렬로 연결하고, 두 소자의 접촉지점을 접지한다. 이런 전기적 접속 시, 외부에서 발생된 진동 혹은 압력에 의해 서로 상의한 전압이 발생되므로 이는 상쇄되어 두 단자 간 전압은 발생되지 않는다. 하부의 전극을 공통전극으로 한 다음, 한쪽의 초전소자는 적외선을 흡수할 수 있도록 하면, 그림 7-35 (b)와 같이 적외선을 흡수한 면의 온도는 증가하고, 이로 인해 자발분극은 감소한다. 따라서 표면에 있던 전자는 공통 단자를 통해 외부로 이동하여 전기적인 중성을 유지하려고 전자는 흘러간다. 적외선이 지속적으로 조사되고 있는 상태에서 하부의 전극이 연결된 경우, 왼쪽에서 흡수한 열은 하부 전극을 통해 오른쪽의 초전소자로 이동하여 열적 평형상태에 이르면 왼쪽과 오른쪽의 자발분극은 동일한 상태가 되어 외부로 흐르는 전류의 이동을 발생하지 않는다.

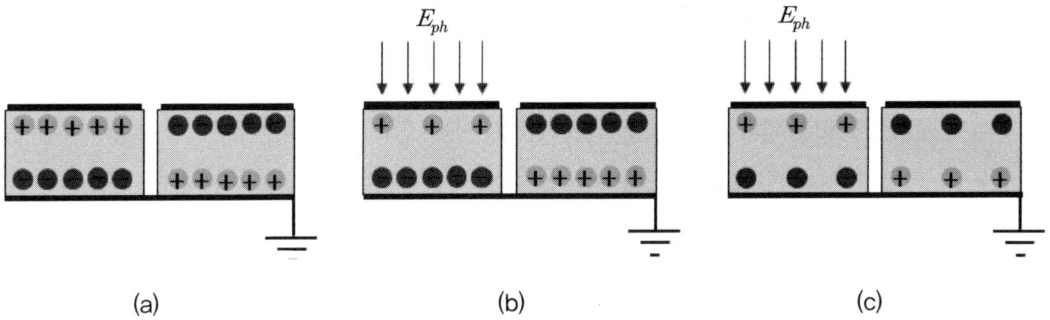

▎그림 7-35▎ 직렬 연결된 pyroelectric 소자의 동작 원리: (a) 상온 평형상태(광 조사 없음) (b) 광 조사 직후 (c) 광 조사 후 열적 평형상태

열의 흐름에 의한 전하의 발생을 유발하는 초전센서는 두 가지 초전계수에 의해 특성화되며, 이를 제시하면 식 (7.34)와 같다.

$$P_Q = \frac{dP_s}{dT},\ P_V = \frac{dE}{dT} \tag{7.34}$$

여기서 P_Q는 초전전하계수, P_V는 초전전압계수라 하고, P_s는 자발분극, E는 전계, T는 절대온도를 의미한다.

두 계수의 비는 식 (7.35)와 같이 유전율로 나타나며,

$$\frac{P_Q}{P_V} = \frac{dP_s}{dE} = \epsilon_r \epsilon_0 \tag{7.35}$$

ϵ_r은 초전물질의 비유전율, ϵ_0는 진공상의 유전율을 의미한다.

따라서 초전체의 온도변화, $\triangle T$에 따른 전하와 전압의 변화는 초전 계수들과 초전 센서의 기하학적 구성요소와 아래의 식 (7.36)과 같이 연관된다.

$$\triangle Q = P_Q A \triangle T,\ \triangle V = P_V h \triangle T \tag{7.36}$$

단, A는 초전센서의 면적, h는 초전센서의 두께를 의미한다.

한편 초전센서의 커패시턴스는 식 (7.36)에 의해 식 (7.37)로 표현된다.

$$C_s = \frac{\Delta Q}{\Delta V} = \epsilon_r \epsilon_0 \frac{A}{h} \tag{7.37}$$

최종적으로 초전 센서에 적외선이 입사되고, 이로 인해 초전 센서의 온도가 상승하여 발생되는 전하의 변화는 식 (7.38)로 표현된다.

$$\Delta Q = P_V \epsilon_r \epsilon_0 A \Delta T \tag{7.38}$$

즉, 초전 센서에서 ΔT의 온도변화에 의해 발생되는 전하량의 변화, ΔQ는 초전 센서의 비유전율과 면적에 비례하여 증가하는 특성을 지닌다. 즉, 온도변화에 따른 전하량의 변화는 내부 자발분극의 변화량에 비례하는 특성을 지닌다고 할 수 있다.

초전 센서는 식 (7.34)에서 (7.38)까지 살펴본 바와 같이 응용분야에 의존하여 전하 혹은 전압으로 출력되도록 구성된다. 초전 센서의 전기적 특성을 살펴보기 위한 등가회로는 그림 7-36과 같이 내부 벌크저항(R_b)과 초전 센서가 병렬로 연결된 회로로 나타낼 수 있다. 초전 센서 자체는 전류원과 커패시터가 병렬로 연결된 우측의 회로와 같이 등가화 된다. 즉, 초전 센서는 외부에서 입사되는 열에 의해 발생되는 전류원(수 ~ 수십 pA의 전류)과 커패시터(C), 누설전류가 흐르게 되는 벌크저항(저항값은 대략 $10^{12} \sim 10^{14}\,\Omega$)과 병렬로 연결된 회로로 등가화 된다.

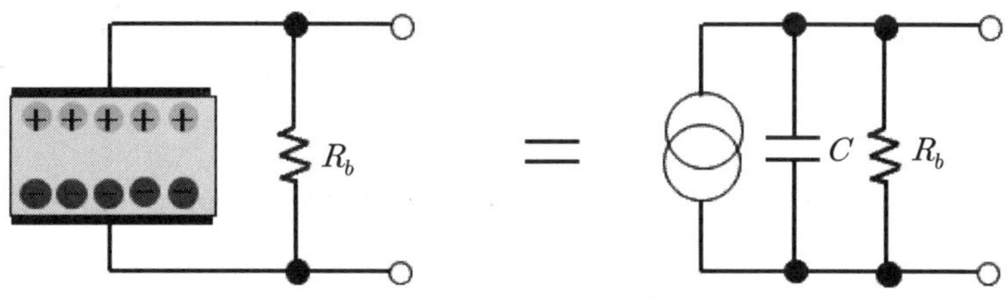

그림 7-36 초전 센서와 등가회로

그림 7-36 회로로 등가화된 초전 센서의 전기적 시정수, τ_e는 출력단에서 바라본 저항과 커패시턴스의 곱으로 주어지므로, $\tau_e = R_b C$가 된다. 또한 적외선의 조사에 의한 초전 센서의 온도변화에 따라 초전 센서가 안정화되는데 까지 소요되는 시간을 나타내는 열 시정수는 열용량과 열저항의 곱으로 주어지고, 이는 식 (7.39)로 표현된다.

$$\tau_T = RC = RcAh \tag{7.36}$$

여기서 R은 열 저항(thermal resistance)으로 주변으로 방출되는 열에너지를 의미하고, c는 초전 센서의 비열(specific heat)을 의미한다.

적외선의 조사에 의한 초전 센서의 응답특성은 초전센서 자체의 전기적 시정수와 열 시정수에 의해 결정된다. 전기적 시정수가 길면 적외선의 조사에 따른 반응이 늦으며, 열 시정수가 크면 초전 센서 내부로의 열전달이 늦어져 자발분극의 시간적 변화가 늦어지는 특성을 보인다. 즉, 그림 7-37에 보이는 것과 같이 계단함수 형태의 열적 변화(적외선 광원의 조사)가 있는 경우, 초전 센서와 그의 전압출력은 초기에는 τ_e에 의한 영향을 받으며 지수 함수적으로 증가하고, 열원이 일정한 상태에서는 초전 센서 내부로의 열 확산에 따른 자발분극의 상쇄로 전압은 감소하는 양상을 나타내는데, 이는 열 시정수(τ_T)의 크기에 의존하는 특성을 따른다.

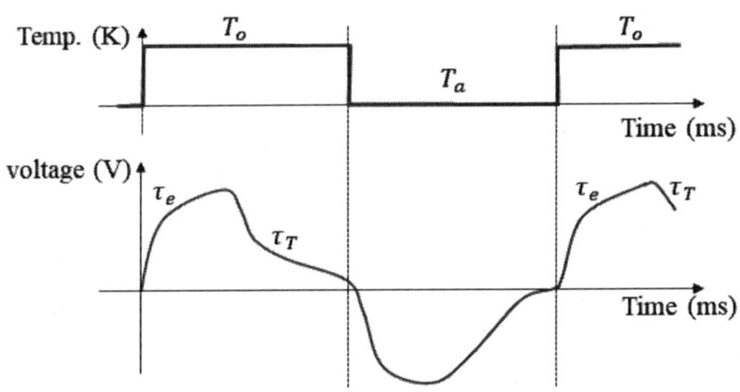

| 그림 7-37 | 계단함수형 온도변화에 따른 초전 센서의 응답특성

초전 센서는 전압모드와 전류모드로 동작한다. 전압모드인 경우 연산 증폭기를 이용하여 그림 7-38 (a) 나타낸 전압 팔로워(voltage follower)를 기본 회로로 구성하여 사용한다. 전류 모드인 경우, 그림 7-38 (b)와 같이 반전단자에 초전 센서의 출력단자를 연결하고, 비반전 단자는 접지시켜 비반전 단자가 가상접지에 있어 오프셋 전압이 없도록 하고, 귀환저항과 커패시터의 병렬연결을 통해 잡음차단과 전압 출력을 제공하도록 구성된다.

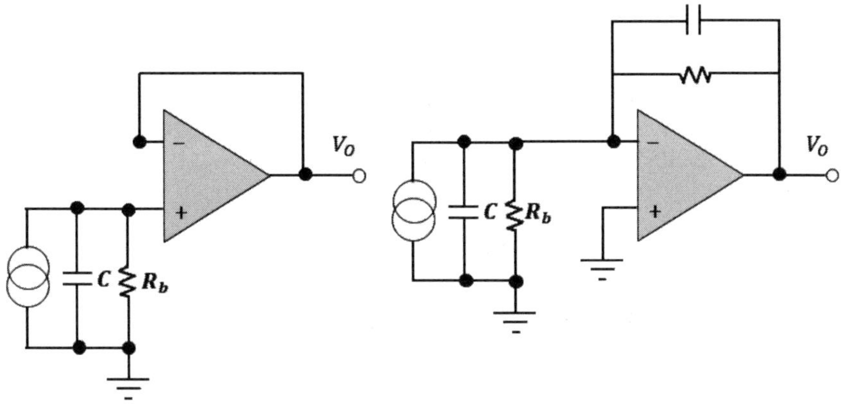

| 그림 7-38 | 동작 모드별 응용회로: (a) 전압모드 (b) 전류모드

한편 그림 7-39는 상용화된 초전 센서(LME-335, Infratec GmbH, Germany)의 내부 구조를 나타낸 것으로 중앙의 센서부는 두 개의 초전 센서가 병렬로 연결되어 있으며, 저항과 커패시터 및 연산 증폭기가 내장된 감지기다. LME-335 초전 센서의 기본 동작은 전류모드로 작동하고 있다. 최종 출력은 그림 7-40에 제시된 것과 같이 470 kΩ 부하저항과 연산 증폭기(OPA227 혹은 OPA1177)를 이용한 전압 모드 두 가지를 병행하여 응용한 것을 볼 수 있다.

그림 7-40에서 LME-335는 외부 진동이나 충격과 열잡음의 영향을 상쇄하기 위해 초전 소자는 서로 상이한 극성을 지닌 소자가 내부에서 병렬로 연결되어 있다. 이때 하부의 공통전극을 접지하였음을 알 수 있다. LME-335 내부 연산 증폭기는 입력 바이어스 전류는 수 pA 이하를 사용하는 것이 통상적이다. 외부 전압 팔로우용 연산 증폭기의 특성은 입력 오프셋 전압이 ±5 μV, 온도변화에 따른 전압변화는 ±0.1 μV/℃, 입력 바이어스 전류 ±2.5 nA 정도의 고정밀 연산 증폭기를 사용하고 있다.

▌그림 7-39▐ 초전형 적외선 센서의 내부 사진(LME-335)

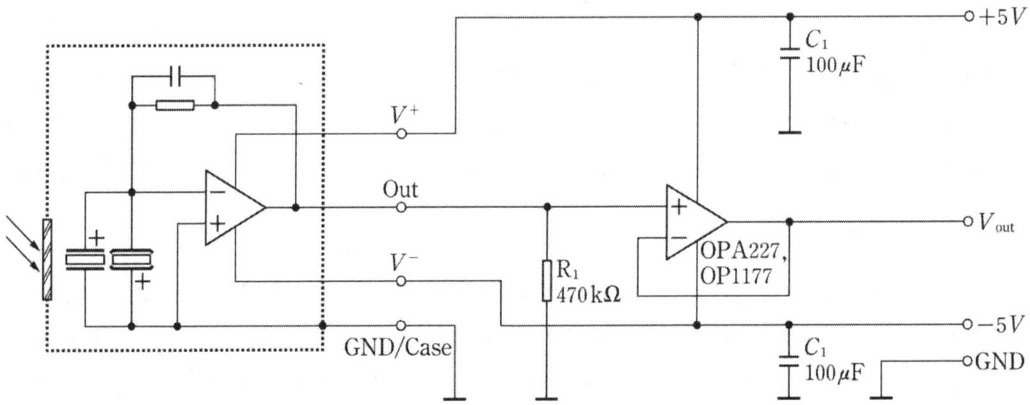

▌그림 7-40▐ LME-335 센서(사선부분) 등가회로와 외부 출력 회로도

3.3. 복합 광 효과를 이용한 센서

복합 광 효과를 이용한 감지기는 광원과 광 센서를 하나의 모듈로 제작한 센서를 말한다. 전기적 신호를 광학적 신호로 변환하여 차단하는 용도로 포토 커플러(photo coupler)가 사용되고, 물체의 존재 유무 혹은 위치, 회전 속도 등의 측정에 포토 인터럽터(Photo interrupter)가 사용되고 있다. 본 절에서는 포토 인터럽터에 대해서 자세하게 살펴본다.

포토 인터럽터의 구조는 투과형(transmissive type)과 반사형(reflective type) 두 가지로 분류할 수 있다. 그림 7-41의 투과형 구조는 발광체와 수광체가 일정한 간격을 갖고, 마주보는 구조를 갖고 있다. 발광체와 수광체 사이에 물체가 존재하거나, 방해를 받게 되면 수광체인 포토 다이오드 혹은 포토 트랜지스터의 출력변화를 통해 물체의 존재 유무를 확인할 수 있다. 또한 패키지의 구조에 따라 케이스를 삽입하는 형태 (a)와 몰딩 형태 (b)로 분류된다.

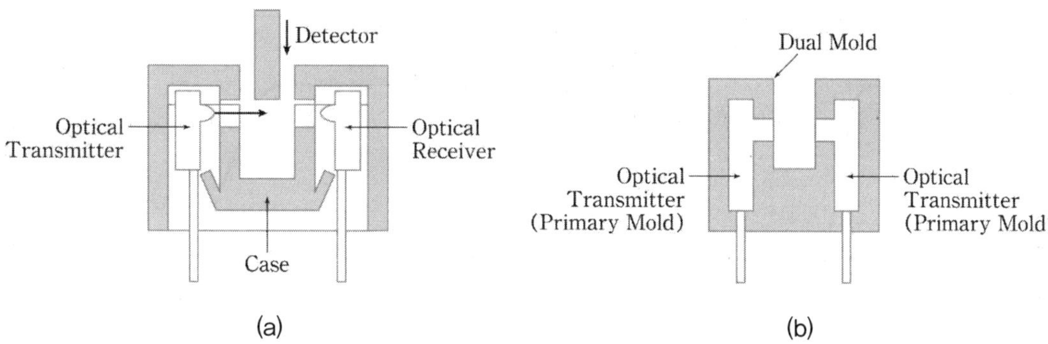

| 그림 7-41 | 투과형 포토 인터럽터: (a) 케이스 삽입형 (b) 몰딩형

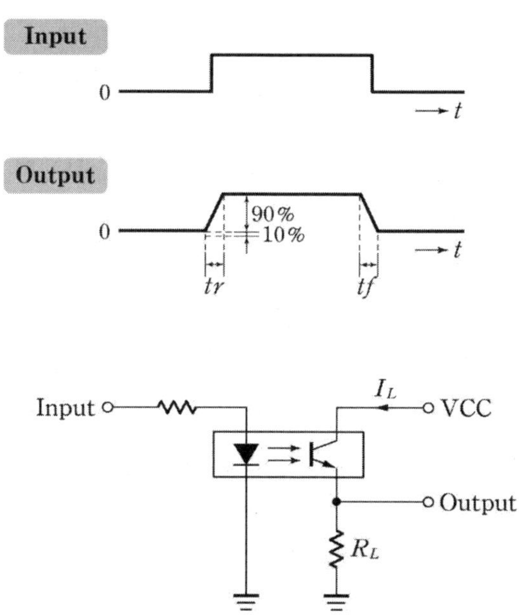

| 그림 7-42 | 포토 인터럽터의 응답시간 정의 및 내부회로도

그림 7-42는 투과형 포토 인터럽터에 펄스전압이 광원에 인가되었을 때 수광부에서의 출력전압의 변화에 따른 상승시간과 하강시간 및 내부 회로도를 나타낸 것이다. 상승시간은 펄스가 가해지고 난 후, 초기 전압에서 10 %의 변화가 있는 지점에서 최종 전압의 90 %에 이르기까지 걸린 시간을 의미하고, 하강시간은 안정된 펄스전압의 90 %에서 최종 전압의 10 %에 이르는데 까지 소요된 시간을 의미한다. 투과형 인터럽터의 상승시간과 하강시간은 약 3 ~ 6 μs이다.

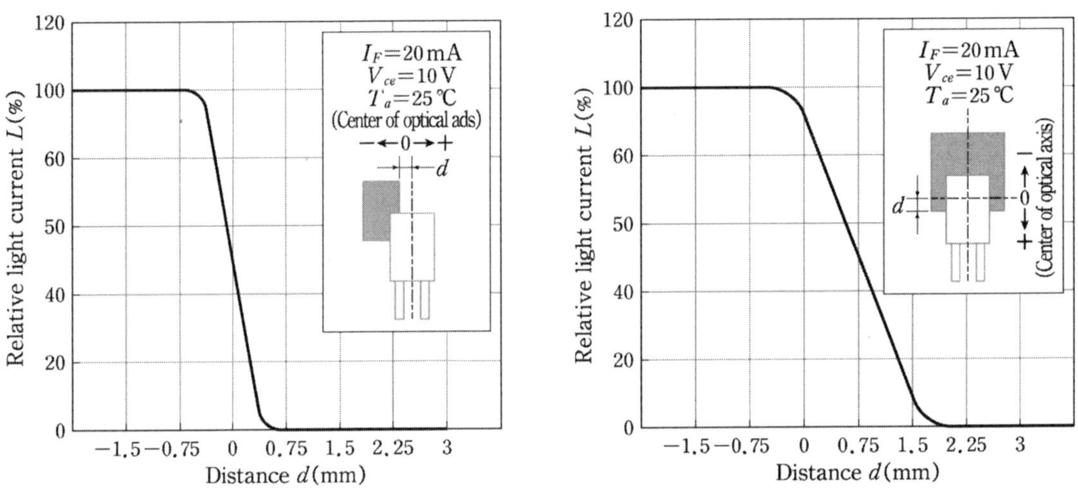

| 그림 7-43 | 물체의 위치에 따른 상대적 광 전류

그림 7-43은 투과형 포토 인터럽터의 광축을 중심으로 물체의 상대적 위치에 따른 광전류의 크기를 나타낸 것이다. 그림 7-43 (a)는 광축을 중심으로 좌/우측으로의 편이가 발생하였을 때, 그림 7-43 (b)는 광축에서 상하의 위치 편차가 존재하는 경우의 상대적인 광전류의 크기를 나타낸 것이다. 그림 7-43을 종합적으로 살펴보면 광축을 중심으로 좌우 약 ± 0.75 mm, 상하 약 ± 0.5 mm 이상을 벗어나면 상대적인 광전류가 최대 혹은 최소가 되어 물체의 존재 유무를 구분할 수 있다.

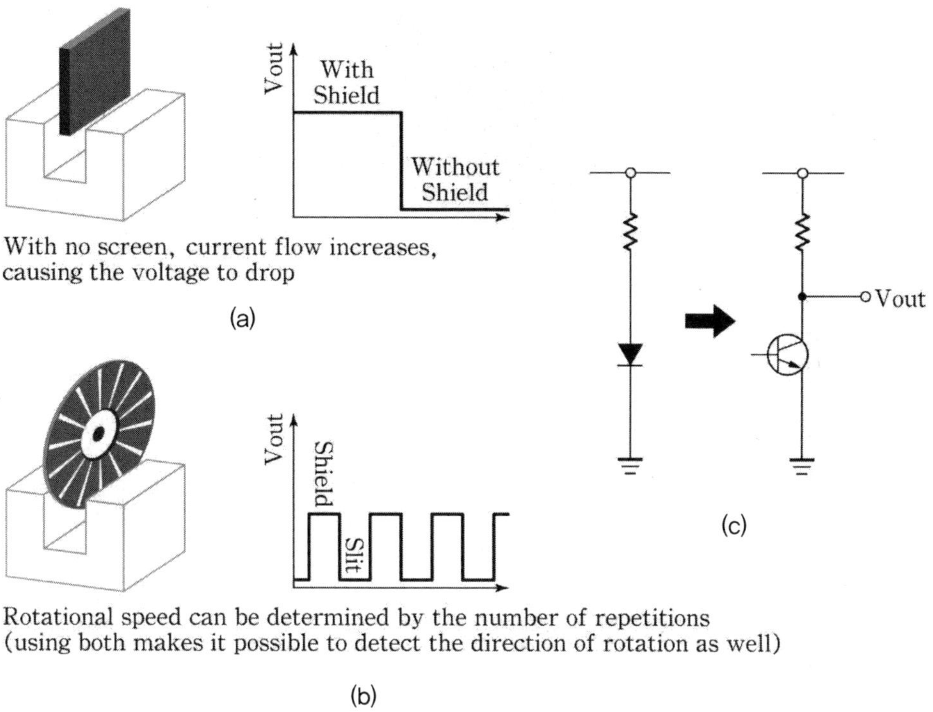

| 그림 7-44 | 투과형 포토 인터럽터의 응용 예

그림 7-44는 투과형 포토 인터럽터의 응용 예를 나타낸 것이다. 그림 7-43에 제시한 특성을 반영하면, 물체의 근접 여부와 회전과 회전속도를 측정할 수 있게 된다. 즉, 그림 7-44 (a)에서 스크린이 없는 경우, 출력전압이 낮고, 스크린이 존재하는 경우 출력전압이 높아짐을 확인함으로써 광원과 수광체 사이에 물체의 유무 확인 가능하다. 또한 그림 7-44 (b)처럼 펄스전압을 통해 슬릿을 지닌 판의 회전 유무를 판단할 수 있고, 단위 시간당 펄스의 수를 계산함으로써 회전속도도 구할 수 있게 된다.

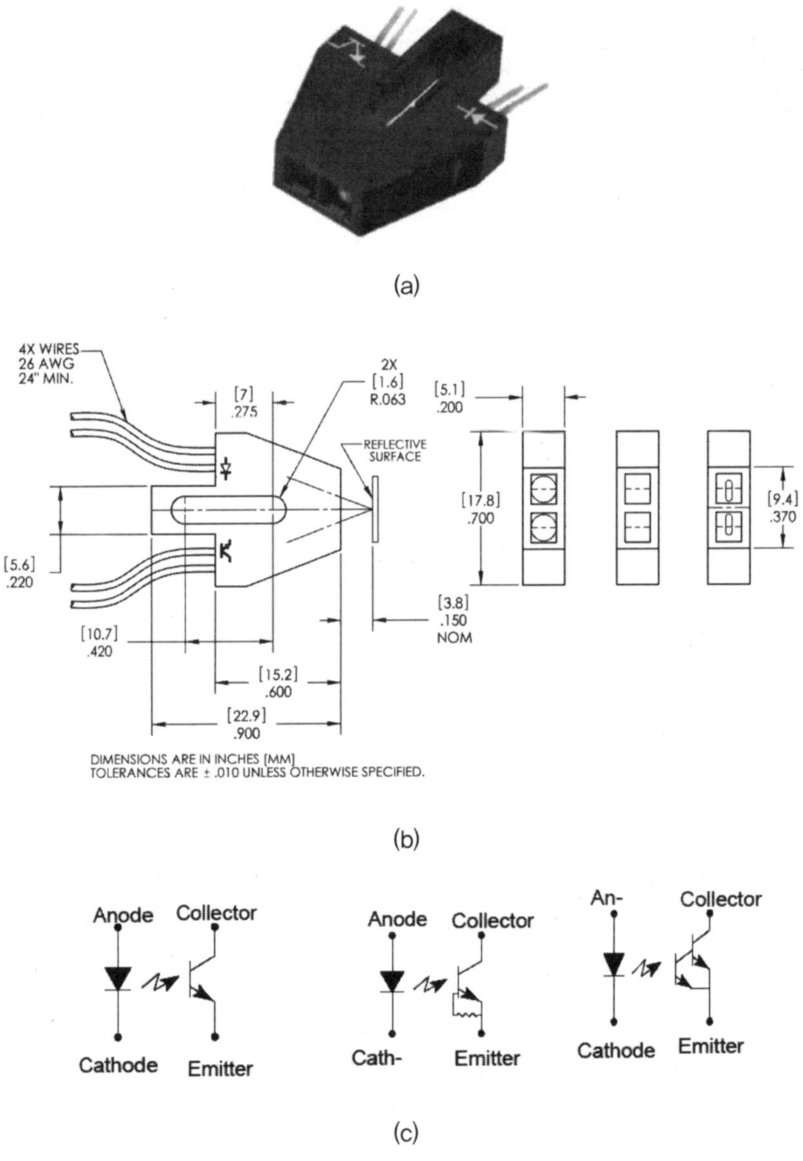

▌그림 7-45▐ 반사형 포토 인터럽터: (a) 외형 (b) 칫수 (c) 등가회로

한편 그림 7-45는 반사형 포토 인터럽터를 제시한 것이다. 반사형은 그림 7-45의 (a), (b)에 제시된 것과 같이 광원과 수광부가 일정한 간격과 각도를 갖고 동일 공간상에 위치한다. 따라서 광원에서 방사된 빛이 물체에서 반사되어 수광부에 도달했는지의 여부에 따라 반사형 포토 인터럽터 근처에 물체가 존재하는지를 판단하게 된다. 그림 7-45에 제시된 센서의 경우, 광원과 반사체간의 최대 거리는 3.8 mm이다. 광원으로 최대파장 890 nm

를 갖는 적외선 다이오드를 사용하였으며, 디텍터로서 NPN 트랜지스터, 베이스-이미터간 저항을 연결한 NPN 트랜지스터 혹은 달링톤 Tr.을 갖는 구조로 되어있고, 등가회로는 그림 7-45 (c)와 같다. 이때 전류 전달비(CTR, current transfer ratio)로 정의되는 발광 다이오드의 순방향 전류, I_F에 대한 광 트랜지스터의 콜렉터 전류, I_c의 비($= I_c / I_F$)는 포토 인터럽터의 특성을 결정한다.

두 구조에서 사용되는 광원은 적외선 혹은 가시광선 LED로서 수명시간이 100,000 시간을 능가하고, 포토 인터럽터의 동작시간이 수 μs이기에 반영구적으로 사용 가능한 장점을 지니고 있다. 반사형 포토 인터럽터의 경우, 반사면의 색깔과 표면 거칠기 및 외부 광선에 따른 영향을 쉽게 받기 때문에 LED를 펄스형으로 발광시켜 신호 전류의 변화분만을 교류 증폭하거나 광 차단 필터를 장착하여 배경광의 영향을 배제하여 원하는 특성을 확보한다.

포토 인터럽터의 응용분야로서는 복사기나 팩스기기와 같은 사무용 기기, 자판기 내부에서 물체 유무 판단, 가정과 사무실 및 공장 자동화, 최근 3-D 프린터의 프린팅 헤드의 정확한 위치 검출과 IP 카메라에서 카메라의 정확한 각도와 위치 검출 등 광범위하게 응용되고 있으며, 현용되고 있는 포토 인터럽터의 종류와 특성을 제시하면 표 7-5와 같다.

[표 7-5] 포토 인터럽터의 종류와 특성

특성인자		제품			
		EE-SX1140	VCNT2020	SIR-SD5	EE-SY171
광원	순방향 전압(V)	1.2	1.25	1.2	1.2
	순방향 전류(mA)	30	20	50	30
	피크 파장(nm)	940	940	940	940
	역방향 전류(μA)	〈 10	〈 10	〈 10	〈 10
광 센서	콜렉터 전류(mA)	〉 0.4	1.6	0.1	0.5
	에미터-콜렉터 전압(V)		〉 7	30	-
	콜렉터-에미터 암전류(nA)	2	1	100	2
	피크 파장(nm)	850	-	-	850
	CTR(%)	-	8	-	-
	상승/하강시간(μs)	4	10	30	30
	동작온도(℃)	-25~85	-25~85	-20~90	-40~85
	보관온도(℃)	-30~100	-25~85	-30~100	-40~85

※ 제품의 자세한 특성은 제품 사양서를 참고

4 광 센서 실험

4.1. CdS 센서: 광도전 효과

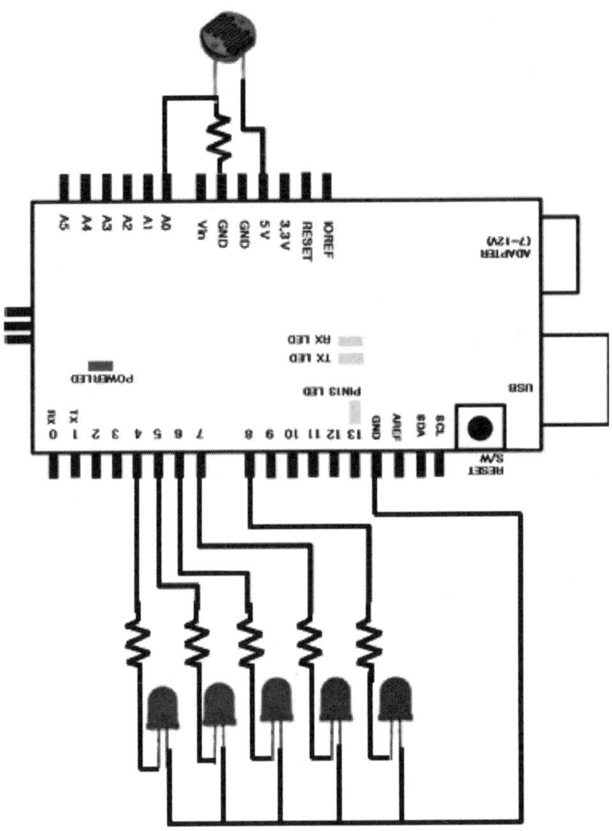

| 그림 7-46 | CdS 센서를 이용한 LED 발광조절모듈

```
int LEDPins[]={4,5,6,7,8};
float current_voltage = 0;
float prev_voltage = 0;

void setup()
{
 Serial.begin(9600);
 int k=sizeof(LEDPins)/sizeof(int);
 Serial.println(k);
 delay(1000);
 for (int i=0; i<k;i++)
 {
   pinMode(LEDPins[i],OUTPUT);
 }
}

void loop()
{
 int analogIn = analogRead(A0);  //A0 에서 읽은 값을 analogIn으로 저장
 Serial.println(analogIn);
 current_voltage=map(analogIn, 100, 900, 0, 5);
 Serial.println (current_voltage);//0~4번 LED까지 current_voltage를 모니터에 출력
 delay(10000);

 if (current_voltage!=prev_voltage)
  {
    prev_voltage = current_voltage;
    for (int i=0; i<current_voltage;i++)
    {
      digitalWrite(LEDPins[i],LOW);
      delay (1000);
    }
    for(int i=prev_voltage;i<5;i++)
    {
     digitalWrite(LEDPins[i], HIGH);
    }
  }
}
```

4.2. PIR 센서: 초전효과를 이용한 인체감지 센서

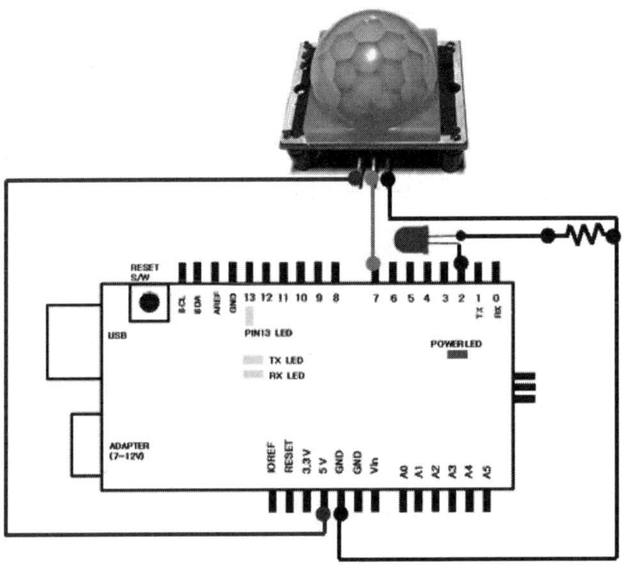

▌그림 7-47▐ CdS 센서를 이용한 LED 발광조절모듈

```
int valid = 0;
const byte PIR = 7;
const byte ACK = 2;

void setup()
{
 pinMode (PIR, INPUT);
 pinMode (ACK, OUTPUT);
 Serial.begin(9600);
}

void loop()
{
 valid=digitalRead(PIR);
 if (valid == HIGH)
```

```
  {
   digitalWrite (ACK, HIGH);
   Serial.println ("ACK = " +String (ACK));
  }
  else
  {
   digitalWrite(ACK,LOW);
  }
  delay(1000);
}
```

4.3. 복합 광 센서: 포토 인터럽터

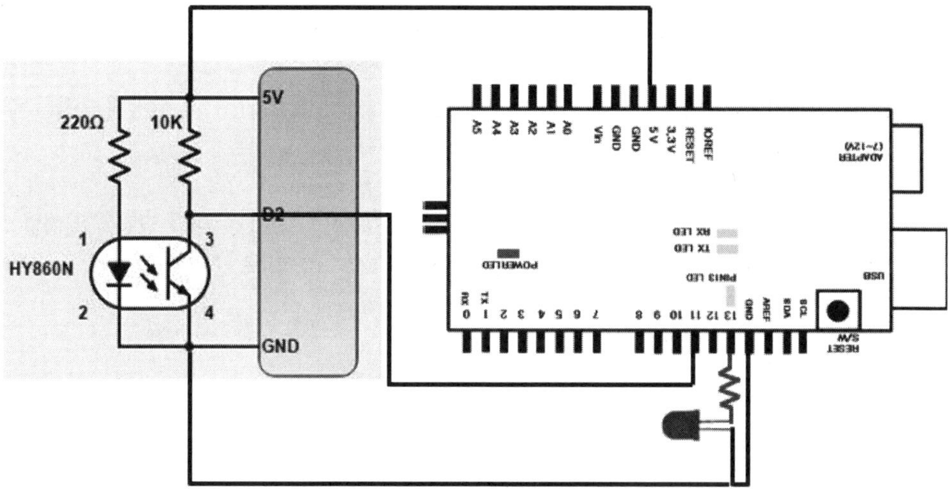

❙ 그림 7-48 ❙ CdS 센서를 이용한 LED 발광조절모듈

```
int value = 0;    //초기값 설정

void setup()
{
 Serial.begin(9600);         //시리얼 통신의 시작
 pinMode(11,INPUT);          //디지털 11번 핀을 입력으로 지정함
 pinMode(13,OUTPUT);         //디지털 13번 핀을 출력으로 지정함
}
void loop()
{
 value=digitalRead(11);   //11번 핀으로부터 입력되는 디지털값을 읽어들임
 int count = 0;           //지역변수로서 count를 0으로 설정함
 static int n;            //정적 지역변수로 정수형 변수 n을 정의함

 if(value==HIGH)          //value의 값이 HIGH와 같으면 아래의 명령을 실행
 {
  digitalWrite(13,HIGH);  //13번 핀의 출력을 HIGH (5V)로 출력
  n++;                    //n의 값을 1씩 증가시킴
  Serial.println("Total number of counts are " + String(n)); //전체 숫자를 출력
  delay(1000);            //1 초간 대기함
 }
 else                      //value값이 HIGH가 아닌 경우, 아래의 명령을 실행함
 digitalWrite(13,LOW);    //13번 핀의 출력을 LOW (0 V)로 출력함
}
```

참고문헌

1. 정용택, 센서 물리학 개론, 홍릉과학출판사, 2013.

2. R. Eisberg and R. Resnick, *Quantum Physics of atoms, molecules, solids, nuclei, and particles, chapter 1*, John Wiley and Sons, 2nd Ediction, 1974.

3. 성영권, 물성공학, 보성문화사, 1983.

4. S.Middelhoek and S.A. Audet, *Silicon Sensors*, Academic Press Limited, 1989.

5. 민남기, 센서공학입문, 동일출판사, 2013.

6. J.Fraden, AIP *Handbook of mordern sensors:physics, designs and applications*, American Institute of Physics, New York, 1993.

7. S.M. Sze, *Physics of semiconductor devices*, John and Wileys and Sons, Inc., 2nd edition, New York, 1981.

8. H.G. Park and S.H. Yi, "Analysis of output voltage properties of non-dispersive infrared gas sensors according to ambient temperatures", *J. Sens. Sci. Technol.*, Vol. 27, No. 5, pp.294-299 (2018).

9. S.H. Yi, "Temperature compensation methods of nondispersive infrared CO_2 gas sensor with dual ellipsoidal optical waveguide", *Sens. Mater.*, Vol.29, No.3, pp. 243-252, 2017.

10. J.M. Park, N.K. Min, S.Y. Kweon, and S.H. Yi, "Novel NDIR CO_2 sensor with two concave mirrors", presented in APCOT 2006, D-15, 2006.

11. https://www.infratec.eu/sensor-division/pyroelectric-detectors (retrieved on Feb. 03, 2021).

12. https://www.amphenol-sensors.co.kr, technical data

CHAPTER 08

가스 센서

인간의 오감인 시각, 청각, 촉각, 미각, 후각 중에서 후각 기능을 모사한 센서가 가스 센서이다. 인간의 후각기능은 다른 동물에 비해 열등한데, 개는 인간의 후각 기능을 담당하는 수용체의 몇 배를 갖고 있다. 이에 따라 인간이 느끼지 못하는 저 농도의 가스나 냄새를 구분할 수 있는 능력을 지녀, 마약 탐지, 재난지역에서의 인명 구조에 투입되고 있다. 또한 카나리아는 광산 지역에서 갱도내의 유해가스 혹은 가연성 가스탐지를 위해 동반되어 사고를 미연에 방지하고자 하였다. 이와 같이 냄새 혹은 가스의 감지는 가연성 혹은 유해성 가스누출에 의한 사고방지, 인명 구조와 호흡 여부의 판단, 독성 가스 누출 탐지 등 가정, 산업현장, 의료계 등에서 광범위하게 사용되고 있으며, 그 중요성과 응용성 또한 증대되고 있다.

본 장에서는 가스 센서의 종류와 이들의 가스검출 원리 그리고 가스가 갖고 있는 특징에 대해서 살펴보고, 주변 기술의 발전에 따른 이들의 변화와 응용 예들을 살펴봄으로써 가스 센서의 미래를 전망하고자 한다.

본 학습과정을 통해 다음과 같은 능력을 갖출 수 있을 것이다.

1. 가스의 종류와 특성 및 가스센서가 갖추어야 할 특징을 설명할 수 있다.

2. 반도체 방식, 접촉 연소식, 고체 전해질, 광학식 가스 센서의 구동원리를 설명할 수 있다.

3. 화학식 가스 센서와 물리적 방식의 가스 센서의 장 · 단점을 비교 설명할 수 있다.

1 가스 센서의 종류와 요구 특성

1.1. 가스의 종류

가스는 물리 · 화학적 특성에 따라 크게 세 가지로 분류할 수 있다. 가스가 존재하고 있는 상태에 따라 압축가스, 액화가스, 용해가스로 나눌 수 있으며, 연소성 유무에 따라서 가연성 가스, 조연성 가스, 불연성 가스로 나누어진다. 또한 독성여부에 따라 독성과 비독성 가스로 분류된다.

일상생활에서 접하게 되는 조리용 가스는 연소성 가스로서, 이들에는 수소, 암모니아, 프로판, 부탄, 아세틸렌 등이 있다. 가연성 가스는 공기 또는 산소등과 혼합하여 점화 시에 급격한 산화반응으로 열과 빛 에너지의 방출을 수반하여 연소를 일으키는 가스를 의미한다. 가연성 가스가 연소하려면 공기와 점화원 즉, 불씨가 있어야 하고, 공기와 혼합 시에도 어느 정도범위가 되어야 연소하는데, 이를 폭발하한선(LEL, Lower Explosive Limit)과 폭발상한선(UEL, Upper Explosive Limit)이라 한다. 다른 물질의 연소에 도움을 주는 가스를 조연성 가스라 하는데, 조연성 가스로는 산소, 공기, 염소가 대표적이며, 불연성 가스에는 질소, 이산화탄소, 알곤, 헬륨 가스를 들 수 있다.

또한 원자 및 가스 센서 표면의 산화와 환원반응의 측면에서 산화물 반도체 가스 센서 표면의 산화를 유도하는, 즉 가스 센서 자체가 전자를 잃는 혹은 산소 원자를 흡착하는, 가스를 산화성 가스라고 하며, 대표적으로 산소를 들 수 있다. 가스와 가스 센서 자체의 화학 반응에 의해 가스 센서 자체가 전자를 얻는 혹은 산소를 잃는 성질을 나타낼 때 환원성 가스라 하고, 대표적으로 일산화탄소를 들 수 있다.

1.2. 가스 상태 및 특성

가스는 주변 온도와 압력 및 광의 조사 등에 의해 그 물리·화학적 상태가 영향을 받는다. 이상적인 상태에서 이상기체는 무질서하게 움직이는 입자로 생각할 수 있고, 분자간에 작용하는 힘은 고려하지 않는 경우이다. 이상기체에서 분자간의 충돌은 탄성적이고, 온도가 높아지면 조연성 가스인 산소는 물질에 흡착(absorption)과 탈착(desorption)을 하며, 이산화탄소 가스와 같이 비대칭적 결합구조를 갖는 분자는 광의 흡수에 의해 특정한 진동모드에 있게 된다. 본 절에서는 주변 환경의 변화에 따른 가스의 상태와 특성에 대해서 살펴보도록 한다.

가스센서로 농도를 측정할 때 이상적인 가스 상태 방정식을 적용할 수 없으나, 실제 가스 상태를 근사화하여 표현할 수 있고, 이상 기체 상태방정식을 제시하면 식 (8.1)과 같다.

$$pV = nRT \tag{8.1}$$

여기서 p는 주변 압력 [Pa], V는 가스의 부피 [m^3], n은 가스의 농도 [mol], R은 가스 상수로서 $8.3145\,J/molK$, T는 절대온도 [K]를 의미한다.

식 (8.1)을 통해 주변 온도와 압력에 의한 가스 농도의 변화를 고려할 수 있으며, 가스 농도를 측정하기 위한 가스 챔버의 부피와 압력이 각각 일정한 경우, 온도와 압력의 변화에 따른 가스 농도를 살펴보면 다음과 같다. 일정한 온도에서 주변 압력이 증가하면, 일정한 체적을 지닌 공간 내에서 가스의 농도는 증가하는 상태로 측정된다. 또한 일정한 압력에서 온도가 증가하면 가스 농도는 희박한 상태로 측정됨으로 인해, 외부 환경의 변화에 대한 고려 및 보정이 필요하다. 표준 주변온도와 압력에서 가스의 밀도가 알려져 있다면, 식 (8.1)에 주어진 상태 방정식은 가스 분자의 밀도를 다음의 식 (8.2)에 의해 계산할 수 있다.

$$\rho(t,p) = \rho(298\,K, 1013\,hPa) \times \frac{p}{1013} \times \frac{298}{(273+t)} \tag{8.2}$$

ρ는 특정온도와 압력에서 가스의 체적 농도 [ppm or %], p는 분위기 압력 [hPa], t는 주변 온도 [℃]를 의미한다.

또한 혼합가스가 동일한 온도, 동일한 체적을 지닌 가스 챔버에 존재한다면, 이상 기체 상태방정식의 전체 압력은 각 가스의 부분압의 합으로 나타낼 수 있으며, 이를 제시하면 식 (8.3)과 같다.

$$p = (n_1 + n_2 + \cdots + n_n) \times \frac{RT}{V} \tag{8.3}$$

여기서 $n_1, n_2, n_3, \cdots n_n$은 n가지 가스의 농도를 의미한다.

적외선이 특정 가스에 조사되면, 가스 분자의 고유 진동수와 일치하는 특정 주파수의 광양자는 가스 분자에 의해 흡수되고, 에너지의 흡수에 의해 가스분자는 진동하게 된다. 광의 흡수와 진동은 가스분자의 분극 모멘트(dipole moment)의 변화를 유발하게 되고, 이는 가스 분자의 고유한 특성으로 물질의 분석에 이용된다.

광축에 대칭인 진동을 하는 분자들인 O_2, Cl_2, H_2 는 분극 중심의 변화가 없어 적외선을 흡수하지 않지만, H_2O와 같은 비대칭적인 물 분자는 마이크로웨이브(1 cm ~ 100 ㎛ 파장)를 흡수한다. 이로 인해 물 분자는 신장하며, 분자의 신장(molecular stretching)은 전하 중심의 변화를 유발하고, 특정 주파수에서 적외선을 흡수하여 회전운동을 하며, 쌍극자의 전계방향과 물 분자의 회전방향을 제시하면 그림 8-1과 같다.

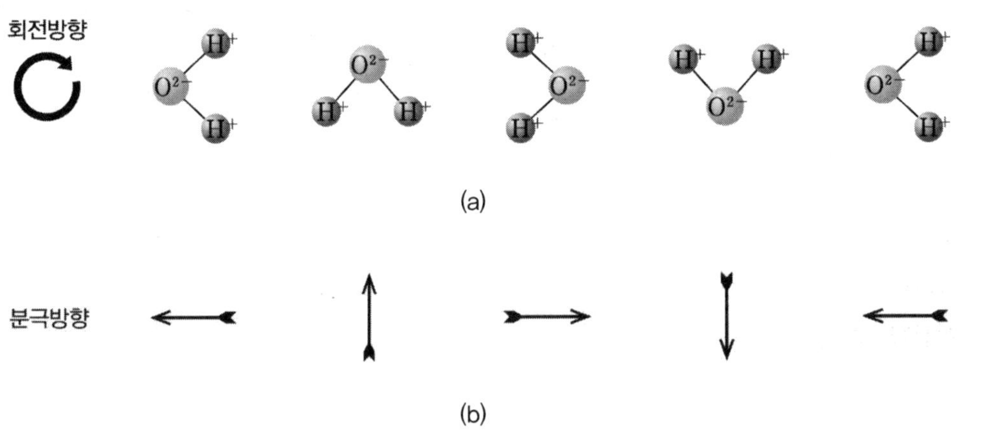

| 그림 8-1 | 적외선 흡수에 의한 물 분자의 특성: (a) 회전 방향 (b) 분극방향

1.3. 가스 센서의 종류

가스 센서의 종류는 표 8-1에 제시한 것과 같이 분류할 수 있는데, 이는 가스의 유무와 농도를 측정하기 위한 변환 원리의 관점에서 분류한 것으로 화학적 방법과 물리·화학적 방법의 가스센서로 구분된다. 또한 가스 센서를 구성하는 소자와 소재들 측면에서 건식과 습식 가스센서로 분류된다.

[표 8-1] 가스 센서의 분류 및 일반적 응용 예

대분류	중분류	재료 및 부품	대상 가스 및 농도	응용 예
화학적 방식	반도체 방식	ZnO, SnO_2, WO_3, ZnO 나노와이어, SnO_2 나노파티클 등	LPG, LNG, CO, H_2S, 알코올, NH_3 등	가스경보기, 가스차단기, 자동차, 알코올 센서
	접촉 연소식	Pt/Pd, 알루미나 기판, Pt-wire, Pt-paste	CH_4, C_2H_6, C_3H_8, C_4H_{10}, H_2, 등 가연성 가스	가스 차단기 가스 경보기등
	고체 전해질	안정화 지르코니아 PEM (Proton-exchange membrane)	산소 에탄올	배기가스 측정 음주 측정기
물리·화학적 방식	흡광식	광원, 빔 분광기, 적외선 센서 등	이원자 분자인 CO, HC 계열, H_2O, CO_2, HCl, SO_2, N_2O 등	가스 분석기
	형광식	광원, 광학필터, 슬릿, 광전자 증배관 등	NO, SO_2, C_2H_4, CO, O_3 등	가스 분석기
	화학 발광식	Cd/Zn 램프, 광전자 증배관 등	NO, SO_2, CO, O_3	가스 분석기

1.4. 가스 센서의 요구 특성

가스 센서는 가연성, 유독성 가스의 측정 및 생명 연장 활동의 모니터링을 위한 용도로 주택, 사무실, 반도체 공정라인, 자동차, 지하 매입식 가스배관, 의료기기 등 광범위한 용도로 사용되고 있기에 다음과 같은 특성들이 요구되고 있다.

❶ 고감도(high sensitivity): 유독성 가스의 경우, 저 농도에서도 인체에 치명적인 손상을 야기시키므로 미세한 누설 가스의 탐지에 효과적이어야 한다. 따라서 고감도 혹은 가스 분해능(resolution)이 우수해야 하는 특성이 요구된다,

❷ 고 신뢰성(high reliability): 인체 생명활동의 모니터링 용도 및 유독성 가스 측정을 위한 용도를 포함하여 측정의 정확성과 낮은 오차를 갖고 있어, 그 측정의 신뢰성이 높아야 한다.

❸ 선택성(selectivity): 가스 센서가 측정해야 할 가스들은 일부 의료용을 제외하고, 대기중에 노출된 상태에서 특정 대상 가스를 측정 분석해야 하는 상황에 직면한다. 따라서 가스 센서는 측정하고자 하는 가스만을 정확하게 선택하여 측정하고, 그 결과를 정확하게 제시해 주어야 한다. 측정 대상 가스를 타 가스에 비해 얼마나 정확하게 선별 측정할 수 있는지를 나타내는 것이 선택성이다.

❹ 저 경년변화(low aging or long-term stability): 화학식 가스 센서의 경우, 화학적 반응을 원활하게 하기 위해 가스 센서 자체에 내장된 발열체를 300 ~ 600 ℃ 가량 승온 동작시킨다. 주변 환경은 대상 가스만이 존재하는 것이 아니라, 혼합가스 상태이고, 필터링 부품을 가스 센서에 포함하지 않는 경우, 이 물질이 가스센서 표면에 흡착 및 부착되어 표면의 특성을 저하시킨다. 이로 인해 가스 반응에 따른 전기적 특성 변화를 유발시킨다. 이에 대한 대책을 강구하여 최소한 1년에서 2년간 사용해도 그 특성이 안정적인 상태를 확보할 수 있어야 하고, 시간의 경과에 따른 특성의 열화가 없거나 최소화해야 한다.

❺ 저 히스테리시스(low hysteresis): 화학식 가스 센서는 초기 상태에서 가스의 흡착(adsorption)과 화학 반응(chemical reacion)에 의한 전기저항 혹은 이온 농도의 변화 등이 유발되면, 가스 분자들이 표면에서 탈착(desorption)하는 것이 용이하지 않다. 이에 따라 초기 상태로 회복되는 것이 어렵고, 이로 인해 히스테리시스가 발생하여 측정 오차를 유발하게 된다. 따라서 화학반응을 이용한 가스 센서의 경우, 특히 히스테리시스가 낮은 특성을 갖도록 하는 재료 및 신호처리 과정에서의 대안이 요구된다.

❻ 주변 환경 변화에 둔감(온도 및 습도): 모든 센서는 주변 환경의 영향에 구속된다. 사계절의 변화가 대표적이며, 위치에 따라 고도의 변화에 의한 대기압의 변화도 센서 측정값의 신호처리 과정에 영향을 끼친다. 온도의 변화에 대한 사항은 동일

조건하에서 온도만을 변화시켜 보상을 할 수 있으나, 습도와 가스가 혼합되어 있는 자연적인 환경에서 습도의 변화에 따른 측정값의 보정 혹은 습도의 변화에 둔감한 가스 센서를 확보하는 것이 요구된다. 고습의 경우, 습기는 가스 센서 자체가 발열하는 특성을 저해시킬 수 있는 요인을 갖고 있기 때문이다.

❼ **경년변화에 따른 보정주기(long-term calibration period) 강화:** 가스 센서는 주변 환경에 의한 영향으로 습도, 혼합가스에 의한 물리·화학적인 흡·탈착 과정을 반복하는 과정에서 대상 가스를 측정한다. 따라서 가스 센서의 특성이 초기 제작 상태와 동일하게 반응하여 그 측정의 신뢰성을 유지시키기 위해 일정한 주기로 보상(compensation)과 보정(calibration)을 진행해야 한다. 그러나 잦은 보정은 측정의 신뢰성을 약화시키고, 측정 상태의 불안감을 초래할 수 있으므로, 가스 센서 자체의 보정 주기는 길어야 한다. 즉, 보정 없이 고 신뢰성을 확보할 수 있는 제품의 특성을 지니고 있어야 할 것을 요구한다.

2 반도체 방식 가스 센서

금속과 산소의 화학적 결합에 의한 세라믹 금속산화물 반도체 소재의 경우, 금속이온과 산소의 결합에 의한 산소이온의 결핍상태와 불순물 도핑 상태에 따라 n-형 세라믹 반도체와 p-형 세라믹 반도체 소재로 분류된다. 반도체 방식의 가스 센서는 모 재료인 금속산화물 반도체가 대기 중의 산소 및 반응가스와 결합에 의한 전기적인 특성(전기전도도, 접촉 전위 등) 변화를 이용한 센서를 말한다.

2.1. 반도체 방식의 원리

반도체 방식 가스 센서의 가스 검지 원리는 세라믹 반도체 표면 혹은 벌크(세라믹 반도체 내부)에서 가스의 흡착(adsorption)과 탈착(desorption)에 따른 전기전도도 변화를 이용한 것이다. 그림 8-2는 대표적인 후막형(thick film type) 세라믹 산화물 반도체 가스 센서의 구조를 나타낸 것으로, 절연 기판(알루미나) 상부(front side)에 세라믹 반도체 물질을 소결시켜 후막 혹은 박막 감응 물질을 형성하고, 기판 이면(back side)에는 기판을 가열하는 발열체(heater) 구조를 갖고 있다. 기판을 가열하는 발열체를 갖는 이유는 가스의 흡착과 탈착을 용이하게 하여 응답 속도를 향상시키고, 표면에 흡착된 이 물질의 제거를 통해 화학식 가스 센서의 특성 변화를 방지하기 위함이다.

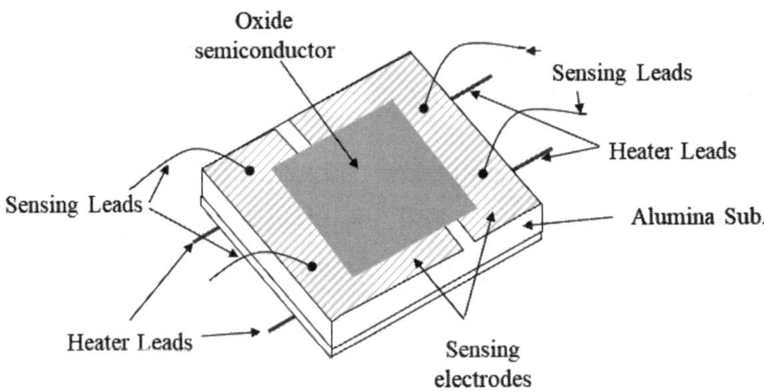

| 그림 8-2 | 세라믹 산화물 반도체 가스 센서의 구조(후막형 판상 구조)

한편 가스 반응이 일어나는 산화물 반도체는 다결정으로 결정립(grain)과 결정립 간 경계인 결정립 경계(grain boundary)에서의 전기전도도가 외부에서 측정되는 저항을 결정하게 된다. 즉, 결정립의 표면에 흡착된 산소원자의 전자 포획상태(O_2^-, O^-, O^{2-}) 및 산화물 반도체의 공간전하층(space charge layer)에서의 전자-정공의 상태에 따라 가스 센서 내부의 전기전도도는 변화하게 된다. 이런 과정을 설명하면 그림 8-3과 같다.

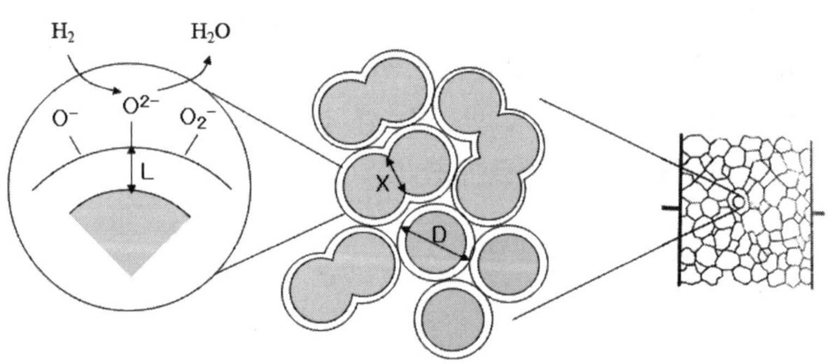

| 그림 8-3 | 산화물 반도체 가스 센서의 가스 흡착과 전기전도도 변화

그림 8-3의 좌측에서부터 설명하면, 대기 중의 산소를 물리화학적으로 흡착(산화)하여 산소 이온(O_2^-, O^-, O^{2-})을 형성함에 따라, 결정립 표면에 공간 전하층이 형성된다. 이러한 공간전하층의 형성은 결정립과 결정립 사이에 형성되어 전기전도도를 낮게 한다. 즉 저항이 큰 상태를 나타낸다. 그러나 수소분자와 같은 환원성 가스가 산소 이온들과 결합

하여 수증기의 형태로 산소원자가 탈착하면, 산소원자에 있던 전자(e)가 가스 센서 표면으로 이동(물질의 입장에서 전자를 얻게 되므로 환원됨)하고, 이에 따라 전자 농도(n)가 증가하고, 전기전도도(σ)는 증가하여 전체적인 소자의 저항값이 감소하게 된다. 즉, 식 (8.4)와 같은 화학반응을 통해 전자가 가스 센서에 제공되면, 전자의 농도가 증가하고, 따라서 식 (8.5)에 의해 전기전도도가 증가하여 가스센서의 저항을 감소시킨다.

$$H_2 + O^{2-} \rightarrow H_2O + 2e \tag{8.4}$$

$$\sigma = q\mu_e n \tag{8.5}$$

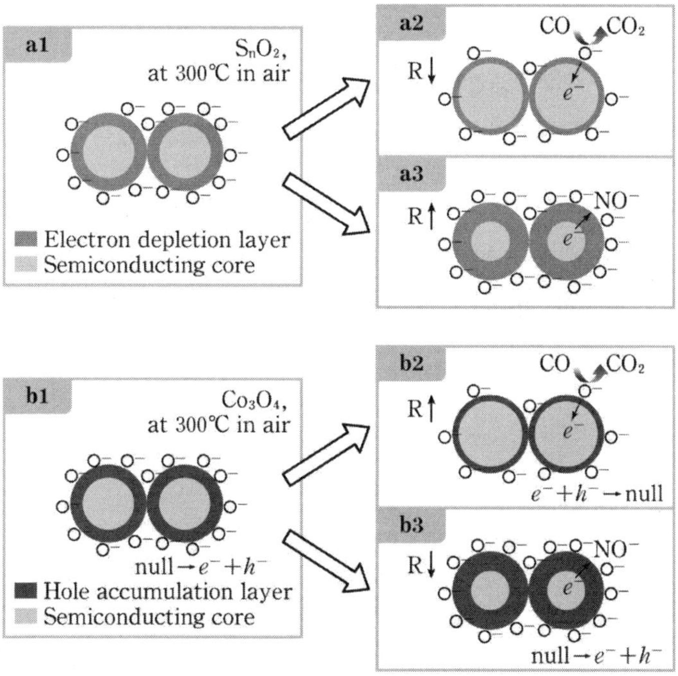

| 그림 8-4 | n-형과 p-형 산화물 반도체 가스 센서의 가스 반응 원리

또한 가스의 흡착성은 수소, 일산화탄소, 탄화수소(hydro-carbon, HC 계열)류 등의 환원성 가스에는 n-형 반도체인 SnO_2, ZnO, In_2O_3가 가스의 흡착성이 크고, 산소나 산화질소(NO) 등의 산화성 가스에는 p-형 반도체(Co_3O_4, CuO, NiO, Cr_2O_3)가 흡착성이 강한 것으로 알려져 있다. 여기서 환원성과 산화성이란 가스 센서의 표면에 흡착되어 있는 산소이온과의 화학적 결합 시, 센서 재료에 전자를 제공하는 경우 재료 자체가 전자를 얻는

경우가 되므로 환원성이라고 하고, 그 반대의 경우 산화성 가스라 한다. 이와 관련된 n-형과 p-형 산화물 반도체에서 환원성 가스와 산화성 가스의 반응에 의한 전기전도도 변화와 이로 인한 저항의 변화를 나타내면 그림 8-4와 같다.

세라믹 금속 산화물 반도체의 대기 상에서의 저항을 R_{air}라고 하면, 이는 산소가 가스 센서의 표면에 흡착되어 안정화된 상태에서의 저항이고, 예를 들어, n-형 산화물 반도체에 환원성 가스가 주입되었을 때의 저항을 R_{gas}라 하면, 이들 저항은 각 상태에서의 전기전도도에 비례하는 식 (8.6)으로 표현된다.

$$R_{air} = \frac{1}{\sigma_{air}}\frac{l}{A},\ R_{gas} = \frac{1}{\sigma_{gas}}\frac{l}{A} \tag{8.6}$$

여기서 $\sigma_{air}, \sigma_{gas}$는 각각 공기와 가스 중에서 반도체 가스 센서의 전기전도도를 의미하고, l은 반도체 센서의 전극간 거리, A는 반도체 센서의 단면적을 의미한다.

식 (8.6)에서 환원성 가스와의 반응에 의해 전기전도도(σ_{gas})가 증가하면, 저항은 감소하고, 가스의 농도에 대한 저항비로서 가스의 종류와 농도를 알 수 있게 된다. 즉, 온도와 습도 및 가스 농도에 따른 식 (8.7)을 통해 가스 농도와 종류를 산출하게 된다.

$$\frac{R_{gas}}{R_{air}} = \frac{\sigma_{air}}{\sigma_{gas}} \tag{8.7}$$

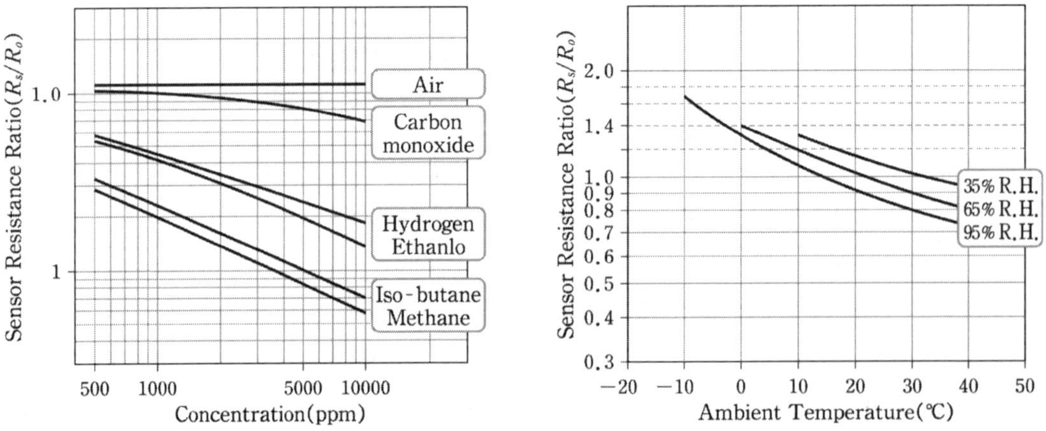

그림 8-5 TGS-842 메탄가스 센서의 감도와 온·습도 특성

그림 8-5는 TGS-842 메탄가스 센서의 감도와 온·습도에 따른 감도특성을 나타낸다. 그림에서 제시된 바와 같이 반도체 가스 센서는 일산화탄소, 수소, 에탄올 및 이소부탄에도 반응하고, 탄화수소계의 종류 및 농도에 따라 일정한 저항비를 나타내는 구간이 존재하고, 온·습도에 따라 상이한 감도 특성을 나타내고, 선택성 향상과 온도보정을 반드시 고려하여 응용되어야 한다.

2.2. MEMS 기술을 이용한 산화물 반도체 가스 센서

그림 8-2에 제시한 후막형 산화물 반도체 가스 센서는 열용량이 크고, 응답시간이 길고, 소비 전력이 큰 단점이 있다. 이런 결점을 보완하기 위해 실리콘 미세가공기술(silicon micromachining technology)에 의해 산화물 반도체 가스 센서가 개발되어 상용화되어 있으며, 그 단면 구조를 그림 8-6에 제시하였다.

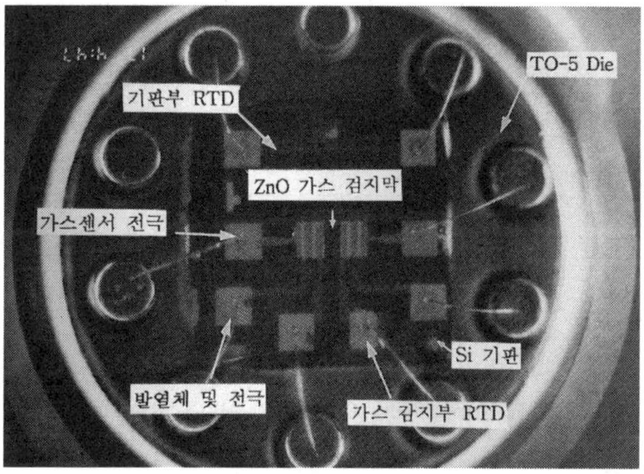

(a)

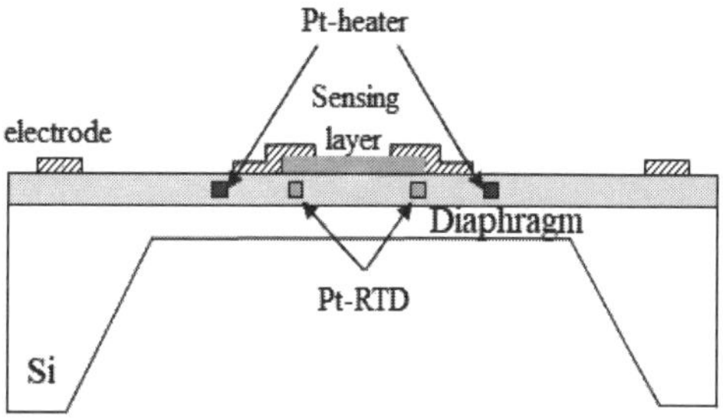

(b)

그림 8-6 실리콘 미세가공기술에 의한 산화물 반도체 가스 센서: (a) 표면사진 (b) 단면도

기존 세라믹 산화물 반도체 방식의 가스 센서에 사용되던 알루미나 기판은 열전도도가 작고, 기계적 강도가 높으며, 절연체인 산화막 혹은 산화막과 질화막의 조합으로 다이어프램을 제작함으로써 저전력화가 가능하도록 하였다. 또한 실리콘 반도체 공정기술을 이용하여 백금 박막의 증착과 패터닝 과정을 통해 발열체를 제작하고, 가스 감지막 근처에서의 온도를 측정하기 위한 백금 RTD(resistance temperature device) 온도 센서를 추가함으로써 가스 센서별 온도검출 및 제어 기능을 할 수 있도록 한 특징을 갖는 것이

실리콘 미세 가공기술을 이용한 산화물 반도체 가스센서의 특징이라고 할 수 있다.

한편 표 8-2는 상용화된 후막과 MEMS 기술을 이용한 산화물 반도체 가스 센서의 종류와 특징을 나타낸 것이다.

[표 8-2] 후막과 MEMS 기술을 채택한 산화물 반도체 가스 센서의 종류와 특성

센서	TGS842	MIX1003B	KGS 102	MICS-5914	MICS-VZ-89
대상가스	메탄	알코올	메탄	암모니아	VOCs
검출범위 [ppm]	500 ~ 10000	25 ~ 500	-	1 ~ 300	0 ~ 1000 ppb
전력소비 [mW][1]	835	〈 900	〈 800 ± 50	73	125
인가전압 [V]	5.0	5	5	2.2	3.3
전류 [mA]	-	-	160 ± 10	~ 30	-
히터 저항 [Ω]	30 ± 3.0	29 ± 3.0		72	-
응답시간 [s]	-		〈 5	-	-
$R_s(air)/R_s(gas)$		〉 5	〉 3		
동작습도 [%RH]	-	-	30 ~ 85	5 ~ 95	0 ~ 95
동작 온도 [℃]	-	-	-10 ~ 50	-30 ~ 85	0 ~ 50
보관온도 [℃]	-	-	-30 ~ 50	-40 ~ 120	-40 ~ 80

1. 최대 소비전력을 의미함.

2. TGS-피가로 센서, MIX1003-MIXSEN 전자, KGS102-Korea New Ceramics, MICS-5914-Amphenol sensing 제조 제품.

3 접촉 연소식

수소, 메탄, 프로판, 부탄 가스등의 가연성 가스는 연소시 다량의 열 에너지를 방출하며, 이런 연소성 가스와 농도를 검출하기 위해 접촉 연소식 가스 센서(catalytic combustion gas sensor)를 사용한다. 본 절에서는 접촉 연소식 가스 센서에 대해서 살펴본다.

3.1. 접촉 연소식 가스 센서의 가스 측정 원리

그림 8-7은 접촉 연소식 가스 센서의 구조를 나타내고 있으며, 이들 센서는 광산 갱도 내의 안정성 확보를 위한 메탄가스 검출용으로 사용되었다. 이 가스 센서는 백금 전선(4: 약 50 ㎛ 직경)에 Pt, Pd 촉매를 함유한 알루미나(Al_2O_3) 혹은 이산화토륨(ThO_2) 소결체(3)로 이루어져 있고, 연소성 가스의 폭발을 방지하기 위해 방폭 부재인 금속 망(2)과 캔(1)으로 외장화(Packaged) 되어있다.

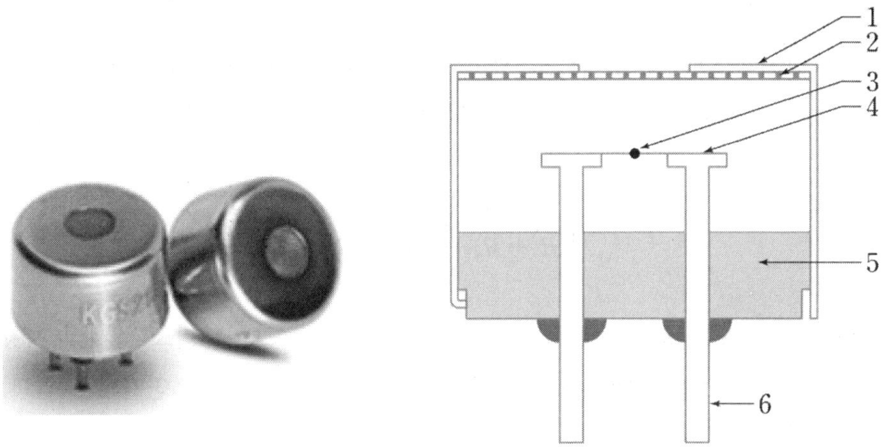

(a) (b)

| 그림 8-7 | 접촉 연소식 가스 센서의 사진과 구조: (a) 외형 사진 (b) 내부 구조

센서 내부에는 연소성 가스와 반응하는 센서와 연소성 가스와 반응하지 않는 보상용 소자가 직렬로 연결되어 있고, 이들 가스 센서는 통상적으로 약 500 ℃ 정도로 가열된 상태로 작동한다. 따라서 센서의 소비전력은 약 300 ~ 900 mW 범위로 고 소비전력의 센서라는 단점을 갖고 있으나, 수증기에 의한 영향을 받지 않는 장점을 지니고 있다.

접촉 연소식 가스센서는 그림 8-8에 제시한 저항형 휘스톤 브릿지 구조를 사용하여 가스 농도에 따른 출력전압을 측정하여 그 농도를 산출한다. 그림 8-8에서 보상용 센서(C)는 가스와 반응하지 않으며, 가스 센서(S)만이 가연성 가스와 연소반응을 하게 된다. 센서 표면에서 가연성 가스의 연소에 의한 반응열이 가스 센서에 전달되면, 알루미나 소결체 속의 백금 저항의 온도가 증가하고, 이로 인해 백금의 저항이 증가하여 그림 8-8의 브릿지 회로는 불평형 상태가 된다. 따라서 브릿지 회로는 가스의 종류와 농도에 따른 불평형 전압을 출력하고, 가스의 농도에 따른 불평형 전압간의 관계식을 도출하여 가스의 종류와 농도를 산출하게 된다.

그림 8-8에서 가스가 존재하지 않는 상태에서 브릿지 회로가 평형상태가 되도록 가변저항, V_R과 R_3, R_4 간의 저항값 조절을 통해 출력전압이 0이 되도록 한다. 즉, 가연성 가스가 존재하지 않는 평형인 상태에서의 조건은 아래의 식 (8.8)과 같다.

$$R_1 R_c = R_s R_2 \tag{8.8}$$

그러나 가연성 가스가 존재하여 이들의 연소열에 의해 센서의 백금저항이 변화하여 브릿지 회로가 불평형 상태가 되면, 출력전압(V_{out})은 식 (8.9)를 따르게 된다.

$$V_{out} = \left(\frac{R_s + \Delta R_s}{R_c + R_s + \Delta R_s} - \frac{R_1}{R_1 + R_2} \right) V_s \tag{8.9}$$

여기서 R_s는 가스 센서의 저항, R_c는 보상용 저항, ΔR_s는 가스 센서의 저항변화분, R_1, R_2는 반대편 브릿지 회로의 고정저항, V_s는 브릿지 회로에 인가되는 입력 전압을 의미한다.

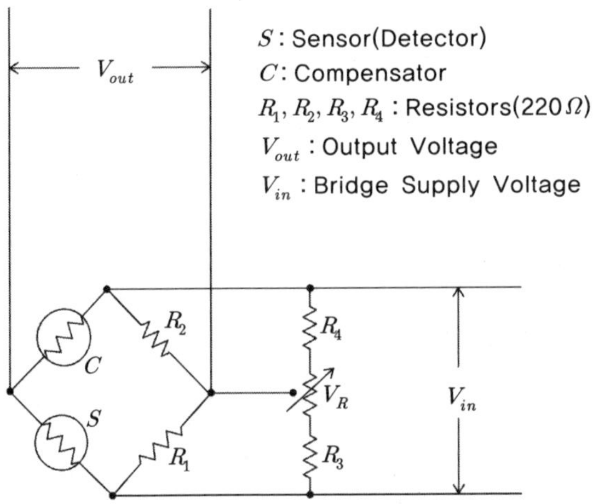

| 그림 8-8 | 가스 농도 측정을 위한 접촉 연소식 가스 센서의 브릿지 회로

식 (8.9)의 분모에서 ΔR_s의 크기는 R_1, R_2 아주 작으므로 무시할 수 있다. 따라서 식 (8.9)를 정리하면 다음과 같은 식 (8.10)의 첫 식이 되고, 브릿지 평형의 관계식 (8.8)을 적용하면 최종적인 식 (8.10)이 된다.

$$\begin{aligned} V_{out} &= \left(\frac{-R_1}{R_1+R_2} + \frac{R_s+\Delta R_s}{R_c+R_s} \right) V_s \\ &= \left(\frac{(R_1+R_2)\Delta R_s}{(R_1+R_2)(R_c+R_s)} \right) V_s = \left(\frac{\Delta R_s}{(R_c+R_s)} \right) V_s \end{aligned} \tag{8.10}$$

즉, 출력전압은 보상용 센서(C)와 가스센서(S) 전체 저항에 대한 가스센서 저항의 변화분의 비로서 주어지며, 가연성 가스 농도 x와 센서 R_s의 저항 증가 ΔR_s 사이에는 식 (8.11)의 관계가 있다.

$$\Delta R_s = \alpha \Delta T_s = \alpha \frac{H_c}{h} = \alpha k x \frac{Q}{h} \tag{8.11}$$

α는 백금 저항체의 온도-저항 계수, H_c는 연소 열량, h는 가스 센서의 열용량 (J/cm^{3}K), k는 센서의 촉매능으로 정해지는 상수, Q는 가연성 가스의 분자 연소열 (J/mol)을 의미한다.

따라서 접촉 연소식 가스 센서의 저항변화(ΔR_s)는 가스농도(x)와 검출하고자 하는 가스의 연소열(Q)과 가스 센서를 구성하는 물질 특성인자 (k, h)에 의해 정해짐을 알 수 있다.

한편 가스 종류와 농도에 따른 불평형 출력전압의 예를 제시하면 그림 8-9와 같다. 그림 8-9에 제시한 결과와 같이 휘스톤 브릿지 회로의 출력 전압(V_{out})이 작아 (약 50 ㎷ 이하), 이를 차동 증폭기를 통해 증폭하여 가스의 농도에 따른 출력전압을 제공한다. 또한 각 가스에 따른 출력곡선의 직진성과 기울기를 마이크로컨트롤러에 입력하여 가스의 종류와 농도 측정에 응용하게 된다.

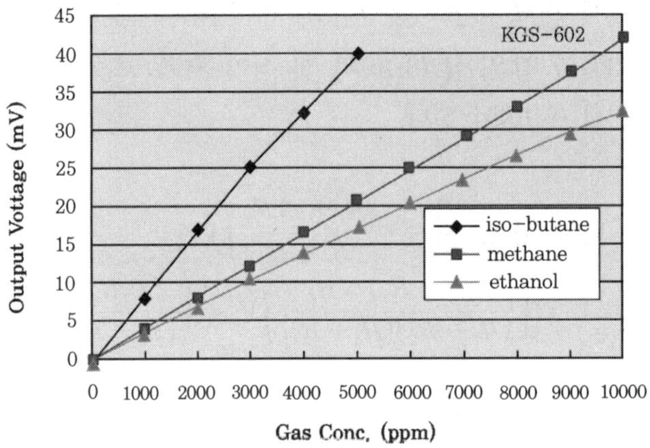

❙그림 8-9❙ 가스종류 및 농도에 따른 휘스톤 브릿지 출력전압

3.2. MEMS 기술을 이용한 접촉 연소식

자가 발전형 소형 센서 시스템에서 초소형, 저전력 가스 센서가 요구되고 있으며, 이런 요구에 부응한 센서가 마이크로마시닝 기술에 의해 개발 상용화되고 있는 상태이며, 이들에 대한 예를 제시하면 그림 8-10, 그림 8-11과 같다. 이들 MEMS 기술에 의한 접촉 연소식 가스센서는 마이크로 히터를 내장하고, 미세가공기술에 의해 네 개의 캔틸레버에 의해 공기 중에 부양되어 있는 다이어프램 상부에 가스 반응을 위한 선택적 나노 컬럼 혹은 나노 입자의 가스 반응용 후 · 박막층이 형성된 구조이다.

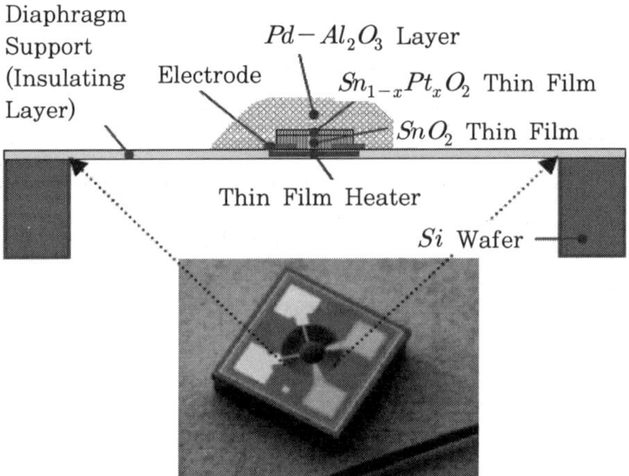

❙그림 8-10❙ MEMS 기술에 의한 접촉 연소식 메탄 가스 센서

그림 8-11은 휘스톤 브릿지 구조의 가스 센서를 실리콘 기판 상에 구현한 미세가공기술을 이용한 접촉 연소식 H_2 가스센서를 제시한 것이다. 반도체 공정기술과 미세가공기술을 적용하여 두 장의 마스크와 포토공정을 이용하여 제작하였으며, 전체 소자의 크기는 2.4 mm×2.4 mm이고, 소비전력은 55.68 mW, 20 ppm의 수소 가스를 측정할 수 있다.

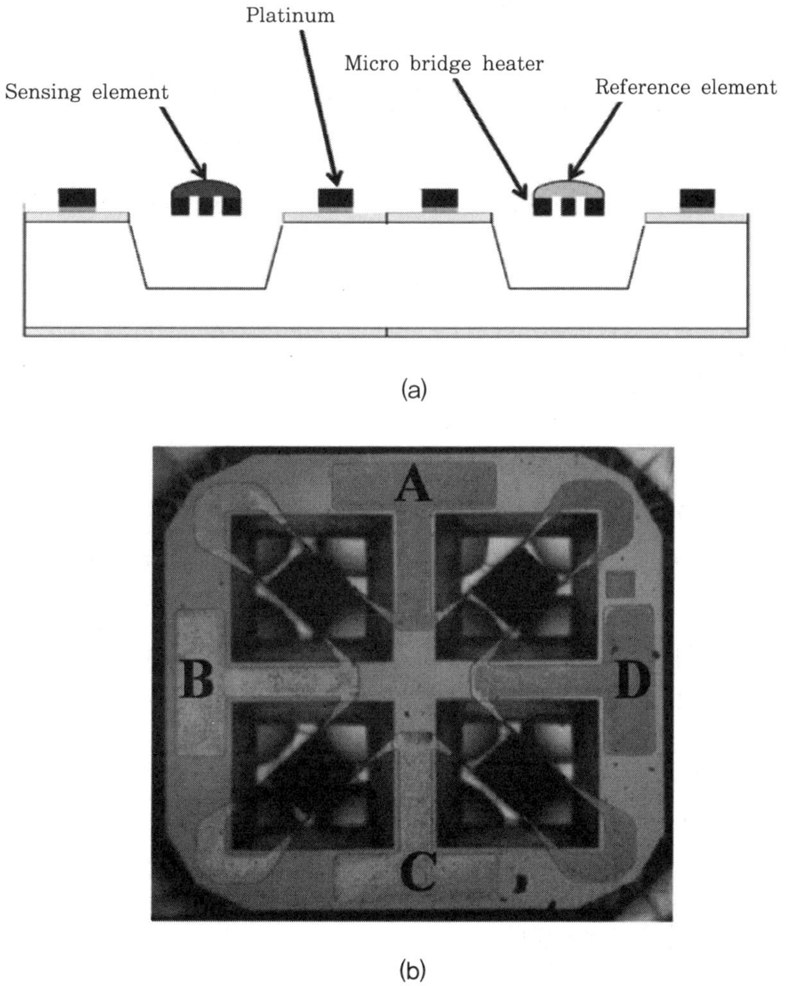

▌그림 8-11▐ 휘스톤 브릿지 구조를 갖는 미세가공기술에 의한 접촉연소식 가스 센서: (a) 단면도 (b) 제작된 센서의 사진(2.4 mm x 2.4 mm)

가스 센서가 공기 중에서의 출력전압을 V_{offset}이라하고, 가연성 가스가 존재할 때의 출력전압을 V_{output}이라하면, 이들 상태에 따른 전압변동, ΔV는 다음의 식 (8.12)로 표현되고, 이때의 저항변화는 식 (8.13)으로 표현된다.

$$\Delta V = V_{output} - V_{offset} = \left[\frac{\Delta R}{2(R_s + R_r)}\right] \times V_s \qquad (8.12)$$

$$\Delta R = \frac{\alpha \times x \times Q}{C} \qquad (8.13)$$

여기서 ΔR은 가연성 가스의 존재에 따른 히터의 저항변화, R_s, R_r은 센서의 저항과 보상용 센서의 저항, V_s는 인가전압, α는 백금의 온도-저항 계수, x은 가연성 가스의 농도, Q는 가연성 가스의 연소열(J/mol), C는 센서의 열 용량(J/cm^{3}K)을 의미한다.

4 고체 전해질 방식

일반적으로 물질은 전기전도도 혹은 에너지 밴드갭의 크기에 따라 절연체, 반도체, 도체로 분류한다. 상온에서는 절연체이지만 고온에서 이온의 이동에 따라 전도성을 나타내는 물질이 있고, 이때의 전도도는 거의 반도체와 유사한 상태를 보인다. 이런 물질을 고체 전해질(solid electrolyte)이라 부른다. 고체 전해질 센서 중 가장 대표적인 것이 지르코니아 혹은 안정화 지르코니아를 이용한 산소 센서(oxygen sensor)가 있으며, 이는 자동차 공연비 제어에 사용되고 있다. 또한 음주운전 여부를 판단하기 위한 알코올 센서도 고체전해질을 이용한다.

본 절에서는 산소 센서의 동작원리에 대해서 살펴본다.

4.1. 고체 전해질 산소 센서

그림 8-12는 자동차에 장착 사용되는 자동차 공연비제어를 위한 산소 센서를 제시한 것이다. 공연비 제어용 산소 센서는 점화 플러그처럼 자동차 배기가스 배출기에 부착되어, 그 출력전압의 크기에 따라 자동차 내부의 전자제어장치(ECU, Electronic Control Unit)에 의해 연료 분사 장치를 제어함으로써 공기와 연료의 비를 제어하기 위해 사용된다.

그림 8-12에 제시한 산소센서 내부의 몸체는 산화이트륨을 약 8 mol% 정도 함유한 안

정화 지르코니아(YSZ, Yittria stabilized Zirconia)를 사용하고 있다. 그림 8-13과 같이 배기가스와 접촉하는 면과 대기 중의 산소와 접촉하는 면은 백금 전극으로 덮여 있다. 전극의 표면은 세라믹 코팅으로 백금 전극을 보호하는 구조로 되어있으며, 금속 캡 안쪽의 안정화 지르코니움이 배기가스에 노출되어 배기가스 내부의 산소 농도를 측정하게 된다.

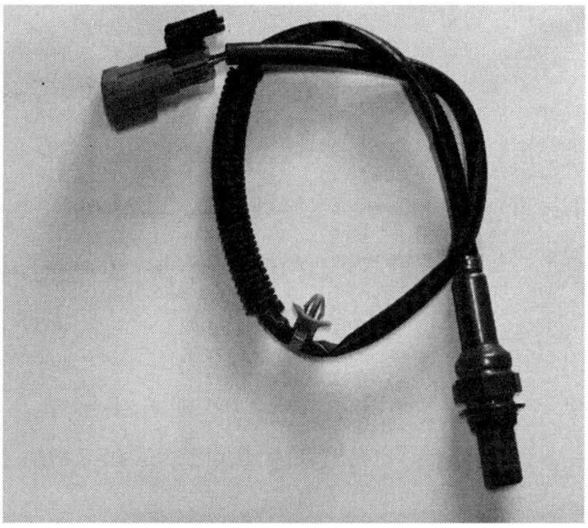

▌그림 8-12▐ 공연비 제어용 산소 센서

4.2. 고체 전해질 산소 센서의 동작원리

자동차 배기가스는 산소분압이 낮은 상태이고, 대기는 산소의 분압이 높은 상태이다. 산소분압이 높은 쪽에서 낮은 쪽으로 산소이온이 이동하여 안정화지르코니아는 전도체가 되는데, 산소의 분압이 낮은 배기가스 내(경계면 Ⅰ)에서 산소 센서의 표면에서는 식 (8.14)의 반응이 일어난다. 이때 발생된 전자는 산소 농도가 높은 쪽으로 이동하게 된다.

$$2O^{2-} \rightarrow O_2(p_1) + 4e \qquad (8.14)$$

또한 산소 농도가 높은 대기 중(경계면 Ⅱ)에서는 산소 분자가 500℃ 이상으로 가열된 백금 전극표면에서 이동해온 전자를 얻어 산소 이온이 되고(식 (8.15)), 이 산소이온들이 저농도의 배기가스내로 이동하게 된다.

$$O_2(p_2) + 4e \rightarrow 2O^{2-} \qquad (8.15)$$

이런 화학 반응은 대기 중과 배기가스 내에서 일어나고, 이들의 상태와 연관된 산소 센서의 구조를 제시하면 그림 8-13과 같다. 따라서 산소 분압이 낮은 경계면 Ⅰ은 전자의 축적이 일어나고, 산소 분압이 높은 경계면 Ⅱ는 상대적으로 높은 전압 상태가 된다. 경계면에서 전체적으로 화학적인 평형상태를 유지하고, 온도의 변화가 없는 경우, 발생된 기전력(electromotive force)은 식 (8.16)을 따른다.

$$E_{emf}=\left(\frac{RT}{4F}\right)\ln\left(\frac{p_2}{p_1}\right) \tag{8.16}$$

여기서 R은 기체상수 8.3145 J/(mol · K), T는 산소센서가 위치한 분위기의 절대온도 [K], F는 페러데이 상수로서 9.64867×10^4 C/mol, p_2 대기 중의 산소 부분압 [Pa], p_1은 배기가스 상태에서의 산소 부분압 [Pa]을 나타낸다.

따라서 기지의 대기 중 산소 분압을 기준으로 배기가스 혹은 특정 환경 하에서 산소의 분압은 식 (8.16)으로 주어지는 Nernst 방정식을 통해 구할 수 있다.

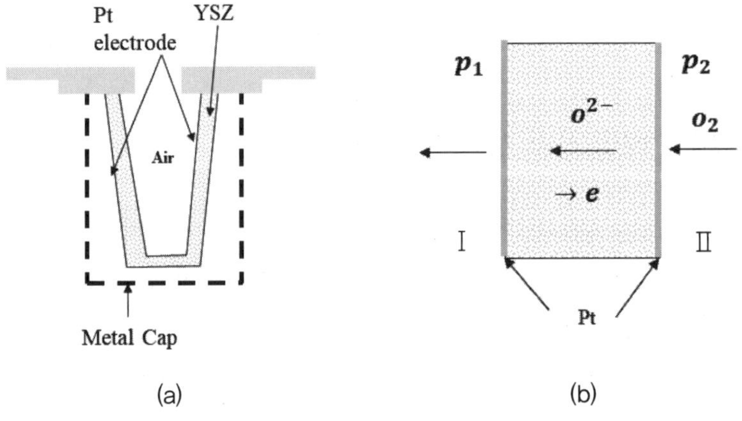

그림 8-13 산소 센서의 단면도: (a) 전체 단면도 (b) YSZ 단면도

5 광학식 가스 센서

5.1. 광학식 가스 센서의 종류

전자기파인 빛을 가스 분자에 조사하면 가스 분자는 빛이 갖고 있는 광양자(photon) 에너지를 흡수하여 높은 에너지 상태로 여기하거나, 가스 분자의 진동 혹은 회전 운동을 야기한다. 이러한 빛 에너지에 의한 분자와 분자를 구성하는 원자와 전자의 운동 에너지 변화에 기초한 가스 센서를 광학식 가스 센서라 한다.

광학식으로 가스의 농도를 정량 분석하는 방법에는 흡광식, 형광식, 화학 발광식으로 분류할 수 있다. 이들의 분류는 입사광과 측정 대상 가스의 물리 · 화학적 반응과 그에 따른 매질(공기, 용액 중) 내에서의 가스 분자의 거동에 따른 것이다. 전술한 화학식 가스 센서(반도체, 접촉 연소식, 고체 전해질)와 비교하면 광학성 가스 센서는 선택성이 우수하고, 장시간 센서의 보정이 불필요하며, 오프셋이나 센서의 드리프트가 작은 특징을 지닌다.

흡광식은 두 개의 원자를 갖는 가스에 적외선을 조사했을 때 나타나는 가스의 적외선 흡수 특성을 이용한 방식으로 측정 대상가스에 적외선을 조사하는 방법에 따라 분산식과 비분산 적외선 방식으로 구분된다. 분산식은 분광기로 적외선을 분산하고, 분산된 단색광을 시료에 조사하여 흡광 스펙트럼을 작성하여 정량분석하거나 물질의 분자 구조의 결정에 사용하는 방식이다. 비분산식은 조사광의 스펙트럼은 광대역으로 하고, 검출기에 필터를 장착하여 특정 파장에 대한 선택성을 갖게 한 방식으로 가스 분석기와 이산화탄소 측정에 주로 응용되는 방식이다.

형광식은 고에너지를 갖는 자외선을 대상 가스에 조사하여 기저 상태에서 여기 상태로 천이된 가스가 인접한 분자 혹은 원자와 충돌을 통해 방출되는 형광의 스펙트럼 분석을 통해 정량, 정성분석 하는 방법이다. 이 방법은 흡광 분석법에 비해 10 ~ 1000배 정도의 감도로 측정이 가능하고 선택성이 우수한 장점을 지니고 있다.

한편 화학 발광식 가스 센서는 대기 오염 발생원인 CO, NO, SO_2의 측정에 이용하는 방식으로 오존을 인위적을 발생시키고, 발생된 오존과 측정 대상가스의 화학적 반응을 먼저 야기시킨 후, 화학적 반응이 완료된 안정화된 가스 분자가 되는 과정에서 방출한 스펙트럼의 정성 · 정량 분석을 통해 가스 농도를 측정하는 방식이다.

본 절에서는 흡광식 가스 센서 중 비분산 적외선 가스 센서에 대해 주로 살펴보고자 한다.

5.2. 비분산 적외선 가스 센서의 구성과 측정 원리

그림 8-14는 비분산 적외선 가스 센서의 구성과 가스 측정 원리를 나타낸 것이다. 비분산 적외선 가스 센서는 구동과 측정 회로부를 제외하면 광원, 광학적 구조물과 적외선 센서 세 가지로 구성된다. 적외선 광원은 적외선 램프, 적외선 다이오드나 마이크로 머시닝 기술을 이용하여 제작한 흑체가 사용되고 있다. 적외선을 검출하는 소자로서 통상적으로 써모파일 센서나 초전형 적외선 센서 혹은 가변 파장형으로 FPI(Fabry-Perot Interferometer)가 장착된 초전형 센서가 사용되고 있다. 측정 대상 가스를 설정하기 위해 적외선 센서 앞에 광학식 협대역 적외선 필터(optical narrow bandpass filter)를 캔형(can type) 패키지 안에 장착하여 사용하고 있다.

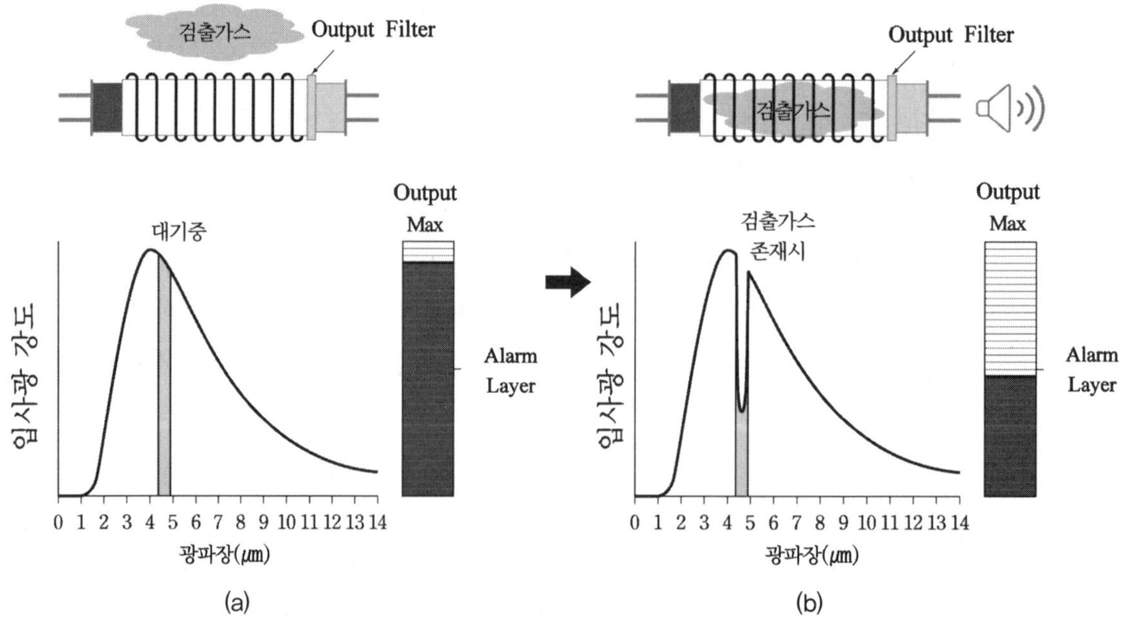

그림 8-14 비분산 적외선 가스 센서의 구성과 측정 원리

그림 8-14는 이산화탄소 측정용 비분산 적외선 가스센서를 예로써 제시한 것인데, 그림 8-14 (a)에서와 같이 대상 가스가 가스센서 내부에 존재하지 않는 경우, 광원에서 방출된 연속적인 스펙트럼을 갖는 적외선 중 광학적 필터의 통과대역에 해당하는 스펙트

럼만 적외선 센서에 흡수되어 최대 출력을 나타낸다. 그러나 대상 가스가 광학적 구조물 내부에 존재하는 경우, 이들 가스 분자는 적외선을 흡수함에 따라 적외선 센서에 도달하는 적외선의 에너지를 감소시킨다. 이로 인해 적외선 센서의 출력은 감소하게 된다. 이때 적외선 센서의 출력은 통상적으로 Beer-Lambert 식 (8.17)을 따르고, 적외선 센서의 출력 전압식을 고려하면 식 (8.18)로 제시된다.

$$I_d = I_o \exp(-\alpha x l) \tag{8.17}$$

$$V_{out}(x,T) = V_{offset}(x,T) + V_{gas}(x,T)\exp(-axl) \tag{8.18}$$

식 (8.17)과 (8.18)에서 I_o, I_d는 입사광의 에너지와 센서에서 흡수되는 광 에너지, α는 가스 분자의 광 흡수계수, x는 가스 농도, l은 평균 광 경로의 길이, $V_{out}(x, T)$ 적외선 센서의 가스 농도와 온도에 따른 출력 전압, V_{offset}은 협대역 필터의 광학적 특성을 반영한 옵셋 전압, V_{gas}는 가스의 흡수파장과 연관된 가스 농도와 온도 의존성 출력전압을 의미한다.

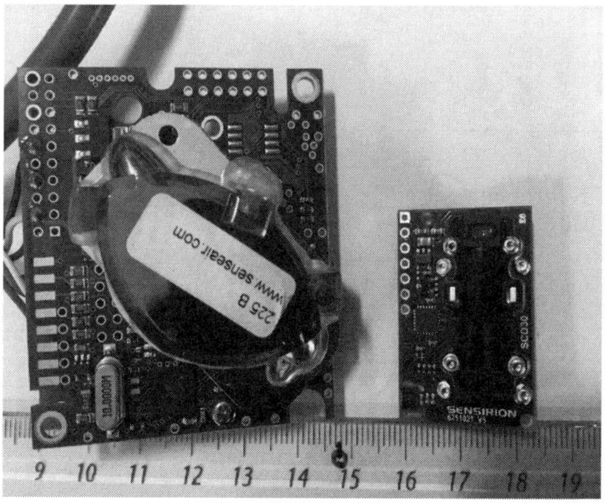

| 그림 8-15 | 비분산 적외선 이산화탄소 가스 센서

그림 8-15는 상용화된 비분산 적외선 이산화탄소 가스 센서 들이다. 좌측의 센서는 광원으로서 적외선 램프를 사용하고, 적외선 센서로서 써모파일 센서를 사용하였다. 광학적 구조물로는 세 개의 서로 다른 오목 반사경을 이용한 구조를 갖고 있다. 오른쪽의 센서는

양자우물 구조를 이용한 센서로서, 기준 센서(흡수파장 3.91 ㎛)와 이산화탄소(4.26 ㎛) 센서 및 온·습도 복합 센서 모듈로서 내부에 마이크로컨트롤러를 내장하여 디지털 출력 신호를 제공하고 있다.

[표 8-3] 측정 대상가스와 적외선 흡수 파장

대상가스	H_2O	CO_2	CO	CH_4	NO	C_2H_5OH	NO_2	C_2H_4
흡수파장 [㎛]	1.4 1.9 2.7	2.69 4.26	4.67	3.31 7.63	5.33	3.45 9.35	6.18	10.5

표 8-3은 각종 측정 대상가스와 이들의 적외선 흡수 파장을 나타낸다. 적외선이 대기 중에 흡수되지 않는 파장은 3.91 ㎛ 이기에 대부분의 비분산 적외선 가스 센서는 이 파장을 중심 파장으로 갖는 적외선 센서를 기준 센서로 사용하여 보상과 가스 농도의 측정에 응용하고 있다. 이산화탄소 센서의 경우, 중심 파장을 2.69 ㎛로 한 센서의 경우, 광원으로 적외선 램프나 LED를 사용할 수 있으며, 4.26 ㎛를 중심파장으로 응용하는 경우, 이를 중심으로 ±90 nm 폭을 갖는 협대역 필터를 사용하여 이산화탄소 센서를 제작하고 있다.

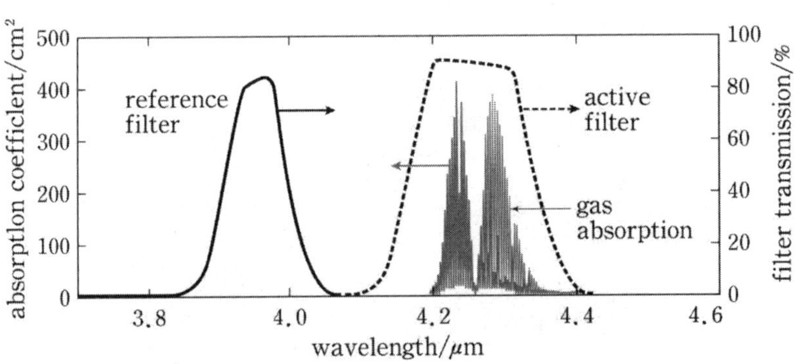

▌그림 8-16▐ 기준 적외선 센서와 이산화탄소 센서의 적외선 투과도

그림 8-16은 적외선 기준 센서와 이산화탄소 센서의 파장에 따른 적외선 투과도를 나타낸 것이다. 기준 센서의 경우, 3.91 ㎛를 중심 파장으로 약 ±100 nm 대역폭을 갖고 있다. 이산화탄소 가스의 흡수 스펙트럼은 약 4.2 ㎛에서 4.35 ㎛ 영역까지 이름을 알 수 있다. 흡수도가 파장에 의존함을 알 수 있다. 따라서 4.2 ㎛ ± 90 nm의 협대역 투과성을

갖는 적외선 센서의 경우, 식 (8.18)에 제시한 것 같이 필터의 특성과 이산화탄소 가스의 흡수 특성이 반영된 출력전압 특성을 갖는다.

화학식 가스 센서에 비해 광학적 방식의 가스센서가 갖는 장점은 센서 표면에서 화학적 반응에 의한 전기전도도 변화 방식이 아닌 물리적 광 에너지 흡수에 따른 적외선 센서의 출력 전압변화를 이용한다는 것이다. 따라서 센서 자체의 오염이 없고, 센서 표면의 오염과 이에 따른 경년변화가 화학식 가스 센서에 비해 현저히 작고, 수 개월에 한 번씩 진행해야 하는 가스센서 자체의 보정을 할 필요가 없다는 것이다. 그러나 가스센서 뿐만 아니라 모든 센서가 정확성을 갖기 위해 수행되어야 하는 온도, 습도 및 압력의 변화에 따른 센서 출력변화에 대한 자료를 확보하고, 이에 대한 반영을 프로그램상으로 수행함으로써 정확성과 경년변화에 대한 보정을 스스로 할 수 있는 센서의 구현이 가능하다. 특히 이산화탄소 가스 센서의 경우, 대기상의 이산화탄소 농도는 거의 변함없이 350 ppm 정도를 나타내기 때문에 주기적으로 대기 상태로 센서를 방치함으로써 자체 보정할 수 있도록 할 수 있는 특징을 지닌다.

한편 그림 8-17과 그림 8-18은 비분산 적외선 이산화탄소 가스 센서의 모델링과 회로부를 제시한 것이다. 광원에서 조사된 적외선이 광 도파관 내부에서 몇 차례 반사를 한 후, 약 78 cm 정도 이동한 후, 이산화탄소 가스 센서와 기준 적외선 센서에 도달한다. 또한 모델링 결과를 토대로 제작될 부품의 조립도는 그림 8-17의 (b)에 제시되었고, 광원의 조절과 센서에서의 출력신호의 디지털 신호화 과정, 증폭 및 마이크로컨트롤러에서의 연산과 디지털 출력의 아날로그화를 통한 통신부분까지를 포함한 전체 회로도 및 블록 다이어그램이 그림 8-18 이다.

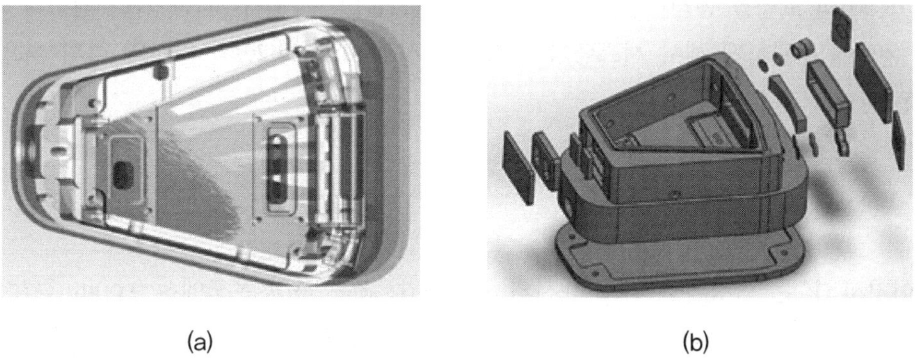

(a) (b)

┃그림 8-17┃ 비분산 적외선 가스 센서 모델링: (a) 광 경로 (b) 각종 구성품 조립도

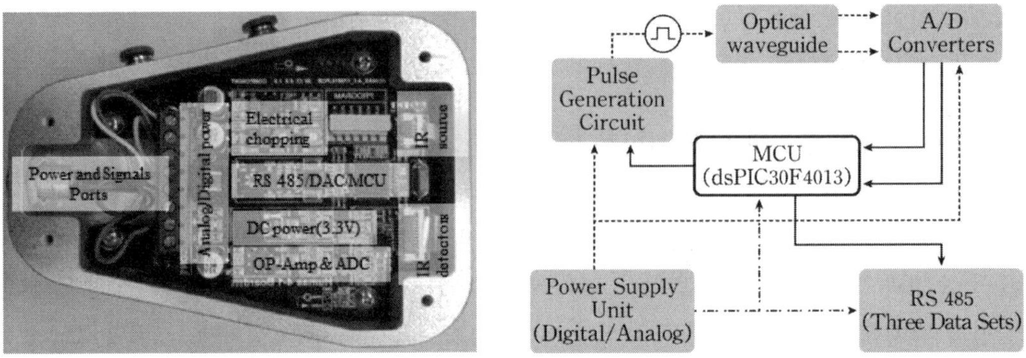

(a) (b)

┃그림 8-18┃ 비분산 적외선 가스센서 회로부: (a) PCB (b) 블록 다이어그램

모의해석을 토대로 광 도파관에서의 광 경로가 단일하다고 가정하여 측정한 결과를 회귀분석하면 식 (8.18)과 유사한 형태의 출력식이 도출되지 않고, 식 (8.19)와 그림 8-19와 같이 분석된다. 이러한 결과는 하나의 광 도파관에서 평균적으로 두 가지 이상의 광 경로를 갖고 있음을 고려할 수 있다.

$$V_{out} = V_o + V_1 \exp(-\alpha x l_1) + V_2 \exp(-\alpha x l_2) \tag{8.19}$$

여기서 V_o, V_1, V_2는 필터와 가스 흡수에 따른 옵셋 전압, α는 가스의 흡수계수, l_1, l_2는 서로 다른 두 광 경로를 의미한다.

따라서 정확한 가스 농도를 예측하기 위한 알고리즘을 확립하기 위해 흡광도(F_a)라는 식 (8.20)의 도입을 통해 가스 농도 측정 오차를 줄일 수 있다. 기준 가스 센서의 출력값을 온도에 무관하게 센서 시스템의 출력을 설정하면 식 (8.20)의 마지막 항의 식으로 표현된다.

$$F_a = 1 - \frac{V_o}{Z V_r} = 1 - \frac{V_o}{V_{0,\,ppm}} \tag{8-20}$$

여기서 V_o는 측정대상 가스 센서의 출력전압, Z는 특정 온도에서 0 ppm 전압하에서 대상 가스 센서의 출력전압과 기준 가스 센서의 출력 전압비, V_r은 기준 가스 센서의 출력 전압, $V_{0,\,ppm}$은 0 ppm일 때의 측정 대상 가스 센서의 출력전압을 의미한다.

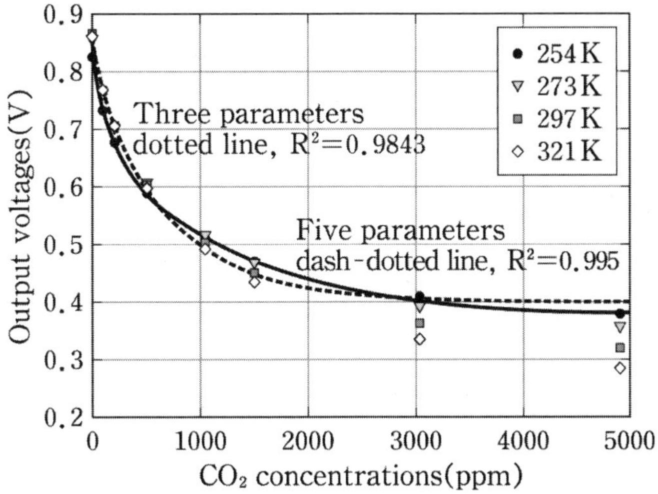

▌그림 8-19▐ 이산화탄소 가스농도에 따른 출력전압 의존성

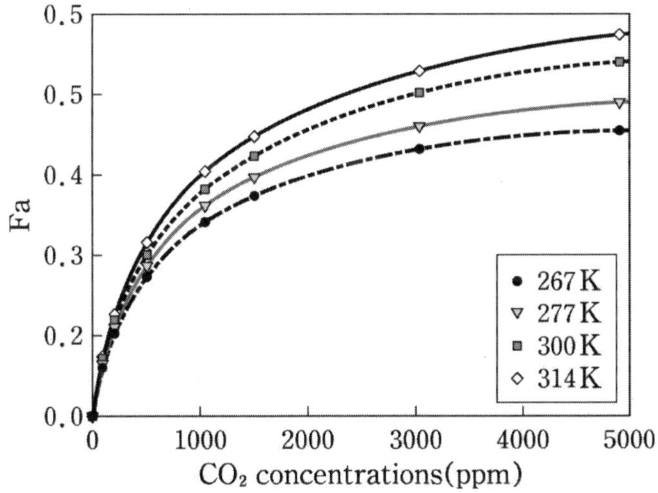

▌그림 8-20▐ 흡광도의 가스 농도와 분위기 온도 의존성

그림 8-20은 온도와 가스 농도의 변화에 따른 흡광도를 제시한 것이다. 온도가 증가하고, 가스 농도가 증가함에 따라 흡광도는 증가하는 양상을 나타내고 있음을 알 수 있다. 흡광도와 흡광도의 미분의 온도 및 가스 의존성 고찰을 통해 식 (8.19)에서 논의된 두 개의 지수 함수적 출력 오차를 작게 하면서 하나의 지수함수로 표현하여 농도를 유추하는 것이 가능해진다.

그림 8-21은 기준 가스 센서의 출력전압과 이산화탄소 가스 센서의 출력을 차동 증폭한 전압의 가스 농도와 주변 온도 의존성을 나타낸 것이다. 온도가 증가할수록 초기 전압은 증가하고, 가스 농도가 증가할수록 초기 전압과의 편차는 증가하는 특성을 나타낸다. 이러한 출력 특성을 기반으로 가스 농도를 전술한 식 (8.18)을 통하여 도출하면 식 (8.21)로 나타낼 수 있다.

$$x(ppm) = \frac{\ln([V_{out}(T,x) - V_{offset}(T)]/V_{gas}(t))}{-\beta(T)} \tag{8.21}$$

여기서 $\beta(T)$는 온도에 따른 가스의 흡수계수와 광 경로의 곱으로 주어지는 함수를 의미한다.

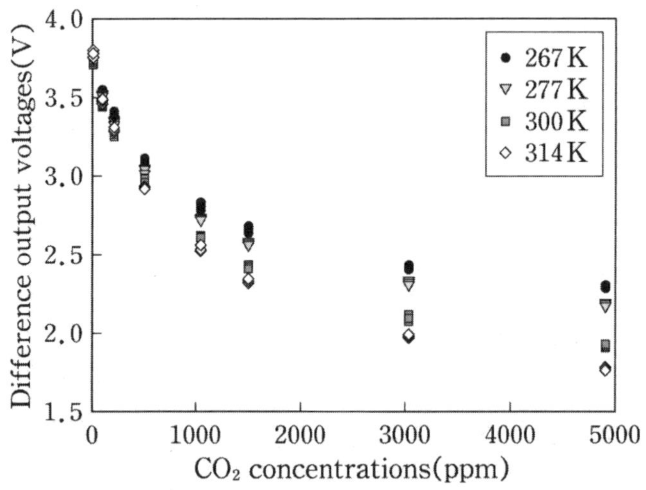

▎그림 8-21▕ 차동증폭 전압의 가스 농도 의존성

5.3. 비분산 적외선 가스 센서의 종류 및 특성

현재까지 알려진 비분산 적외선 가스 센서는 크게 두 가지로 양자점(Quantum dots)과 양자우물(quantum well) 구조를 이용한 광원과 광 다이오드로 구성된 센서와 연속 광원을 사용하고 협대역 필터 혹은 가변 파장형 필터인 Fabry-Perot filter 방식으로 나눌 수 있다. 여기서 연속광과 협대역 필터를 지닌 구조는 5.2. 절에서 제시한 가스 센서에 해당

한다.

양자소자(Quantum device)를 이용한 적외선 가스 센서는 광원으로서 GaAs 기판에 InAsSb 다중양자 우물형 LED 제조기술을 적용하여 3 ~ 5 ㎛ 사이에서 최대 피크 파장을 가변할 수 있는 구조로 되어 있으며, 전압 2.0 ± 0.2 V, 전류 100 mA에서 구동된다. 한편 수광 센서는 광 다이오드와 같은 구조를 갖고 있다. 전압을 인가하지 않은 상태에서 입사되는 광으로부터 광전류 혹은 광기전력을 측정하는 방식으로, 이들의 구조와 특성을 제시하면 그림 8-22와 같다.

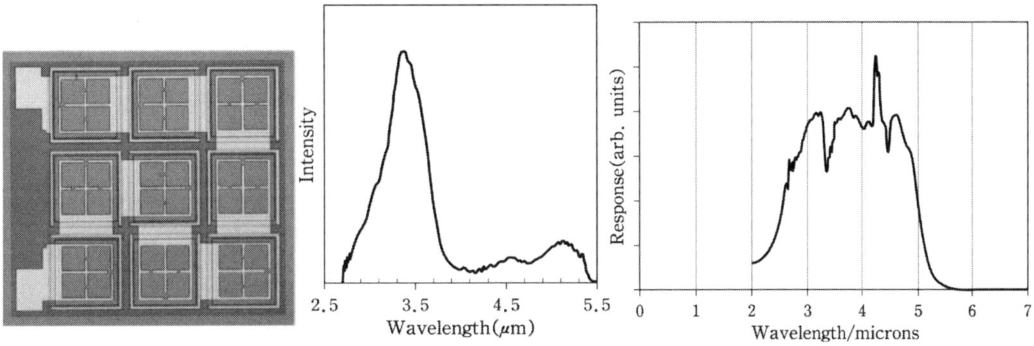

(a) (b) (c)

❙ 그림 8-22 ❙ 양자 소자형 광원과 광 다이오드: (a) 기본 구조 (b) 광원과 (c) 광다이오드 특성

이들 양자 소자를 이용한 비분산 적외선 가스센서는 전원 인가 후 정상 동작까지 약 1초의 응답시간, 뱃터리 구동형으로 수명시간 10년 이상을 지닌다고 보고되어, IoT 시대의 센서로 적합한 상태이고, 이들을 응용한 센서를 제시하면 그림 8-23과 같다.

또한 연속적인 광원과 가변 파장형 필터를 장착한 가스 센서로서 가장 대표적인 것은 산업용 이산화탄소 센서 시스템을 들 수 있으며, 이를 제시하면 그림 8-24와 같다.

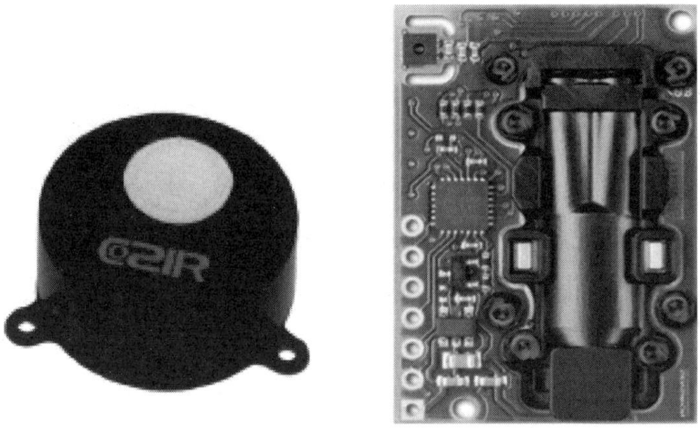

▌그림 8-23▐ 양자 소자(Quantum device)를 이용한 비분산 적외선 가스센서 예

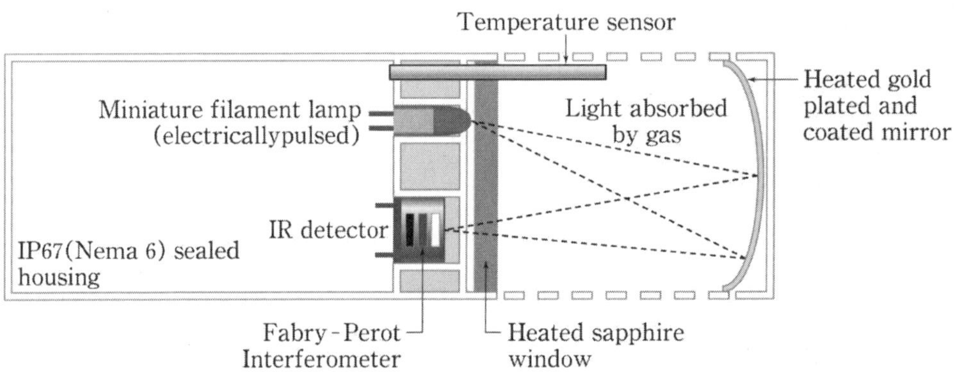

▌그림 8-24▐ FPI 필터를 장착한 이산화탄소 가스센서 시스템

그림 8-24에 제시된 이산화탄소 가스센서 시스템은 연속광원으로 IR Lamp를 사용하고, 적외선 검출기로는 전압 조정을 통해 입사되는 파장을 가변 할 수 있는 Fabry-Perot 간섭계 필터를 사용하여 기준 파장인 3.91 ㎛와 4.26 ㎛ 두 파장의 적외선만 적외선 검출기에 도달하도록 한다. 이 구조를 통해 가스 챔버 내에 존재하는 이산화탄소 가스량에 따른 적외선 검출기의 출력전압(4.26 ㎛에서)의 측정을 통해 가스 농도를 산출한다. 반면 기준파장인 3.91 ㎛ 파장에서 적외선 검출기의 출력전압 측정을 통해 광원의 변화, 광학계의 오염과 먼지의 누적 등에 대한 보상이 이루어지도록 하고 있다. 또한 가스 챔버 내부에 RTD 온도 센서를 내장하여 흡입된 가스의 온도를 산출함으로써 온도에 따른 적외선 검출기의 온도 보정과 사파이어 창과 반사경의 온도를 주변온도보다 증가시켜 수증기의 응착(Condensation)을 방지하여 성능의 안정화를 기할 수 있다.

한편 그림 8-25는 Fabry-Perot 간섭계 필터(Interference filter)를 장착한 적외선 센서의 예를 제시한다. 그림 8-24에 사용된 센서의 광 투과 파장이 기준 파장(3.91 ㎛)과 이산화탄소 가스의 흡수파장인 4.26 ㎛ 파장에 한정한 것과 비교하면 적외선 센서에 입사되는 파장의 범위가, 3.10 ㎛를 기준으로 30 nm 간격으로 4.4 ㎛ 파장까지 조절 가능하다.

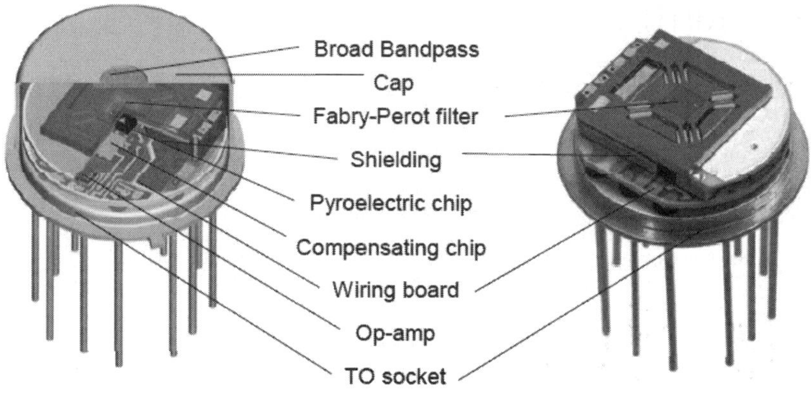

| 그림 8-25 | Fabry-Perot filter와 증폭기를 내장한 적외선 가스센서의 구조도

그림 8-26은 패브리-페롯 간섭계(FPI, Fabry-Perot Interferometer)의 구조로서 가변 파장형 광학식 가스 센서의 핵심 요소이다.

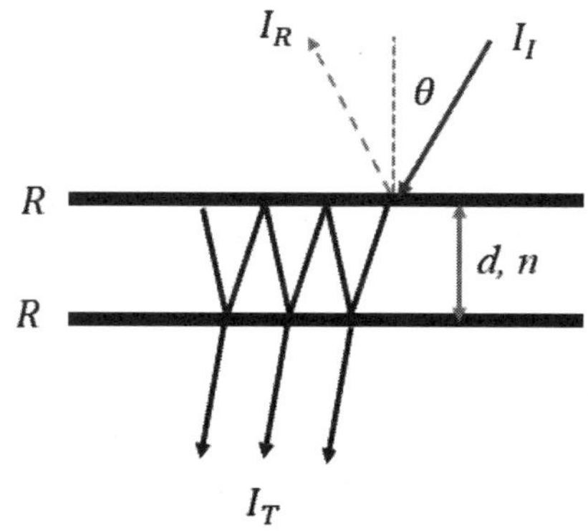

| 그림 8-26 | Fabry-Perot Filter의 구조와 입사광과 방출광

간격 d를 갖는 두 개의 평행한 반사판으로 구성된 FPI에 입사된 입사광(I_i)은 상부 반사판에서 일부 반사(I_R)와 흡수되고, 나머지 광은 반사판 사이를 공진한 후, 최종적으로 하부 반사판을 투과한다. 반사광은 경로차가 파장의 정수배 일 때 서로 상쇄됨이 이론적으로 알려져 있다[16]. 또한 투과된 광 강도 (I_T)은 간격 d가 입사된 광 파장의 정수배 m일 때, 최대 광 강도를 나타내는 것으로 알려져 있고, 이들의 관계를 제시하면 아래와 같은 수식을 따른다[10,11].

입사광의 투과율(T), 반사율(R)과 흡수율(A)의 합은 1 이므로, 식 (8.22)와 같다.

$$T+R+A=1 \tag{8.22}$$

반사판 표면에서의 위상 변화를 무시한 상태에서 근접한 광과의 광 경로 차이, δ는 식 (8-23)으로 표현된다.

$$\delta=\frac{4\pi n_f}{\lambda_0}dcos\theta \tag{8.23}$$

여기서 n_f는 반사판의 굴절율(refractive index)을 의미하고, θ는 입사 각도, λ_0는 입사광의 파장을 의미한다. 따라서 반사판에 수직하게 입사한 광의 경로차는 두 반사판의 거리(d)와 입사 광 파장(λ_0), 그리고 반사판의 굴절율(n_f)의 함수로 표현된다. 이들 중 반사판의 굴절율은 반사판의 제조 과정에서 물리적 상수로 확정되고, 인위적으로 반사판 간의 거리, d를 조절하면 특정한 파장(λ_0)의 경로차를 조절할 수 있다. 이에 따라 투과된 광 강도가 제어되어 원하는 파장만 통과하는 기능을 갖게 할 수 있게 된다.

한편 입사광에 대한 투과광의 광 강도 비는 식 (8.24)로 표현된다.

$$\begin{aligned}\frac{I_T}{I_I}&=\left[1-\frac{A}{1-R}\right]^2\frac{1}{1+\left[\frac{4R}{(1-R)^2}\right]\sin^2\left(\frac{\delta}{2}\right)}\\&=\left[1-\frac{A}{1-R}\right]^2A(\theta)\end{aligned} \tag{8.24}$$

식 (8.24)에서 투과 광 강도는 Airy 함수로 정의된 $A(\theta)$가 1이 되는 경우 최대가 된다. 이 상태는 식 (8.23)의 광 경로, δ가 아래의 식 (8.25)를 만족하는 상태이다. 또한 식 (8.24)에 제시된 Airy 함수의 주기는 인접한 두 최대 광 강도 사이의 파장 차로 자유 파장 범위(free spectral range)로 정의한다.

$$\delta_{max} = 2\pi m \tag{8.25}$$

따라서 특정 파장의 빛은 FPI의 반사판 사이의 간격 d를 조절함으로써 투과되고, 연속적인 광이 입사되는 광학계에서 FPI의 간격을 조절함으로써 원하는 파장의 광을 투과하게 할 수 있다. 반사판 사이의 간격은 외부에서 인가되는 전압을 조절하여 변화시킨다.

그림 8-27은 외부에서 인가되는 전압에 따라 그림 8-25에 제시된 적외선 검출 센서(LFP-3144)의 적외선 투과 파장을 나타낸 것이다. 인가전압이 44 V에서 27 V로 감소함에 따라 중심파장은 3.1 μm에서 4.4 μm로 증가하였으며, 이에 따라 반사판 사이의 전압을 변화시킴으로써 투과되는 적외선의 중심 파장을 변화시키고, 이에 따라 특정 파장의 흡수 여부를 측정할 수 있는 가스 센서로 응용이 가능하다.

또한 그림 8-28은 중심파장에 따른 가변 파장형 적외선 센서의 출력전압을 나타낸 것이다. 이들 센서의 조합을 통해 표 8-3에 제시된 각종 유해가스 성분을 모두 측정할 수 있는 적외선 가스 센서의 제작이 가능하고, 가능한 예시를 제시하면 그림 8-29와 같다.

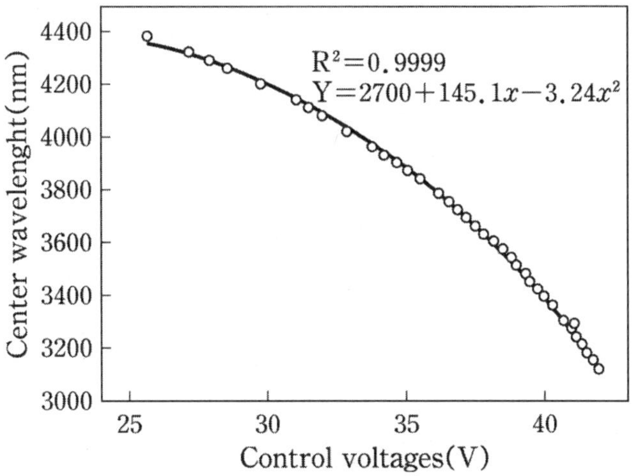

그림 8-27 외부 인가전압의 변화에 따른 투과 적외선의 중심 파장

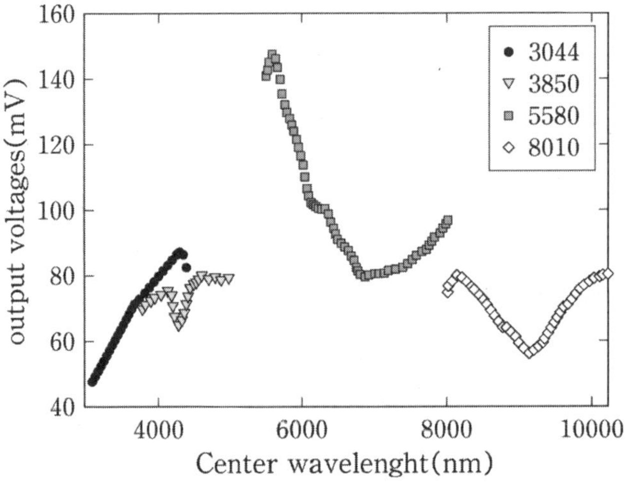

▎그림 8-28▕ 중심파장에 따른 가변 파장형 적외선 센서의 출력전압

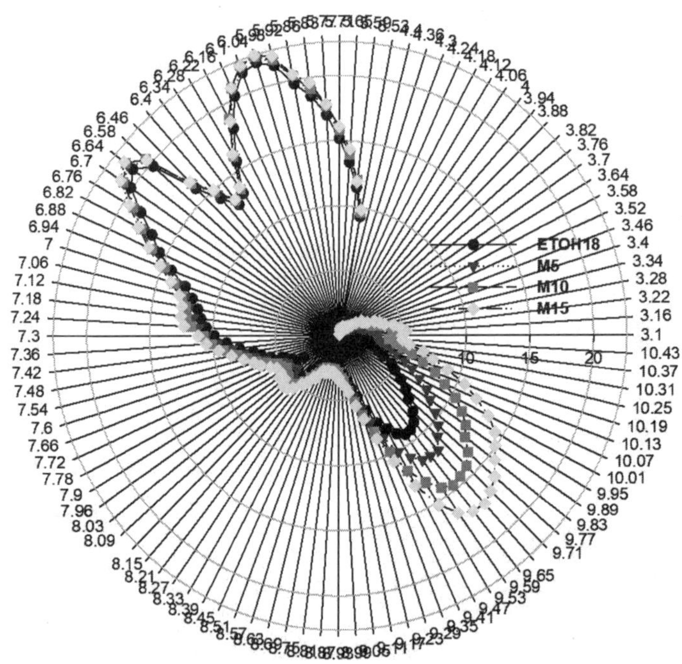

▎그림 8-29▕ 중심 파장의 변화에 따른 ETOH, Metanol 농도에 따른 센서 출력의 Radar Plot

6 비분산 적외선 이산화탄소 센서와 온 · 습도 센서 (SCD-30)

▌그림 8-30▐ SCD-30 센서모듈과 아두이노 보드의 연결 예시

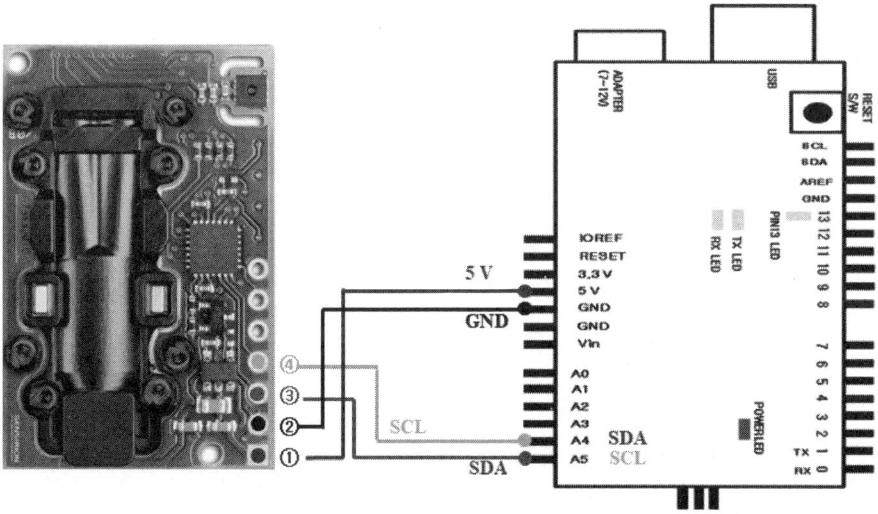

▌그림 8-31▐ SCD-30과 아두이노 보드의 결선도

```
/*
/*Reading CO2, humidity and temperature from the SCD30
This example prints the current CO2 level, relative humidity, and temperature in C.

Hardware Connections:
Attach RedBoard to computer using a USB cable.
Connect SCD30 to RedBoard using Qwiic cable.
Open Serial Monitor at 9600 baud.
*/
//Click here to get the library: http://librarymanager/All#SparkFun_SCD30


#include <Wire.h>
#include "SparkFun_SCD30_Arduino_Library.h"
SCD30 airSensor;

void setup()
{
    Serial.begin(9600);
    Serial.println("SCD30 Example");
    Wire.begin();

   if (airSensor.begin() == false)
     {
         Serial.println("Air sensor not detected. Please check wiring. Freezing...");
         while (1);
     }
 //The SCD30 has data ready every ten seconds
}

void loop()
{
     if (airSensor.dataAvailable())
         {
            Serial.print("CO2(ppm):");
            Serial.print(airSensor.getCO2());

            Serial.print(" Temp(C):");
            Serial.print(airSensor.getTemperature(), 1);

            Serial.print(" Humidity(%):");
            Serial.println(airSensor.getHumidity(), 1);
        }
     else
         delay(10000);
}
```

참고문헌

1. http://www.kgu.or.kr/dict/info5 (retrieved March 08, 2021).

2. 정용욱, 정구섭, "센서 · 엑츄에이터 공학", GS 인터비젼, 2013.

3. 백수현 편역, 센서핸드북, 도서출판 세화, 1990.

4. 민남기, 센서공학입문, 동일출판사, 2013.

5. Ljubisa Ristic, "Sensor technology and devices". Artech House, Inc., 1994.

6. N. Yamazoe, "Chemical sensor technology: vol. 4", published by Kodansha LTD. and Elsevier science publishers, 1992.

7. 윤지욱, 이종흔, "산화물반도체를 이용한 최신 호기센서 기술동향", ceramist, Vol.22, No.1, pp.70-81, 2019.

8. https://www.infratec.eu/sensor-division (retrieved on Feb. 03, 2021).

9. E.B. Lee, I.S. Hwang, J.H. Cha, H.J. Lee, W.B. Lee, James J.H. Pak, J.H. Lee, B.K. Joo, "Micromachined catalytic combustible hydrogen gas sensor", Sens. Actuators B-Chem., Vol. 153, pp. 392-392, 2011.

10. 박일천, 이병문, "스마트 자동화를 위한 센서기초공학", 광문각, 2020.

11. W. Göpel, J. Hesse, J.N. Zemel, "Sensors: a comprehensive survey, chemical and biochemical sensors part Ⅰ", VCH, 1991.

12. J. Hodgkinson et al., Sensors and Actuators B 186 (2013) 580-588 (이산화탄소 흡수계수)

13. SeungHwan Yi, "Infrared light absorbance: a new method for temperature compensation in nondispersive infrared CO_2 gas sensor", J. Sens. Sci. Technol., Vol.29, No. 5, pp.303-311, 2020.

14. 이승환, "비분산 적외선 가스센서 온도 보상법", 한국센서학회지, Vol.30, No.1, pp.36-41, 2021.

15. Krier A.; Stone M.; Zhuang Q.D.; Liu P.W.; Tsai G.; Lin H.H. Mid-infrared electroluminescence at room temperature from InAsSb multi-quantum-well light-emitting diodes. *Appl. Phys. Lett.* 2006, 89, 54−58.

16. N. Neumann, M. Ebermann, K. Hiller, S. Kurth, "Tunable infrared detector with integrated micromachined Fabry-Perot filter", J.of Micro/Nanolithography, MEMS and MOEMS, vol.7(2), 021004 (2008).

17. E. Hecht, *Optics*, 1 Lake St., Addison-Wesley Longman, NJ, pp. 409-418, 1998.

CHAPTER 09

변위, 위치 센서 (Displacement & position sensors)

변위(Displacement), 위치(position)와 근접(proximity)의 사전적 의미를 살펴보면, displace는 'to change the place or position of somethings'으로 정의되어 있다. 이의 명사형인 displacement는 'the state of being displaced'로서, 어떤 물체 혹은 소자의 위치가 변화된 상태로 정의된다. 또한 position(위치)은 '점유 장소 혹은 위치' 혹은 'the act or process of positioning'으로, 근접(proximity)은 'the state of being near or next'라는 의미이다. 즉, 변위와 위치 센서는 어떤 한 지점을 중심으로 상대적 혹은 절대적으로 측정 대상물 혹은 소자의 변화를 의미하고, 근접 센서는 기준점 근처에서 대상의 존재 유무를 결정하는 센서로 해석할 수 있다.

본 장에서는 3차원 공간상에서 어떤 물체의 위치, 위치의 변화량 혹은 특정 지점까지 측정 대상의 움직임의 정도를 확인하기 위한 변위와 위치 센서들의 변환 원리와 구조 및 응용 예를 살펴보고자 한다.

본 학습과정을 통해 다음과 같은 능력을 갖출 수 있을 것이다.

1. 직선과 회전변위 혹은 위치 센서의 기본 동작원리를 설명할 수 있다.
2. 포텐시오미터, 자기저항, 전자기 유도방식, 홀 효과를 이용한 변위 측정과 광학식 부호 발생기를 이용한 변위 측정 방식에 대해 설명할 수 있다.
3. 초음파 센서를 이용한 거리 측정과정을 설명할 수 있다.

3. 광학식 부호발생기에서 정확성을 확보하기 위한 절대값형 부호 발생기에 대해서 설명할 수 있다.

1 전위차계 방식(potentiometer type)

어떤 특정한 기준점을 중심으로 측정 대상 물체의 위치의 변화를 검출하는 방법 중에서 물체의 위치변화에 따른 상대적 전위차(potential difference)를 통해 위치를 검출하는 방식을 전위차계 방식의 위치 혹은 변위 센서라 한다. 따라서 이들 방식에서 위치 변화에 따른 전기적인 위치 에너지인 전압은 전기 저항과 자기 지항의 변화와 단락과 개방에 따른 전압의 변화를 이용하는 방식을 따르며, 이들에 대해 설명하면 다음과 같다.

1.1. 저항 변화형

전도성 물질의 저항은 물질 상수인 비저항과 기하학적인 형상에 의해 식 (9.1)로 주어진다. 즉, 물질의 비저항이 크면 클수록 저항은 커지고, 길이가 길어지거나 단면적이 좁아지면 저항은 증가하는 특성을 나타낸다. 저항체 물질을 선정하면, 물질의 비저항이 결정되므로, 물질의 저항은 기하학적 형상에 의해 좌우된다. 이에 따라 그림 9-1에 제시한 것과 같이 직선형과 회전형 저항체를 제작할 수 있다.

$$R = \rho \frac{l}{s} \tag{9.1}$$

ρ: 물질의 비저항 ($\Omega - cm$), l: 저항체의 길이, s: 저항체의 단면적

그림 9-1의 가변 저항체는 그림 9-2에 제시된 기호로 표현되고, 두 저항체의 중간 탭(②)의 위치는 임의로 조절이 가능하며, 전체 저항(①과 ③ 사이) 구간을 움직인다. 식 (9.1)을 통하여 일정 구간의 저항은 전체 저항에 대한 중간 탭 위치까지의 길이에 비례하고, 직선 변위센서의 경우, 외부에서 인가전압 V가 저항체에 인가되는 경우, 중간 탭에서의 출력 전압은 식 (9.2)와 같이 표현된다.

$$V_o = \frac{V_i}{R_L} R_x = \frac{\rho \frac{x}{s}}{\rho \frac{L}{s}} V_i = \frac{x}{L} V_i \tag{9.2}$$

단, V_i는 단자 ①에 인가되는 전압, x는 중간 탭의 위치, L은 전체 저항의 길이 또한

회전형 위치 센서의 경우 (그림 9-2 (b)), 기호는 직선형 위치센서와 동일하나, 중간 탭인 와이퍼는 직선 변위가 아닌 회전 변위를 갖으며, 통상 10°에서 350° 각도를 회전하게 된다. 따라서 기준 위치(예를 들어 10°에서) 350°이하까지 회전할 수 있는 위치 센서의 경우, 회전각도에 따른 출력 전압은 다음의 식 (9.3)과 같이 표현된다.

$$V_o = \frac{x}{L} V_i = \frac{r\theta}{r\theta_d} V_i = \frac{\theta}{\theta_d} V_i \tag{9.3}$$

여기서 x는 기준위치에서 증가된 원호의 길이, L 전체 원호의 길이, θ 회전각도, θ_d는 회전 가능한 최대 각도, r은 회전축에서 와이퍼의 접촉점까지의 반경을 의미한다.

(a) (b)

▎그림 9-1▎ 가변 저항형 변위센서: (a) 선형 (b) 회전형

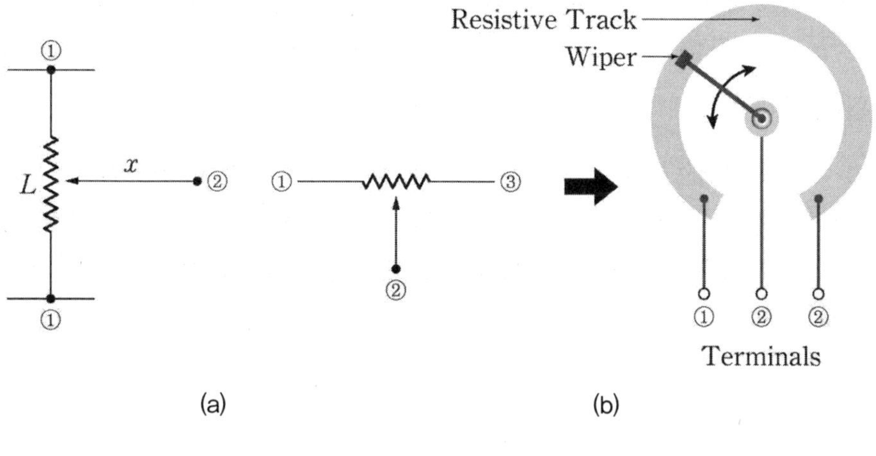

(a) (b)

▎그림 9-2▎ 저항형 변위센서의 기본 기호(symbol): (a) 직선형 (b) 회전형

그림 9-1에 제시한 접촉식 변위센서는 사용빈도의 증가에 따른 접촉점의 기계적 마찰로 인한 가하학적 형상의 변화(두께와 길이의 변화)로 초기 저항상태가 변화되어 위치에 따른 전압 제공에 오차를 발생시키는 단점이 존재한다. 이런 문제점을 해결하기 위한 방법으로 제시된 것이 그림 9-3 형상의 구조를 갖는 저항형 변위센서이다.

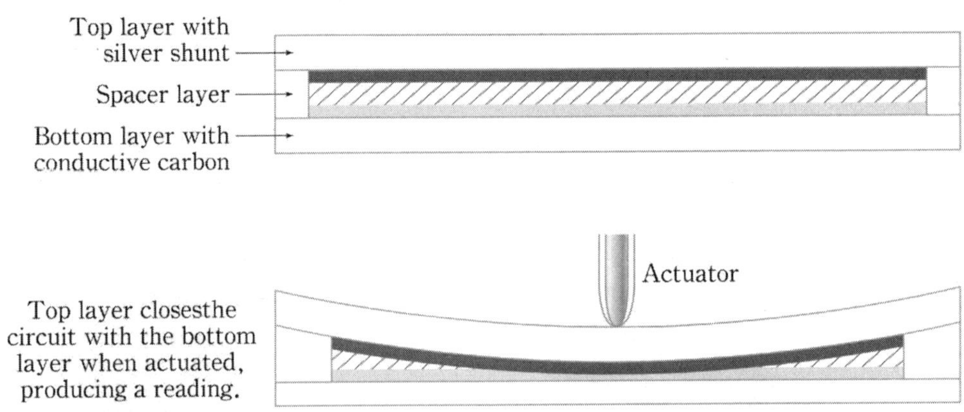

| 그림 9-3 | 연질 플라스틱과 금속 도체를 이용한 가변 저항체의 구조와 동작

연질 플라스틱을 이용한 가변 저항체는 도전성 탄소막(conductive carbon)과 은 전극(silver shunt)이 형성된 상부막 사이에 이격 공간(spacer layer, spacer)을 갖고 있다. 외부 힘이 와이퍼(actuator)에 가해지지 않는 경우, 고저항의 개방상태로 존재한다. 와이퍼에 힘이 가해지면, 상부의 은 전극이 하부의 탄소 저항체와 접촉하고, 이에 따라 위치에 따른 저항값이 변화, 측정된다. 결과적으로 외부 전압이 와이퍼의 위치에 따라 변하고, 이에 따른 저항에서의 전압분배가 이루어져 위치를 검출하게 되는 원리는 동일하나, 기계적인 마찰로 인한 저항변화에 따른 오차는 발생하지 않는 구조를 갖는 특징을 지녀, 신뢰성을 향상시킬 수 있다는 특징을 지닌다.

이들 구조의 장점으로는 기계적 전위차계에 비해 저가이고, 열악한 환경에서도 전기적인 단락의 위험성이 없고, 센서의 크기가 작지만 분해능이 우수하며, 1~5% 이내의 선형성을 갖는 특징을 지닌다. 이런 특징을 갖는 선형과 회전형 위치 센서를 제시하면 그림 9-4와 같다.

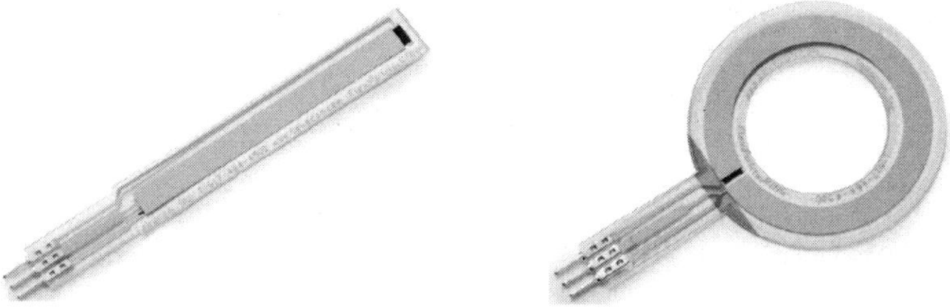

(a) (b)

❙그림 9-4❙ 전도성 탄소막과 프라스틱 재질을 이용한 가변 저항체: (a) 직선형 (b) 회전형 (Tekscan company 자료 참고)

그림 9-4에 제시된 연질 프라스틱 가변 저항체의 특성표를 제시하면 표 9-1과 같다. 기판 물질이 갖는 특성으로 온도 변화에 따른 신축으로 인한 저항 변화가 발생할 수 있으나, 직선성이나 반복성에서 접촉식 가변 저항체보다 우수한 특징을 갖고 있다.

[표 9-1] 선형과 회전형 플라스틱 가변 저항체의 특성

항목	선형	회전형
두께 (mm)	0.203	0.203
감응부 길이 (mm)	63.5	42.4
전체 길이 (mm)	91.2	74.4
센서 폭/외경지름 (mm)	4.3	33.8
내경지름 (mm)	-	27.2
핀 구조	3-pin	
기판 물질	polyester	
직선성 오차 (%)	〈 ± 2	
반복성 (%)	〈 ± 1	
공간 분해능 (%)	〈 2	
동작온도 (℃)	-40 ~ 60	
온도 드리프트 (%/℃)	〈 0.36	

1.2. 자기저항 변화형

자기장 센서는 홀 소자와 자기저항 소자를 이용한 두 분류로 나눌 수 있다. 자기저항 소자는 화합물 반도체인 InSb과 GaAs를 이용한 소자와 자성체를 이용한 소자로 나눌 수 있다. 자기장의 존재하에서 금속으로 구성된 다층 자석물질(magnetic multilayers)인 [Fe (3)/Cr (0.9)]$_{60}$ 저항변화가 약 50 % 임이 알려진 후, 강자성체 박막(ferromagnetic thin film)과 비자성체 박막(nonmagnetic thin film)의 다층 구조에서 자기장의 변화에 따른 금속 박막의 저항변화(Magnetoresistance)는 아래의 식 (9.4)가 정의되었다.

$$\text{MR ratio} = \Delta R/R = (R_h - R_o)/R_o \tag{9.4}$$

여기서 R_h는 MR 소자가 자기장이 가해진 상태에서의 저항, R_o는 자기장이 존재하지 않는 상태에서의 저항을 의미하며, 자기장의 존재에 따라 저항은 증가한다.

| 그림 9-5 | MR 소자의 내부형상(Midori America Corporation 제공)

그림 9-5는 자기저항 소자를 이용한 비접촉식 변위센서의 내부 형상을 나타낸 것이다. 좌측의 중앙 단자와 우측의 두 개 단자로 두 개의 원형상의 자기 저항이 직렬 연결된 구조를 갖고 있으며, 이를 도식적으로 표현하면 그림 9-6의 (a)와 같다. 상부에 영구자석이 존재하고, 하부에는 자기 저항소자가 직렬로 연결되어 있으며, 두 소자의 연결부위에 출력 전압을 측정하기 위한 단자가 있다. 자기저항 소자를 이용한 비접촉 변위 센서의 동작원리는 그림 9-6을 통해 설명할 수 있다. 그림 9-6 (a)에서와 같이 3번 단자를 통해 전압을 인가하고, 출력 단자는 2번, 접지를 1번 단자라 하자. 그림 9-6 (b)와 같이 영구

자석이 자기저항 소자의 오른쪽에 위치하면 (①, ⑤ 상태), 입력단과 출력단 사이의 자기저항은 초기 상태보다 증가하여, 출력전압은 입력전압의 반보다 작은 상태가 된다($V_{out} < \frac{1}{2}V_i$). 영구 자석이 ② 혹은 ④에 위치하면, 직렬 연결된 두 개의 저항 변화는 동일하게 되어 출력전압은 입력의 반이 된다($V_{out} = \frac{1}{2}V_i$). 그러나 ③ 상태와 같이 영구 자석이 출력단과 접지 사이의 자기저항 상부에 위치하면, 이 저항은 자계의 영향이 없는 오른쪽 저항보다 커져 출력 전압은 입력의 반보다 큰 상태가 된다($V_{out} > \frac{1}{2}V_i$). 또한 ③번 상태를 기준으로 시계방향과 반시계방향으로의 회전은 대칭이며, 저항변화의 시간적 기울기(dR/dt)를 구하면 회전의 방향도 확인할 수 있으며, 실물 센서를 제시하면 그림 9-6 (c)와 같다.

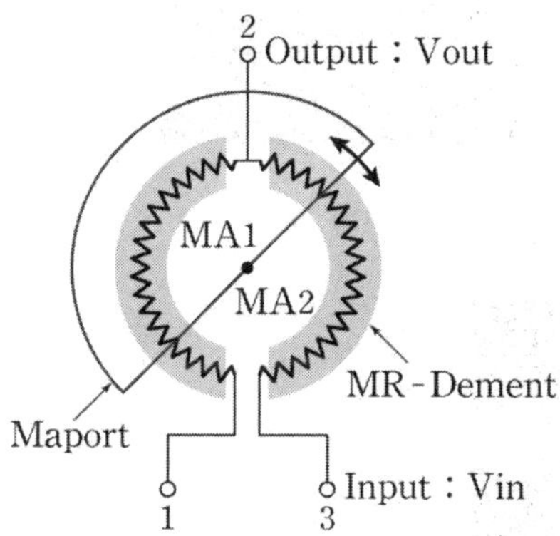

(a)

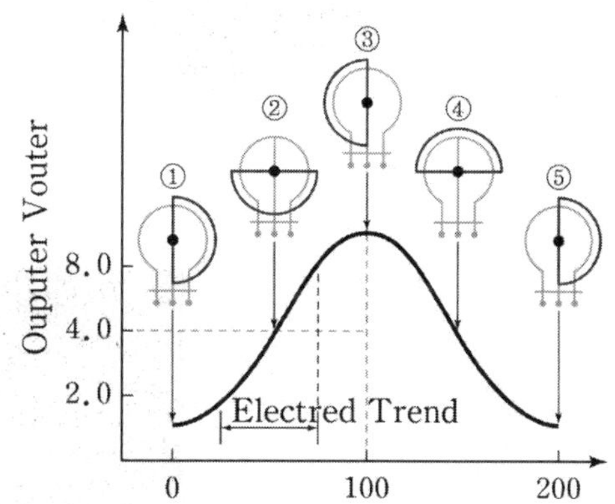

(b)

(c)

| 그림 9-6 | 자기저항 소자를 이용한 변위센서: (a) 구조 (b) 변위에 따른 출력변화 (c) 실물 (Midori America Corporation 자료)

자기 저항을 이용한 변위센서는 구조적으로 비접촉식이므로 마모손이 없어 반영구적이고, 내환경성 특성을 갖으며, 정확성과 신뢰성이 높은 특징을 지닌다.

1.3. 직교 위상형

직교 위상형 변위 센서의 외관과 내부 구조를 제시하면 그림 9-7과 같다.

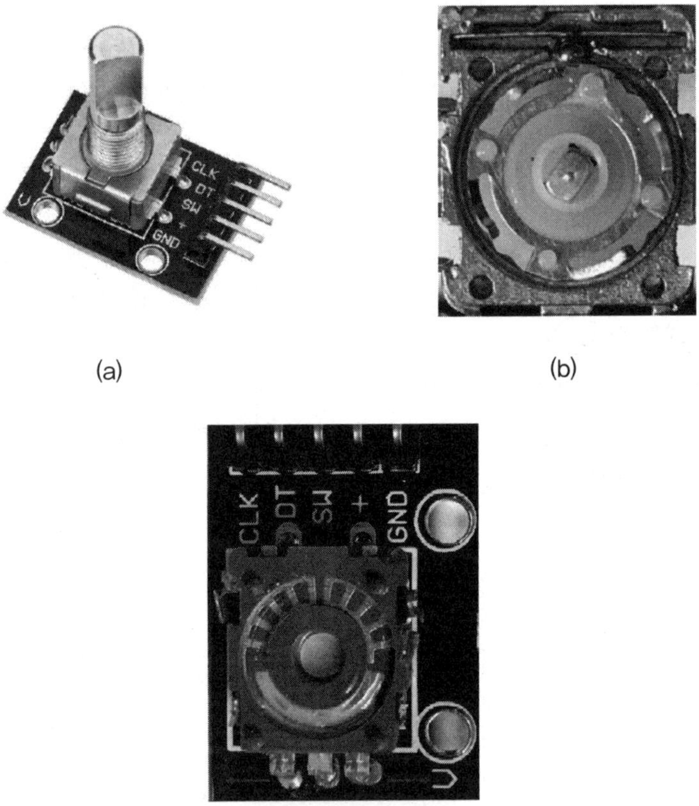

(a) (b) (c)

| 그림 9-7 | 로터리 회전 변위 센서: (a) 외관 (b) 회전축 하부 (c) 접촉부 pcb
(KY-040, Handson Technology 사 제품)

그림 9-7 (a)의 회전 변위 센서의 회전축 아래 부분인 그림 9-7 (b)는 90°의 각을 갖고 원주상으로 분리된 네 개의 와이퍼가 그림 9-7 (c)에 제시한 하부 전극 패턴의 접촉 여부에 따라 펄스를 제공한다. 그림 9-7 (c)의 원형 전극은 세 부분의 나누어져 있는데, 하

부의 반원상의 전극은 공통접지 부분을 나타낸다. 상부의 좌측과 우측에는 일정한 간격을 갖고 전극이 분리되어 배치되게 함으로써 360° 회전을 함에 따라 20개의 펄스를 제공한다. 이때 회전의 방향은 그림 9-8에 제시한 바와 같이 시계방향(CW)으로 회전하는 경우, B 전극의 펄스가 A 전극의 펄스보다 앞선다. 또한 반시계방향(CCW)으로 회전하는 경우, A 전극의 상이 B 전극보다 빠른 펄스상을 나타내고, 이를 통해 회전방향과 회전수를 펄스의 발생 개수를 판단함으로써 확인할 수 있다. 그러나 기계적 접촉에 의한 전극의 마모손으로 인한 신뢰성 저하의 단점이 있다.

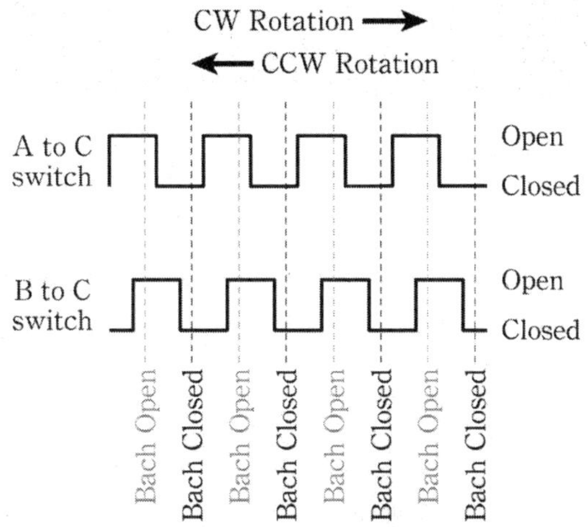

| 그림 9-8 | 회전 방향에 따른 A, B 전극의 펄스상태

그림 9-9는 가변 저항형 전위차계(그림 9-1)와 직교 위상형 변위 센서를 사용하여 제시한 회전 변위 측정을 위한 센서 모듈을 나타낸 것이다. 가변 저항의 회전 변위에 따라 LED가 순차적으로 점등과 점멸을 하고, 회전의 방향과 증가에 따라 LED가 지속적으로 점등하게 한 모듈을 나타낸다.

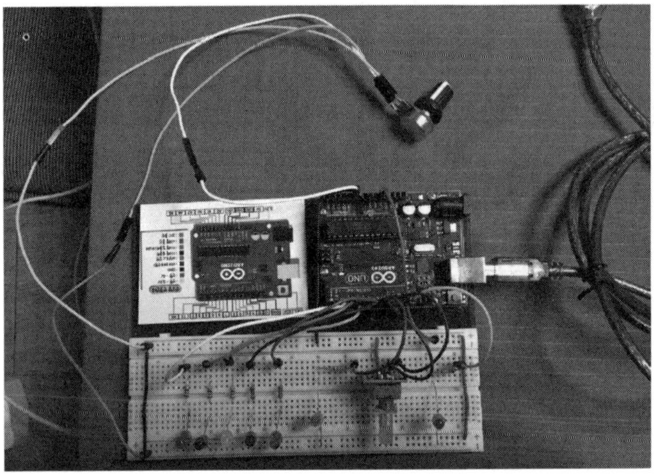

▍그림 9-9▍ 가변저항형 전위차계와 직교형 회전변위 센서를 이용한 회전 변위 센서 모듈

직교형 회전변위 센서와 아두이노 보드를 이용한 회전 변위 센서 모듈의 결선도를 제시하면, 그림 9-10과 같다. 또한 센서의 회전에 따른 LED의 점등과 펄스 수 출력 스케치를 제시하면 아래와 같다.

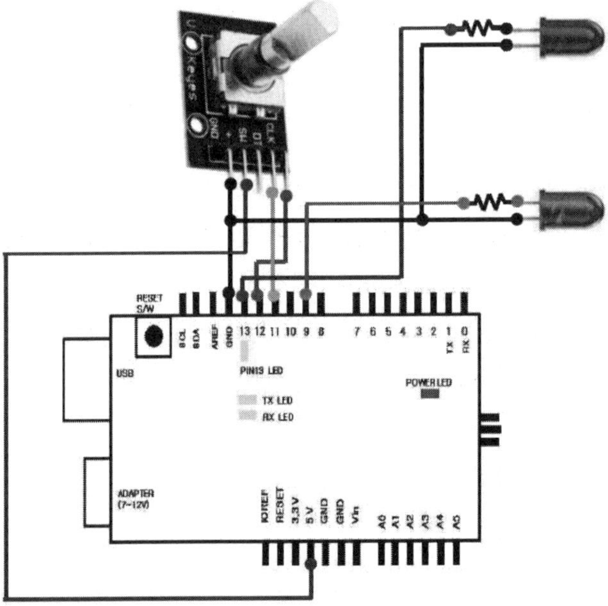

▍그림 9-10▍ 직교형 회전 변위센서와 LED 및 아두이노 보드를 이용한 회전검출 센서모듈

```
/* Read Quadrature Encoder (직교위상 인코더)

Sketch by max wolf & revised by Isaac Yi */

int encoderPinA = 11;
int encoderPinB = 12;
int encoderPos = 0;
int CW = 13, int CCW = 9;
int encoderPinALast = LOW;
int n = LOW;
void setup()
{
Serial.begin (9600);
pinMode (encoderPinA, INPUT);
pinMode (encoderPinB, INPUT);
pinMode (9, OUTPUT);
pinMode (13, OUTPUT);
Serial.print (encoderPinALast), Serial.print("&"), Serial.println(n);
}

void loop()
{
n = digitalRead(encoderPinA);
if ((encoderPinALast == LOW) && (n == HIGH))

    {
      if (digitalRead(encoderPinB) == LOW)
          {
                encoderPos--;
                digitalWrite(9, HIGH);
                delay(100);
                digitalWrite(9,LOW);
          }
Else
          {
               encoderPos++;
               digitalWrite(13,HIGH);
```

```
                delay(100);
                digitalWrite(13,LOW);
            }
 Serial.println (encoderPos);
  }
 encoderPinALast = n;
}
```

2 전자기 유도형 (electromagnetic induction type)

전자기 유도형 변위센서의 하나인 선형 가변 변위 변환기(LVDT, Linear Variable Displacement Transformer)는 1940년 G.B. Hoadley(US Patent 2,196,809)에 의해 발명되었으며, 1 mm에서 50 cm 직선 변위를 고정밀도로 측정 가능한 변위 센서이며, 그 기본 구조를 제시하면 그림 9-11과 같다.

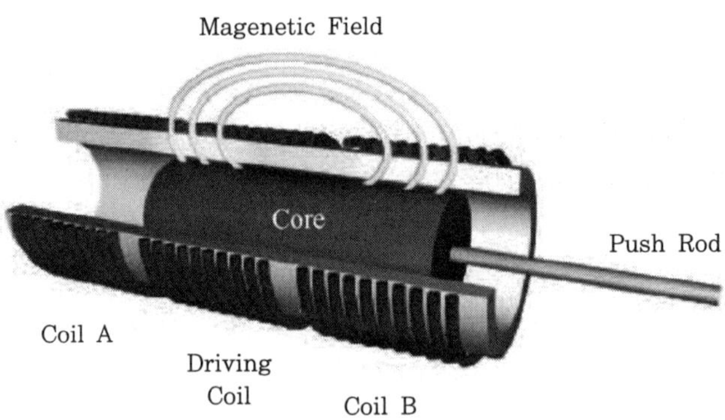

그림 9-11 선형 가변 변위 변환기(Linear Variable Displacement Transformer)의 구조

그림 9-11에 제시한 LVDT는 1차 여기 코일(Driving coil)과 두 개의 2차 코일(A, B)로 구성되어 있으며, 이들 코일은 원통형 보빈(BOBIN)에 감겨있는 형태이다. 보빈 내부에는 강자성체인 퍼멀로이(Permalloy, NiFe 합금)가 변위를 유도하는 축(축에 의한 2차 코일에 오차 발생을 방지하기 위해 알루미늄 사용)에 고정되어 있는 상태에서 1차 코일과

2차 코일 내부에서 움직인다. 코어인 퍼멀로이는 최대 변위시 1차 코일과 2차 코일과 교차하기에 충분한 길이를 갖으며, 이에 따라 1차 코일에서의 전류의 시간적 변화에 의해 발생된 자기장은 코어를 통해 2차 코일 내부에 전달된다. 이로 인해 2차 코일에는 유도 기전력이 발생하며, 1차 코일에 의한 2차 코일에 유도되는 기전력은 상호인덕턴스 M_{12}에 의해 아래의 식 (9.5)로 주어진다.

$$v_o = M_{12}\frac{di_1}{dt} \tag{9.5}$$

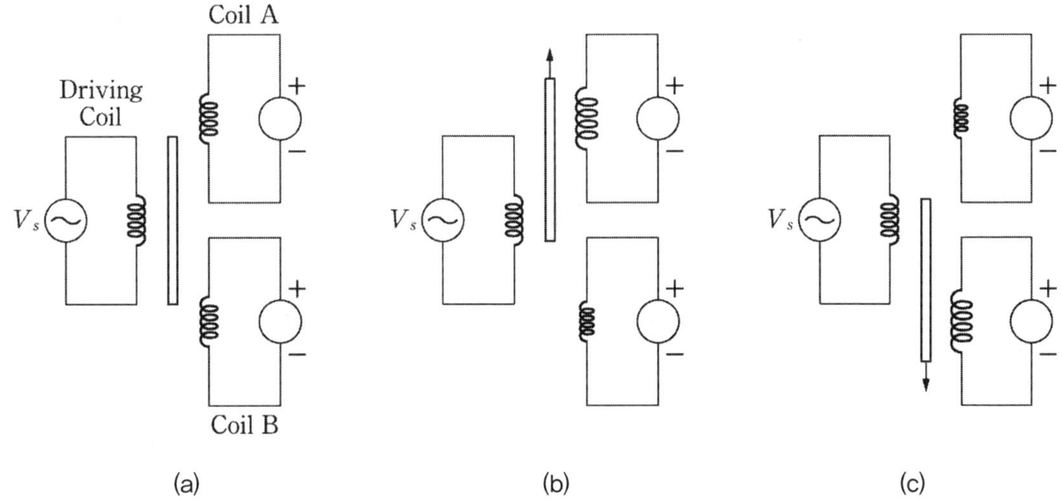

▌그림 9-12▐ 선형 변위에 따른 LVDT의 출력전압 특성: (a) 중앙 (b) 위로 이동 (c) 아래로 이동

한편 선형적인 변위에 따른 LVDT의 출력 전압을 나타내면 그림 9-12와 같다. 두 개의 이차코일 A, B가 동일한 방향으로 감겨져 있고, 코아가 중앙에 위치한 경우, A와 B 코일에는 동일한 유도 기전력이 형성된다. 따라서 전체적인 출력전압은 0이 된다. 그러나 그림 9-12의 (b)와 (c) 같이 코어가 위와 아래로 이동하면, 코아와 2차 권선의 자기적 결합이 변화하고, 이로 인해 (b)의 경우에는 상부의 2차 코일이 (c)의 경우 하부의 2차 코일에서 더 큰 유도 기전력이 발생한다. 즉 코어와 자기적으로 결합된 상호 인덕턴스의 크기에 비례하여 유도 기전력이 형성되고, 이들을 표현하면 아래의 식 (9.6)과 같다.

$$v_{oA} = M_{1A}\frac{di_1}{dt},\ v_{oB} = M_{1B}\frac{di_1}{dt} \tag{9.6}$$

여기서, v_{oA}, v_{oB}은 A, B 코일에 유도된 기전력, M_{1A}, M_{1B}는 1차 코일과 A, B 코일간의 상호 인덕턴스를 의미한다.

이들 2차 코일에서의 전압이 코어의 움직임에 따른 차동전압(differential voltage)이 발생하게끔 그림 9-13과 같이 전기적으로 두 출력을 연결하면, 식 (9.6)에 따른 출력 전압은 최종적으로 식 (9.7)로 표현된다. 즉, 두 전압의 출력차는 상호 인덕턴스의 차에 비례하여 나타남을 알 수 있다.

$$v_o = v_{oA} - v_{oB} = (M_{1A} - M_{1B})\frac{di_1}{dt} \tag{9.7}$$

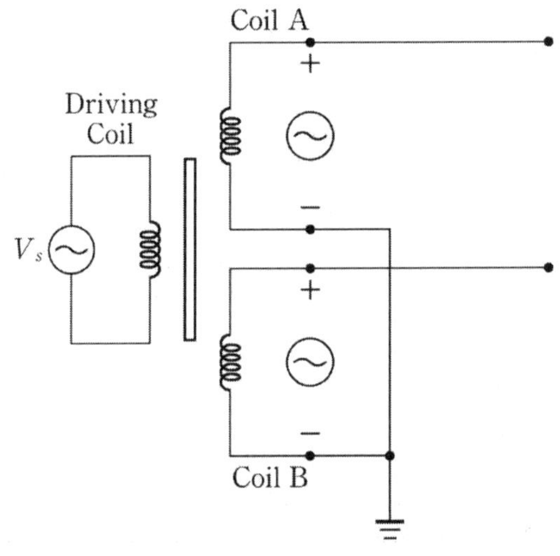

| 그림 9-13 | 변위에 따른 전압차 발생을 위한 LVDT의 전기적 결선

수 kHz의 주파수를 갖는 여기전압 V_s가 일차측 권선에 인가되고, 그림 9-13과 같이 중앙에 코어가 있는 경우, 코일 A와 B에 유도된 전압은 크기가 같아 출력전압은 0이 된다. 그러나 코어의 위치가 위로 향하는 경우(그림 9-12의 (b)), 1차 측 권선과 2차 코일 (A)의 상호 인덕턴스가 증가하여 코일 A의 전압은 증가하고, 코일 B에서의 상호 인덕턴스는 감소하여 B에서의 전압은 감소한다. 이런 현상은 코어가 아래로 향하는 경우, 그림 9-12 (c)와 같이 전압이 변화한다. 즉, 코어의 위치 변화에 따른 출력전압의 형태는 그림 9-14와 같이 공통접지와 비교하여 항상 양의 전압을 출력하게 된다.

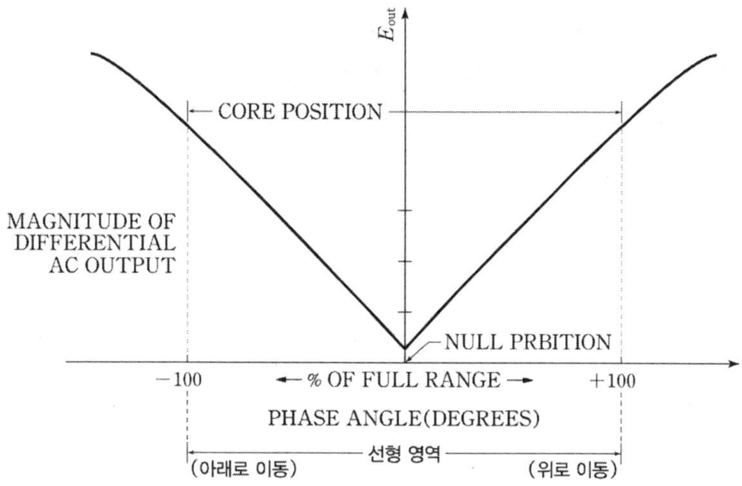

▌그림 9-14▐ 자성체의 위치변화에 따른 LVDT의 출력전압 특성

그러나 코일 B와 코일 A는 상대적으로 중심점을 지나면서 위상이 180° 차이가 발생한다. 이를 통해 코어가 중심점에서 코일 B에 위치하고 있는지, 코일 A에 위치하는지를 판단할 수 있으며, 그림 9-14에 제시한 것처럼 코어의 움직임에 따른 선형적인 출력 구간을 변위에 대한 선형성을 유지하는 최대 출력전압 영역으로 확보할 수 있게 된다.

또한 그림 9-15와 같이 전자회로를 통해 전체 선형적인 구간에서의 교류전압을 (−)에서 (+) 직류전압으로 출력함으로써 절대 변위의 측정이 가능하도록 할 수 있다.

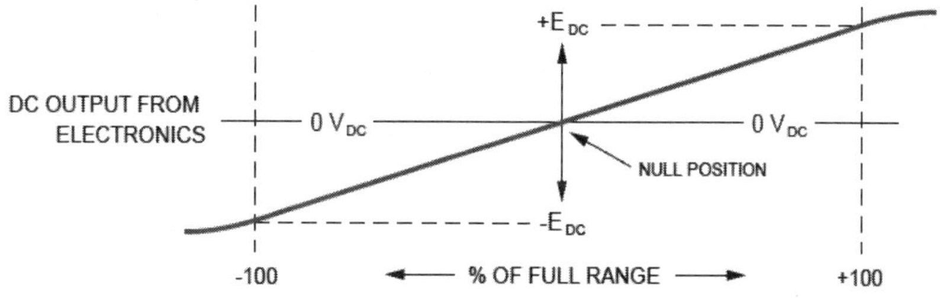

▌그림 9-15▐ 신호처리 회로를 통한 전체 입력변위에 대한 출력 직류전압 특성

그림 9-16은 LVDT의 신호처리 회로 일예를 나타낸 것으로 AD598(Analog Device, USA) 직접회로를 이용하여 일정한 출력(2 ~ 24 VRMS)과 주파수(20 ~ 20 kHz)를 갖는 신호를 1차 코일에 인가한다. 외부 잡음과 온도에 의한 영향을 제거하기 위해 두 2차 코일

의 출력의 차(A–B)를 합(A+B)으로 나누어 출력한다. 내부적으로 신호의 잡음을 제거하기 위한 필터를 거쳐, 1차 신호 증폭을 한 후 출력단으로 직류전압을 출력한다. 출력된 직류전압은 저주파 필터와 전압 팔로어와 필터를 통해 아날로그-디지털 변환기(ADC)를 통해 추가적인 신호처리를 하게 된다.

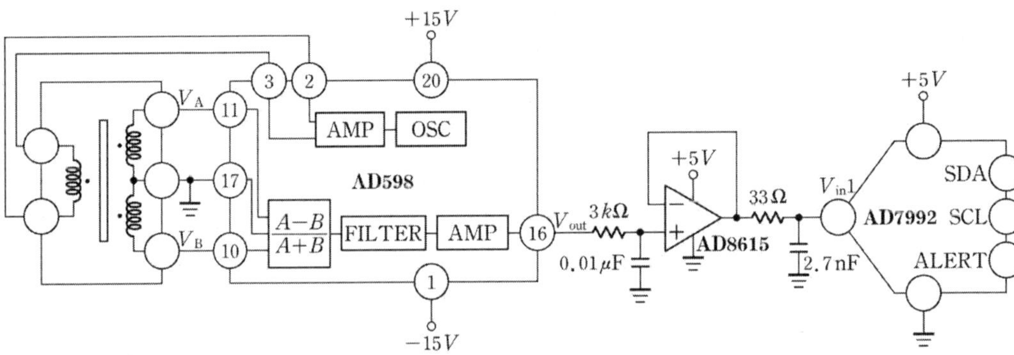

❙그림 9-16❙ 일반적인 LVDT의 신호처리 회로 예

산업현장에서 응용되고 있는 LVDT와 그 특성을 제시하면 표 9-2와 같으며, 실물 사진을 제시하면 그림 9-17과 같다.

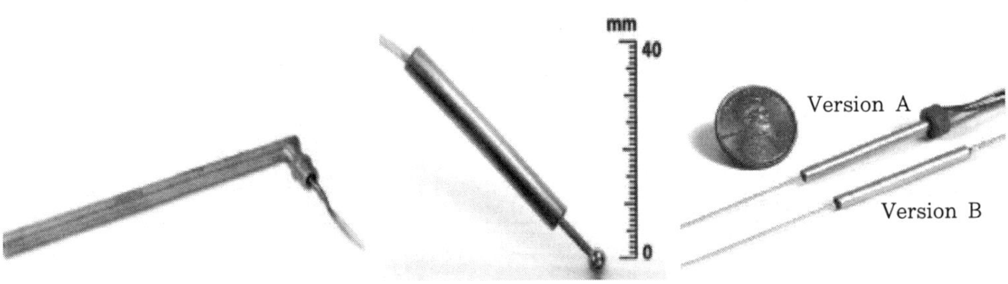

(a) (b) (c)

❙그림 9-17❙ 각종 LVDT 실물 예: (a) TE Connectivity 사 PR 750–100 (b) Marco 사 SG–LVDT–4 (c) Singer Instrument사 SM–2.5A

[표 9-2] LVDT의 종류와 그 특성들

항목	PR 750-100	SG-LVDT-4	SM-2.5A
길이×직경 (mm)	44.5×31.7	30.5×6	25.5×11
중량 (g)	40	-	-
FSR (mm)	±2.5	4	±2.5
감도 (mV/V/mm)	155		44
입력전압 (V_{rms})	3.0	-	2.3
입력 주파수 (kHz)	2.5 ~ 3.3	10 ~ 20	5
직선성 (%)	〈 ±0.25 FRO	±1	2.0 F.R. Max
반복성 (%)	〈 0.01 FSO	-	-
히스테리시스 (%)	〈 0.01 FSO	-	-
동작온도 (℃)	-55 ~ 105	-55 ~ 175	-20 ~ 70
온도계수 (%/℃)	-0.02	-	-
내충격성 (G)	1000	-	-

3 자기형 (magnetic type)

홀 효과는 1879년 하버드 대학교의 E.H. Hall에 의해 발견된 것으로 Hall 효과는 도체 내에서 전하 운반자의 부호를 결정하기 위한 실험보고에 의해서 알려졌다. 그림 9-18과 같이 지면에 수직하게 지면을 뚫고 들어가는 방향으로 자기장이 인가되고 있을 때, 위에서 아래로 양전하가 이동하면, 자기장에 의한 편향력($F_B = il \times B$)이 작용하여 양전하는 오른쪽으로 힘을 받는다. 이는 로렌쯔 힘($F_B = qv \times B$)에 의한 것이고, 이로 인해 x와 y 위치에 따른 전위차, V_{xy}를 발생시키는데, 이를 홀 효과(Hall effect)라 하고, 이에 의한 전위차를 홀 전압(Hall voltage)이라고 한다. 도체 내에서 양전하가 주 전하라면 상대적으로 그림 9-18의 (a)에서처럼 y지점에 양전하가 쌓이게 되어, x지점보다 y지점의 전위가 높게 된다. 그러나 음 전하가 전류의 주 전하성분이라면, y지점이 상대적으로 x지점보다 전위가 낮게 된다. 따라서 금속, 반도체에서 이 홀 전압과 전류의 흐름의 방향을 파악하여 전류전도의 주성분이 어떤 전하인지 찾을 수 있다.

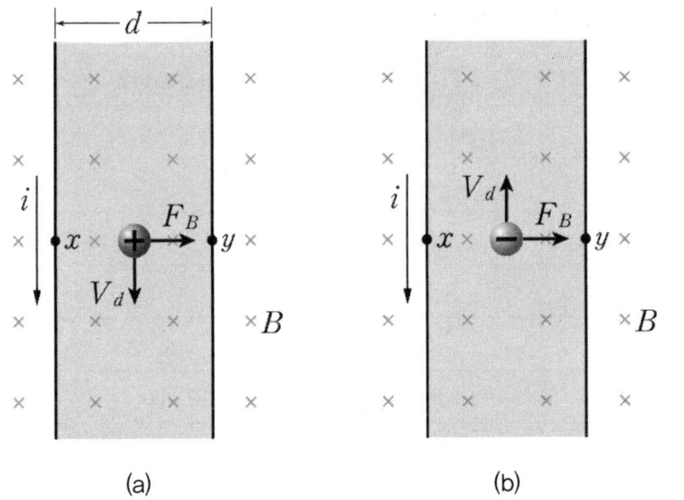

그림 9-18 금속에서 전하의 이동과 편향력 방향: (a) 양전하 (b) 음전하

홀 효과에 의한 홀 센서의 동작 원리를 살펴보면 그림 9-19를 통해 확인할 수 있다. 그림 9-19와 같이 충분히 긴 직사각형의 시료에 전류 I_x가 흐르고, 자기장이 존재하지 않으면, 양전하는 전류의 방향으로 이동한다. 이때 흐르는 전류밀도 (J_x)와 전류(I_x)는 각각 다음과 같다.

$$J_x = nqv_x = nq\mu E_x \tag{9.8}$$

$$I_x = (tw)J_x = twnq\mu E_x \tag{9.9}$$

단, n은 양전하의 농도, q 전하량, μ는 양전하의 이동도, E_x 전계, t 시료의 두께, w는 시료의 폭을 의미한다.

그러나 그림 9-19와 같이 z축 방향으로 자기장이 존재하는 상태에서 양전하는 로렌츠력에 의해 $(-y)$축 방향으로 힘을 받게 되고, 이에 따라 양전하는 x축 주변에 쌓이게 된다. 즉 외부 전기장에 의한 힘과 자기장에 의한 힘의 합력이 전하에 작용하여, x축 주위에 양전하가 축적되게 한다. 이런 과도기적인 상태가 지난 후, 전하축적에 따라 전계 E_x와 수직하게 $+y$축 방향으로 홀 전계 E_H가 형성된다. 즉, 식 (9.10)에 제시된 홀 효과에 의한 전계에 의한 힘과 로렌츠 힘이 균형을 이룬 상태에서 전하의 이동이 유지된다.

$$qE_H = qv_xB_z \tag{9.10}$$

따라서 구하고자 하는 홀 전계(Hall field), E_H는 식 (9.11)로 주어진다.

$$E_H = v_x B_z = \frac{J_x B_z}{nq} = G_H J_x B_z \tag{9.11}$$

홀 계수, G_H는 물질내의 전하밀도에 반비례하는 특성을 지니게 되고, 두 면 사이에 존재하는 홀 전압(Hall voltage)은 다음과 같이 식 (9.12)로 표현되며, 홀 계수와 자기장의 세기에 비례하고, 소자의 두께에 반비례하는 특성을 갖는다.

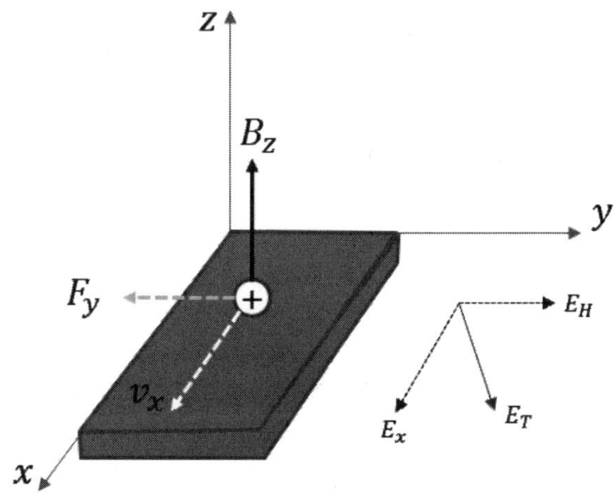

| 그림 9-19 | 홀 효과와 홀 전계의 형성

$$V_H = wE_H = wG_H J_x B_z = \frac{I_x}{nqt} B_z = \frac{G_H I_x B_z}{t} \tag{9.12}$$

이때 자기장의 존재 하에서 이동상의 평형에 도달한 양전하가 전계와 이루는 각을 홀 각(Hall angle)이라 하는데, 이는 식 (9.13)과 같이 전하의 이동도와 자기장의 세기에 비례하는 특징을 갖는다.

$$\theta_H = \tan^{-1}\left(\frac{E_H}{E_x}\right) = \tan^{-1}(\mu B_z) \tag{9.13}$$

한편 기본적인 홀 소자의 형상과 등가회로는 그림 9-20과 같다. 제시한 십자형(cross-like)

실리콘 홀 소자의 형상계수, G_H는 식 (9.14)과 같이 주어진다. 형상비(L/w)가 약 1.5 이상이면, 근사적으로 형상계수는 1이 되어 홀 전압에 형상비의 영향은 무시할 수 있다. 홀 각과 형상비에 따른 형상계수의 관계를 제시하면 그림 9-21과 같다.

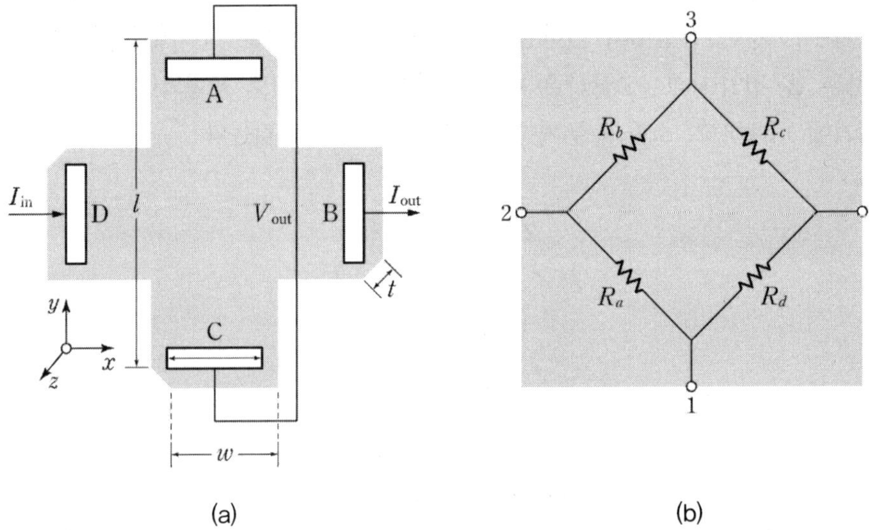

▌그림 9-20▐ 홀 소자: (a) 일반적인 십자형 구조 (b) 등가회로

$$G_H = 1 - 1.044\exp(-3.142\frac{L}{w}) \tag{9.14}$$

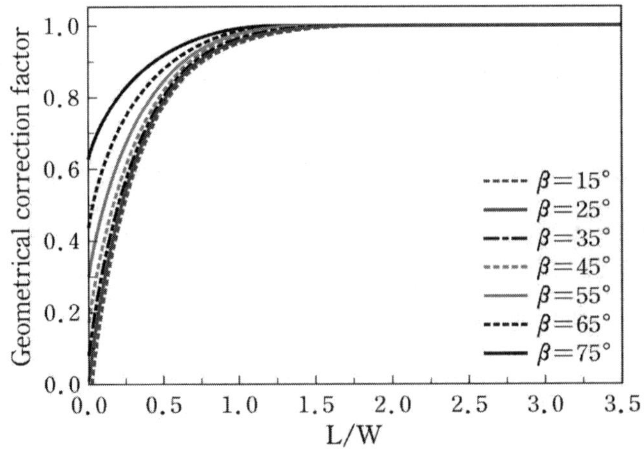

▌그림 9-21▐ 형상계수의 형상비(L/w)와 홀각 의존성

그림 9-20에 제시한 등가회로에서 1-3번 단자를 입력으로 하고, 2-4번 단자를 출력단으로 하면 휘스톤 브릿지 구조와 동일한 형상을 갖게 된다. 입력단에 정전류 혹은 정전압을 인가하면 홀 센서는 각각 정전류/정전압 구동방식의 홀 소자가 된다. 정전류 구동방식에서의 홀 전류와 홀 전압과 감도(Sensitivity)는 각각 식 (9.15)로 표현된다.

$$I_H = I_{o1} - I_{o2} = 2I_{bias}\frac{\Delta R_I}{R},\ S_I = \frac{I_H}{BI_{bias}} = 2\frac{\Delta R_I}{B_H R} \tag{9.15}$$

$$V_H = V_{o1} - V_{o2} = V_{bias}\frac{\Delta R_V}{R},\ S_V = \frac{V_H}{B_H V_{bias}} = \frac{\Delta R_V}{B_H R}$$

동일한 자속밀도에서 정전류 구동방식과 정전압 구동방식에서 저항의 변화가 동일한 경우, 정전류 구동형의 감도는 정전압 구동방식의 2배가 됨을 식 (9.15)에서 알 수 있다.

Hall IC는 외부 자기장의 변화에 따라 선형적으로 출력이 변화되는 아날로그형과 특정 자기장 이상의 값이 존재하면 출력전압이 High/Low 형태로 교차되는 디지털형 두 가지가 있다. 그림 9-22는 아날로그 출력을 나타내는 InAs 양자우물(Quantum Well) 홀 소자 내부 기능도와 자기장의 변화에 따른 출력전압 특성을 나타낸 것이다.

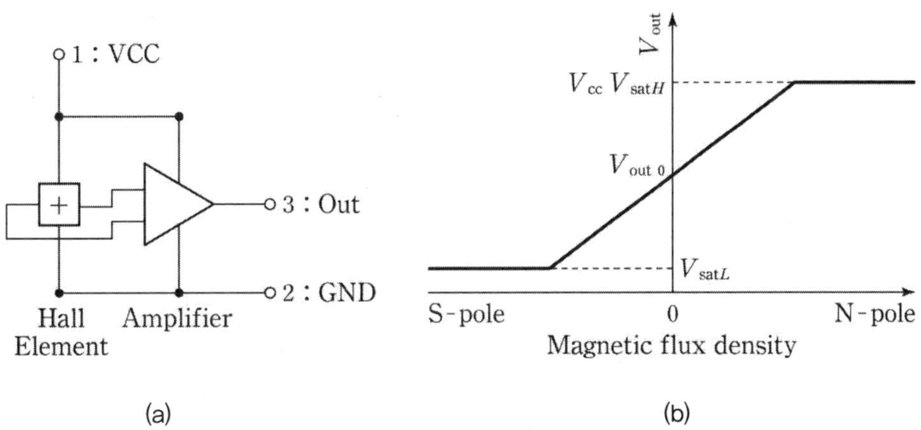

그림 9-22 아날로그형 Hall IC: (a) 내부 기능도 (b) 자기장에 따른 출력 특성 (Asahi Kasei Microdevices 제공)

홀 소자에서의 출력전압은 그림 9-22의 (a)와 같이 연산 증폭기에서 차동 증폭되어 출력으로 제공되고, 출력전압의 크기는 그림 9-22의 (b)와 같이 자기장의 S극이 소자의 상부에 인가되면, 초기 전압보다 낮고, N극이 소자를 향한 상태에서 자속밀도가 증가하면 선형적으로 증가하는 특성을 갖는다.

한편 고감도 디지털 InSb 홀 소자의 내부 기능도와 출력 특성을 제시하면 그림 9-23과 같다. 정전압 구동형으로 홀 소자의 출력전압이 선형적인 홀 소자와 같이 차동 증폭된 후, 슈미트 트리거 회로를 거쳐 특정 자기장 이하 혹은 이상인 경우, 출력단의 전압이 High(Vcc)와 Low(0.4 V)상태로 출력되도록 설정되어 있다. 디지털 홀 IC는 그림 9-23과 같이 선형 혹은 원형으로 영구자석을 배열한 구조에서 변위 측정과 운동방향 및 운동속도의 측정에 용이한 특징을 지닌다.

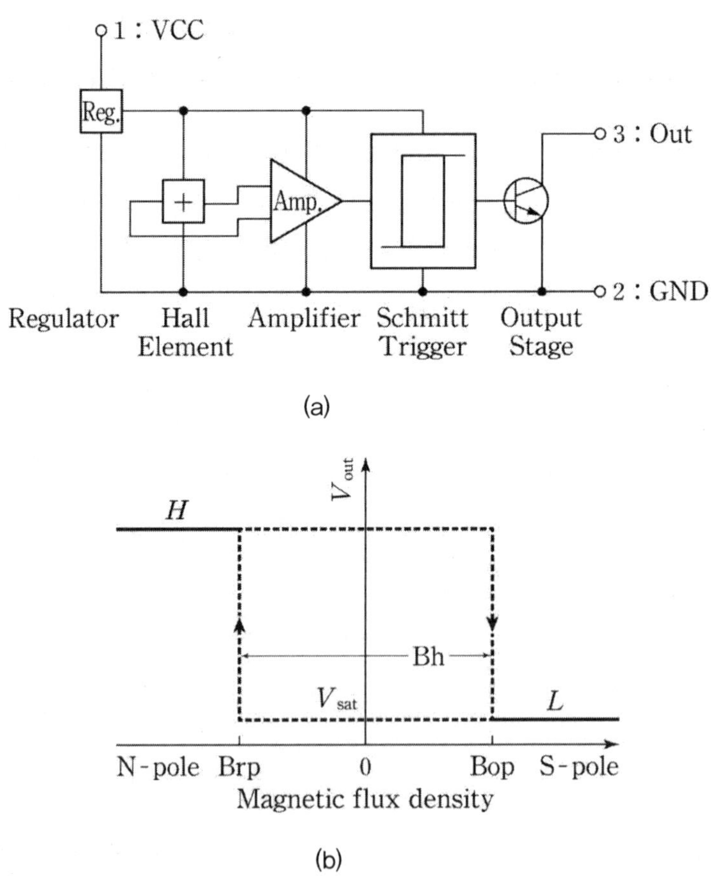

| 그림 9-23 | 디지털 Hall IC: (a) 내부 기능도 (b) 출력 특성(Asahi Kasei Microdevices 제공)

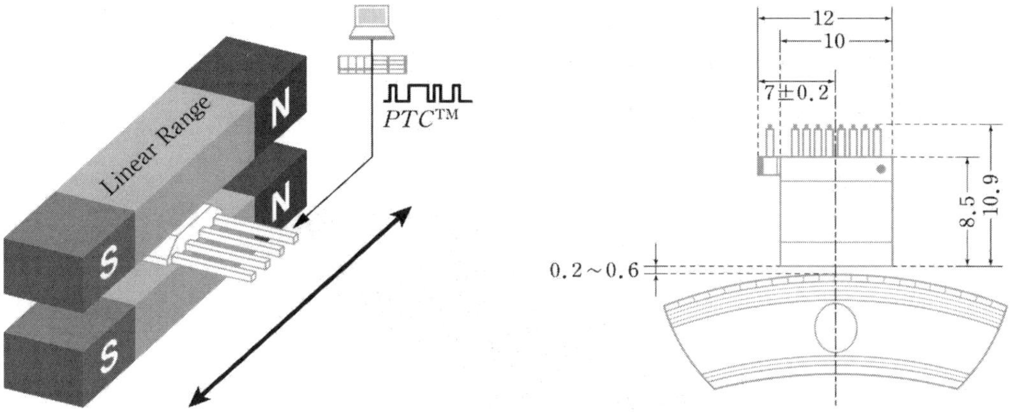

(a) (b)

▎그림 9-24▐ 디지털 홀 IC의 응용: (a) 선형 변위 (b) 회전 변위 측정센서
(MELEXIS application note/Renishaw Datasheet 제공)

[표 9-3] Hall IC 특성 비교표

항목	EQ-430L	EW-400	SS49E
출력 형태	선형	디지털	선형
입력전압 (V)	3.0 ~ 5.5	-0.3 ~ 18	3 ~ 6
출력 감도 (mV/mT)	130	-	16 ~ 20
출력전압 (V)		-0.3 ~ V_{CC}	0.86 ~ 4.21
출력전류 (mA)	±1.2	15	20
B_{op} (mT)	-	5 ~ 20	-
B_{rp} (mT)	-	-20 ~ -5	-
히스테리시스, B_h (mT)		20	-
포화전압, V_{sat} (V)	-	0.4	-
출력단 용량 (pF)	1000	-	-
출력 상승시간 (㎲)	5	-	-
출력 하강시간 (㎲)		-	-
선형성 (% F.S.)	±0.5	-	-
응답시간 (㎲)	4	-	3
동작온도 (℃)	-40 ~ 100	-20 ~ 115	-40 ~ 85
보관온도 (℃)	-40 ~ 125	-40 ~ 125	-60 ~ 150

표 9-3은 산업 현장에서 응용되고 있는 Hall IC의 특성을 제시한 것이며, SS49E Hall IC와 비교기를 이용한 자기장 센서의 응용 예를 제시하면 그림 9-25와 같고, 내부 센서의 기능도는 그림 9-22 (a)와 같다.

| 그림 9-25 | 홀 IC와 증폭기, 비교기를 이용한 디지털 자기 센서

한편 그림 9-25의 홀 센서와 LED 및 부저를 이용한 자기장 센서의 응용 예에 대한 회로구성은 그림 9-26에 제시하였고, 아두이노 보드를 이용한 프로그램 스케치를 제시하면 아래와 같다. 본 스케치는 청각 장애인에게 자기장의 감지시 LED를 켜주고, 시각 장애인을 위해 압전 스피커를 통해 경보음을 울려주는 기능을 가질 수 있도록 하였다.

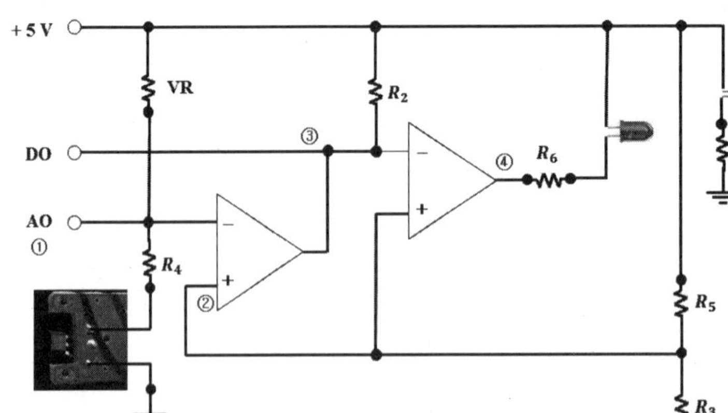

H_μ	AO (-)	② (+)	③	④	LED Green	LED Red
High	Low	High	High	Low	ON	ON
Low	High	Low	Low	High	OFF	ON

| 그림 9-26 | Hall IC를 이용한 경보센서 모듈 응용 예

```
int IN = 10;
int OUT1 = 3;
int OUT2 = 8;
int value1 = 0;
void setup()
{
    Serial.begin (9600);
    pinMode (IN, INPUT);
    pinMode (OUT1, OUTPUT);
    pinMode (OUT2, OUTPUT);
}

void loop()
{
    value1=digitalRead(IN);
    Serial.println(value1);

     if((value1 == HIGH))
         {
           digitalWrite(OUT1, HIGH);
           digitalWrite(OUT2, HIGH);
           delay(50);
           digitalWrite(OUT1, LOW);
           digitalWrite(OUT2, LOW);
           delay(4000);
         }
    else
         {
          digitalWrite(OUT1, LOW);
          digitalWrite(OUT2, LOW);
         }
}
```

https://www.akm.com/kr/ko/products/hall-sensor/tutorial/magnetic-sensor/

4 로터리 인코더 (Rotary Encoder)

로터리 인코더는 단어 자체가 갖고 있는 의미로 rotary(회전) en(접두사로 make) + code(r)(부호 발생기)의 의미를 지니고 있다. 따라서 rotary encoder라 하면, 우리말로 '회전 부호 발생기' 혹은 '회전 부호기'로 정의될 수 있다. 즉, 로터리 인코더를 회전하는 축과 함께 연결하면, 회전하는 방향과 거리 및 속도 등을 확인할 수 있는 회전 변위 센서로 기능하게 된다.

| 그림 9-27 | 각종 회전 부호 발생기(rotary encoder)

그림 9-27은 각종 회전 부호 발생기를 나타낸 것이다. 회전 부호 발생기는 출력방식과 변환원리에 따라 분류할 수 있는데, 출력방식에 따라 증가형과 절대치형으로 나눌 수 있다. 증가형은 회전 변위에 따른 펄스 수로 표현하는 방식의 센서이고, 절대치형은 회전 변위를 절대적인 이진수의 변화로 출력하는 방식이다. 신호검출에 사용되는 센서의 종류에 따라 광학식 회전 부호발생기, 자기적 회전 부호발생기, 용량형 회전 부호발생기로 분류할 수 있다.

4.1. 회전식 부호 발생기의 종류와 동작

본 절에서는 광센서, 자기센서, 용량형 센서를 이용한 회전식 부호 발생기의 동작원리를 살피고, 다음 절에서는 가장 대표적인 광학식 회전 부호 발생기(Optical rotary encoder)의 종류와 동작원리에 대해 보다 상세하게 살펴본다.

그림 9-28은 일반적인 광학식 회전 부호 발생기의 구조의 예를 나타낸 것이다. 구성 요소는 발광부(LED)와 수광부(포토 Tr. 혹은 포토 diode), 코드 디스크, 마스크와 전자 회로부를 포함하고 있다. 코드 디스크에는 발광부에서 방출되는 빛을 통과시키는 슬롯이 있으며, 마스크에는 기준이 되는 상(Z)의 슬롯, A와 B 상을 살필 수 있는 슬롯이 포함되어 있다. 이때 코드 디스크는 회전을 하지만, 마스크는 고정된 상태로 있어 코드 디스크의 회전 방향과 속도에 따라 A, B, Z 상의 슬롯을 통해 입사되는 광에 의한 수광부의 출력특성을 확인하여 회전 방향과 거리 및 속도를 계측하게 된다.

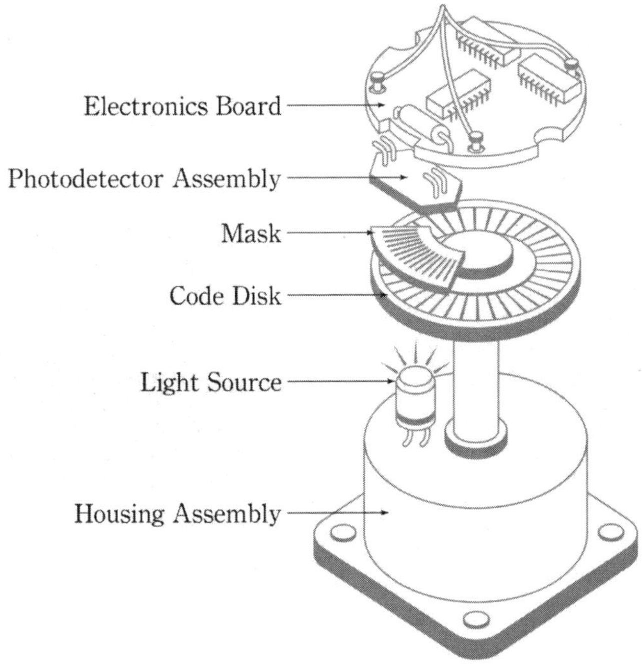

| 그림 9-28 | 광학식 회전 부호 발생기의 구조

그림 9-29는 자기식 회전 부호 발생기의 구조를 나타낸 것으로, 그림 9-29 (a)에 제시된 것과 같이 영구자석의 극성을 교번하여 디스크 상에 배치하고, 회전에 따른 자속밀도와 자기장의 방향에 따른 극성의 변화를 Hall IC나 자기저항 소자를 통해 측정한다. 자기장의 변화에 따른 센서의 출력은 그림 9-29 (b)에 제시된 회로부를 통해 MCU에서의 추가적 신호처리를 위해 제공된다.

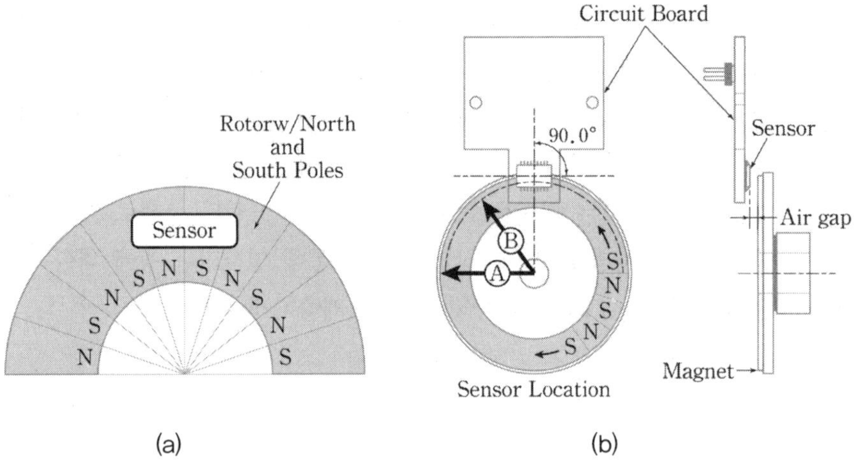

▌그림 9-29▐ 자기식 회전 부호 발생기 구조: (a) 센서부 (b) 전체 구성도

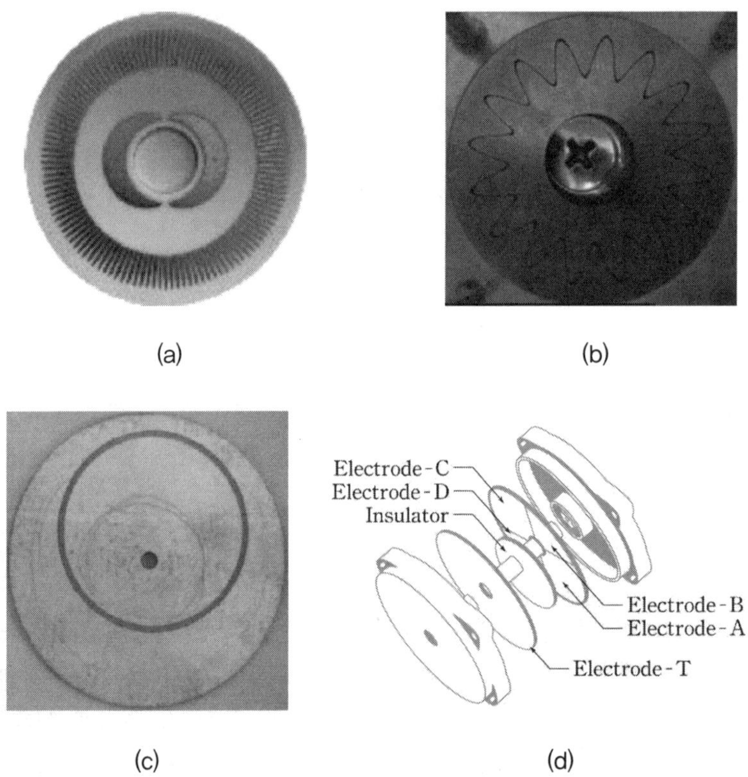

▌그림 9-30▐ 용량형 부호 발생기의 회전판(Rotors): (a) 절대값형 (b) 증가형 (c) 단극 증분형 (d) 조합된 전체 구조도

그림 9-30은 용량형(capacitive) 부호 발생기의 회전판(rotor)의 구조들과 이들을 조합한 부호 발생기 전체 체결도(assembly)를 나타낸 것이다. 평행 평판상의 전기적 용량은 아래의 식 (9.16)으로 주어진다.

$$C_s = \frac{\epsilon_o \epsilon_r}{d} S \tag{9.16}$$

여기서 ϵ_o는 진공상의 유전율, ϵ_r 평행 평판 상의 유전체의 유전율, d는 평행 평판사이의 거리, S는 두 평판의 면적을 의미한다.

식 (9.16)을 통해 용량형 부호 발생기의 고정판과 회전판 사이의 전극을 일정한 패턴(그림 9-30 (a), (b))으로 설정하면 회전판(rotor)의 회전에 따라 전기적인 용량이 변화한다. 이런 용량의 변화를 보이는 커패시터를 용량-전압 변환회로(capacitance-voltage converter)에 결선하면 용량의 변화에 따른 전압 출력을 확보하게 된다.

4.2. 증가형(incremental type) 광학식 부호 발생기

그림 9-31은 광학식 부호 발생기의 동작을 설명하기 위한 기본적 구성요소를 나타낸 것이다. LED에 의해 조사된 빛은 디스크의 슬롯 혹은 투명창을 통해 포토 트랜지스터의 베이스에 조사된다. 포토 트랜지스터에 빛이 입사되면 트랜지스터는 On 되고, 출력단자는 Low 상태가 된다. 디스크의 회전에 따라 LED의 빛이 포토 트랜지스터에 전달되지 않으면, 포토 트랜지스터는 Off 상태가 된다. 따라서 출력단자는 High 상태가 되고, 이런 과정은 디스크의 회전과 LED/Photo-Tr.의 개수와 배치 상태에 따라 High-Low 상태의 출력을 무한정 반복하게 된다.

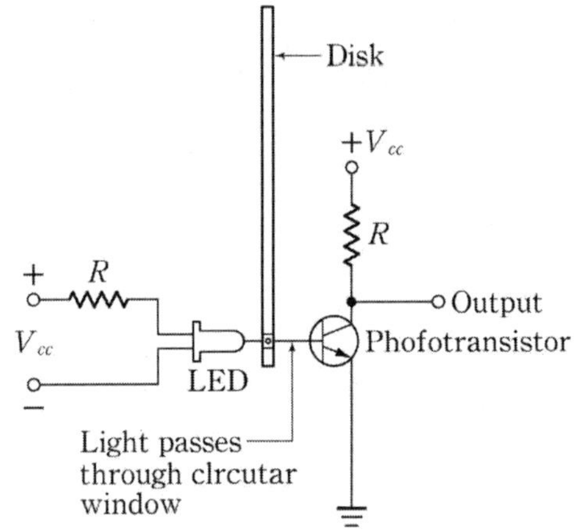

▌그림 9-31▐ 광학식 부호 발생기의 기본적 구성요소

그림 9-32는 증가형 광학식 부호 발생기의 슬롯 패턴과 슬롯의 회전 방향에 따른 수광부에서의 펄스 출력과 이진부호를 나타낸 것으로, 기본 회로는 그림 9-31에 제시된 것을 따른다고 가정한다. 그림 9-32 (a)의 슬롯이 Z상을 기준으로 시계방향(CW: 1-2-3-…8)과 반시계방향(CCW: 1-8-7-…2)으로 회전할 때 각 상을 통한 펄스 출력을 나타낸 것이다. 시계방향으로 회전하는 경우, 1번 상태부터 8번 상태에 이르기까지 Z상은 1회전 당 1회의 펄스 신호를 제공한다. 반면 A상과 B상은 네 개의 분할된 면상에서(0011) 상태를 반복한다. 즉, 1회전 당 펄스의 High 상태와 Low 상태를 네 번 반복하는데, 회전 방향에 따라 High가 빠르거나 늦게 된다. 시계방향으로 회전 시 각 상별 이진부호를 중심으로 설명하면, 상태 1에서 2로 변화하면, A상이 먼저 High가 되고(A가 진상), 그 후에 B상이 High(B는 지상)가 된다. 그러나 반시계방향으로 회전하면(1-8-7번 순으로 회전), B상이 A상보다 먼저 High가 되는 것을 볼 수 있다. 따라서 회전의 방향은 A상과 B상의 펄스의 위상차로 확인할 수 있으며, 회전수는 Z상의 상태 변화로 그 회전수를 계수(count)할 수 있게 된다.

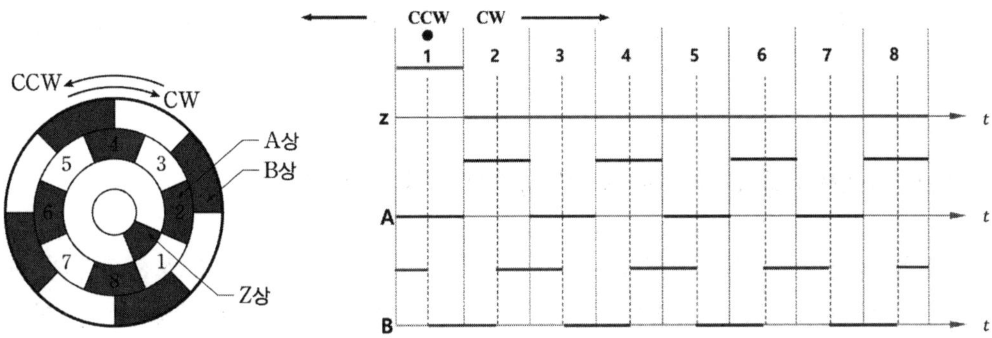

(a)

	1		2		3		4		5		6		7		8	
z	1	1	0	0	0	0	0	0	0	0	0	0	0	0	0	0
A	0	0	1	1	0	0	1	1	0	0	1	1	0	0	1	1
B	1	0	0	1	1	0	0	1	1	0	0	1	1	0	0	1

(b)

▌그림 9-32▐ 증가형 광학식 부호발생기: (a) 기본 구조와 각 상별 출력 (b) 각 상별 이진부호

그러나 분해능은 원판 디스크의 슬롯의 폭과 개수에 의존하게 됨으로써, 이런 단점을 보완하기 위해 A/B 상의 펄스 상승과 하강 시 일정폭을 갖는 펄스를 발생하면 그림 9-33과 같이 위치에 따른 분해능을 향상시킬 수 있다.

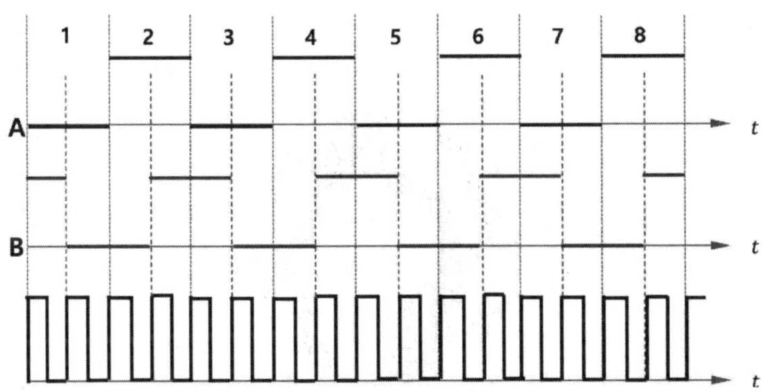

▌그림 9-33▐ 펄스 신호 발생에 의한 분해능 향상 원리

증가형 광학식 부호 발생기는 기준 위치를 임의로 선택할 수 있고, 회전량을 무한히 측정 가능하다는 장점을 갖고 있다. 그러나 센서가 동작 중에 정전되면 정전 시의 위치

를 알 수 없고, 각 상이 Low 상태일 때 외부 잡음에 의해 High 상태 신호가 삽입되면 회전변위 계수의 오차가 발생하는 단점을 지닌다.

4.3. 절대값형(absolute type) 광학식 부호 발생기

절대값형 광학식 부호 발생기는 증가형의 단점인 현재 위치 인식과 정전 전후의 위치 파악의 문제점을 개선한 장점을 지니고 있다. 절대값형 광학식 부호 발생기는 순 이진부호(pure binary code)를 사용하는 방식과 그레이 코드(gray code)를 갖는 두 가지로 분류된다.

그림 9-34는 4-bit 순 이진부호를 갖는 절대값형 광학식 부호 발생기의 디스크상의 패턴과 순 이진부호를 나타낸 것이다. 검은색은 빛이 투과되지 않는 부분을 나타낸 것이며, 흰 부분은 빛이 통과되는 것을 의미한다. 이 디스크와 그림 9-31에 제시된 기본 광센서의 조합에 의한 순 이진부호를 각 상태 (0,1,2,3⋯, 15)와 같이 제시하였다. 그림 9-34에 표기한 것과 같이 상태 2, 4, 6, 8, 10, 12, 14는 전 상태와 비교하면 두 비트 혹은 세 비트가 동시에 변화되는 것을 볼 수 있다. 이런 이진수의 변화는 하드웨어상에서 이진수를 계수(counting) 하는 과정에서 오차(race conditions)를 발생하는 단점을 지니게 된다. 예를 들어, 상태 7에서 8로 변화하는 단계에서 계수되는 신호가 (1111)로 오류를 발생시킬 수 있는 단점이 있다.

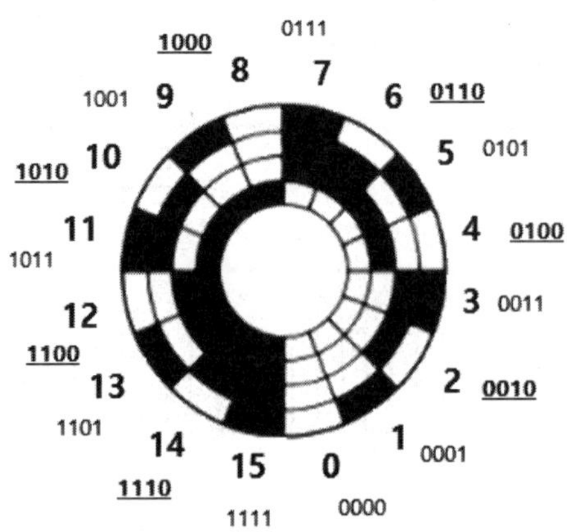

▌그림 9-34▐ 4-bit 순 이진부호의 절대값형 부호 발생 디스크 예

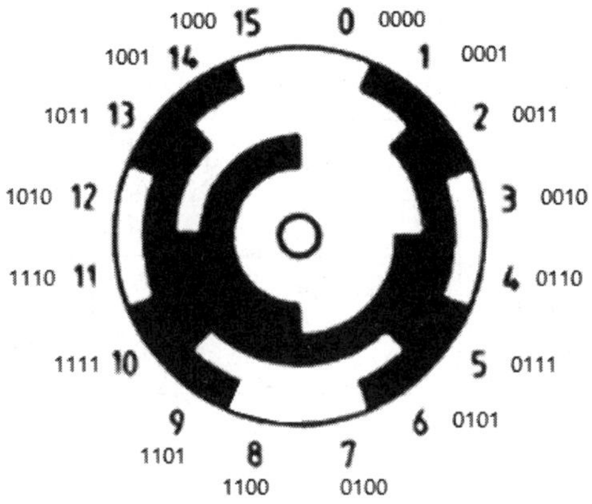

| 그림 9-35 | 그레이 코드를 이용한 절대값형 부호 발생기 디스크 예

각 상태가 변화할 때 오직 '한 비트(one bit)'만 변화하도록 한 방식이 그레이 코드(gray code)를 이용한 것이다. 그레이 코드(gray code) 방식에 의한 절대값형 광학식 부호 발생기는 그림 9-35에 제시하였다. 0을 기준점으로 반시계 방향으로 회전하면 이진부호가 0000(상태 0)에서 0001(상태 1), 0011(상태 2) 등으로 변화되고, 시계 방향으로 회전하면 0000(상태 0)에서 1000(상태 15), 1001(상태 14)등 한 비트만 변화됨으로써 순 이진 부호형의 단점을 보완하고 있음을 볼 수 있다. 또한 전원의 Off시 증가형의 단점은 현재 위치의 모호성이 있으나, 그레이 코드를 이용하면 전원이 Off되어도 각 상태가 이진 부호화되어 출력됨으로 현재 상태를 정확하게 파악할 수 있는 장점을 갖고 있다. 그러나 분해능을 향상시키기 위해 다채널(다상 혹은 n-bit) 발광과 수광부가 내장되어야 하기 때문에 회로가 복잡해지는 점도 있음을 고려해야 한다.

광학식 부호 발생기는 산업계에서 널리 활용되고 있는데, 로봇의 다관절 제어용 BLDC(Brushless DC) 모터의 회전 변위와 속도 검출, 컨베이어 벨트의 움직임 변화 측정, 항공우주분야의 자세 제어를 위한 축 변화 등 정밀한 회전 변위 측정에 광범위하게 응용되고 있다. 본 절에서 제시한 광학식 부호 발생기와 기계식, 전기 용량식 및 자기방식을 서로 비교하면 표 9-4와 같다.

[표 9-4] 회전 변위 센서의 종류별 특징

항목	광학식	기계식	전기 용량식	자기장 방식
장점	고 분해능, 신호처리 회로 용이	저가, 표준화된 생산 공정 관리	마모 손 없음, 적은 부품수에 의한 저가, 소모전력 작음	소형 부피, 먼지에 영향 없음
단점	먼지에 의한 광학적 간섭, 작은 허용오차	정밀도 낮음 마모 손에 의한 오차 발생	저 신호레벨 신호처리 복잡	허용오차 작음
분해능	◎	▽	○	○
가격	◎	▽	△	○

◎: 매우높고, 좋음, ○: 높음, △: 중간, ▽: 낮음.

5 초음파형 (ultrasonic type)

음파(sound wave)는 음압의 변화에 따라 공기, 물, 고체 등의 매질을 통해 전파되는 압력파로서 매질 개개의 입자가 파동이 진행하는 방향의 앞뒤로 진동하는 종파로 정의된다. 인간의 청각기관에서 들을 수 있는 20 Hz ~ 20 kHz 범위의 주파수의 신호를 일반적으로 음파라 하고, 20 kHz 이상의 신호를 초음파(ultrasonic wave)라 정의한다. 초음파는 제트엔진, 고속으로 회전하는 드릴, 세척장비등에서 발생되며, 전자파에 비해 인체에의 영향이 적어 의료용 기기에 많이 응용된다.

초음파의 발생을 위한 진동자는 초음파 발생의 원리에 따라 압전 진동자, 전자 유도형 진동자, 자왜 진동자로 분류된다. 현재 압전 방식과 자왜방식의 진동자가 널리 이용되고 있다. 이중에서 압전 방식의 진동자는 인가전압에 따라 기계적 진동을 변환시키거나, 기계적 진동을 전하로 직접 변화하기 때문에 거리 측정, 의료 영상 이미지, 의료용 치료 및 미용 기기 등에 이용되고 있다.

그림 9-36 (a)는 압전형 초음파 변환기의 구조, 그림 9-36 (b)는 압전체에 특정 주파수 (30 ~ 40 kHz)의 교류전압을 인가하였을 때 발생되는 기계적 변형을 나타낸 것이다. 초음파 변환기로 사용되는 압전체는 분극(poling) 과정을 통해 전하의 중심이 왜곡된 상태로 제작된다. 압전체의 상부전극과 하부 금속 다이어프램에 고주파 전압을 인가하면, 전압의 극성에 따라 압전체는 수축(compression)과 팽창(extension)을 한다. 압전체의 수축과 팽창의 과정에서 금속 다이어프램의 기계적 변형이 작은 경우(금속이 수축과 팽창을 하

지 않는 경우), 금속 다이어프램은 압전체의 수축과 팽창에 대응하여 그림 9-36의 (b)처럼 변형하게 된다. 이에 따라 주변의 매질을 앞과 뒤로 진동시킴으로써 특정 주파수의 음파를 송신하게 된다. 이때 동일한 구조의 압전체를 송신용 초음파 변환기 옆에 두면, 물체에 부딪혀 반사된 파에 의해 수신부의 압전체가 진동하고, 이에 따라 전하가 발생됨으로써 전압 검출하고, 신호처리 과정을 거쳐 거리를 계산한다.

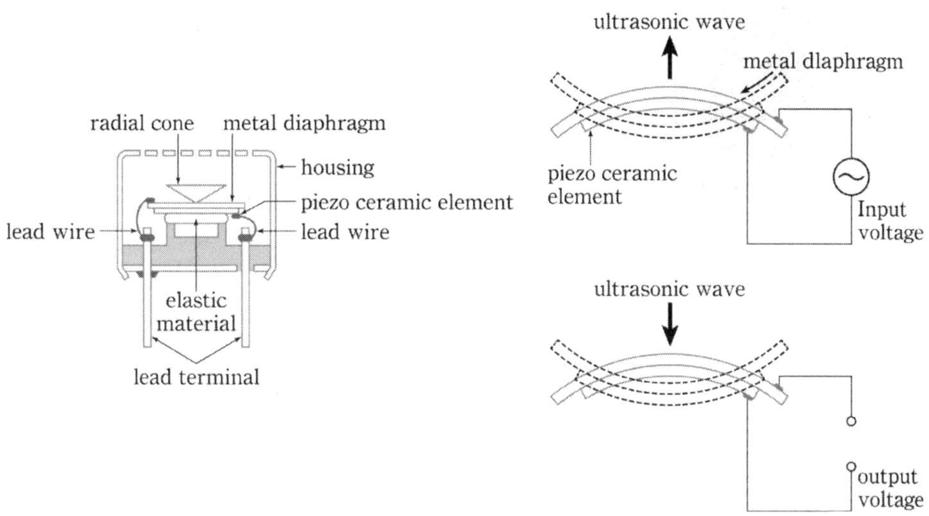

(a) (b)

| 그림 9-36 | 압전형 초음파 변환기: (a) 구조 (b) 송수신부 일체
(Source: Nippon ceramics, Co.)

그림 9-37은 초음파 센서의 형상(HC-SR04, Handson Technology)과 거리 측정원리 및 응답시간과의 관계를 나타낸 것이다. 두 개의 압전형 변환기는 초음파의 송신과 수신용으로 사용된다. 초음파 센서의 전면에 물체가 존재하는 경우, 초음파가 이동한 총 거리는 음파의 속도와 송·수신부의 중심축에서 각각의 변환기와 물체와의 각도, θ의 함수로 식 (9.17)과 같이 표현된다.

$$L_o = \frac{1}{2} vt\cos\theta \tag{9.17}$$

여기서 음속, $v = (331.3 + 0.606 \times T)$로 정의되는데, T는 주변 분위기 섭씨온도, t는 송신과 수신간 경과한 시간을 의미한다. 이때 초음파 센서의 송·수신부의 간격대비 물체의 거리가 상대적으로 긴 경우, 식 (9.17)에서 $\cos\theta \simeq 1$이 된다.

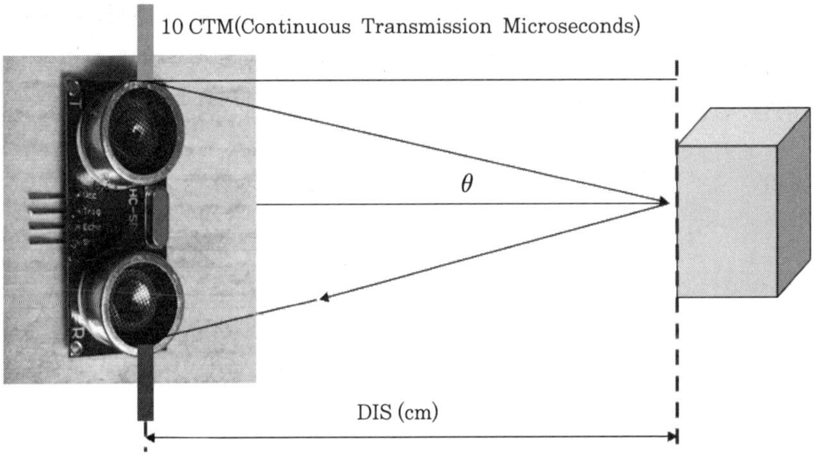

(a)

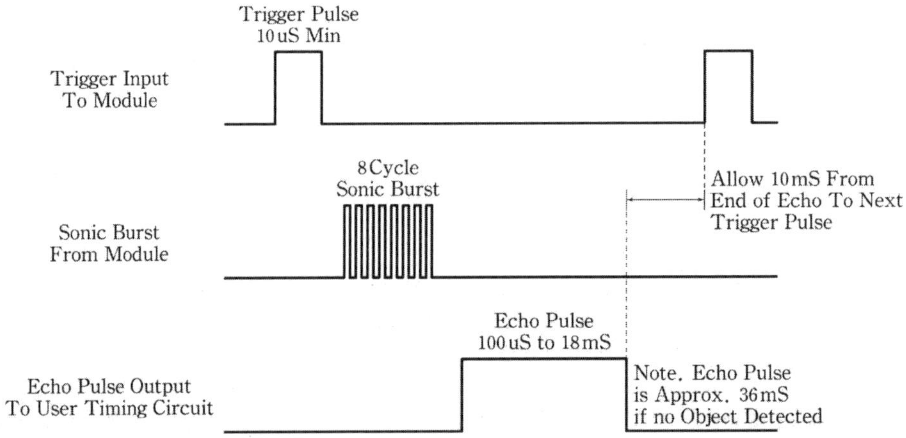

(b)

| 그림 9-37 | 초음파 센서의 형상과 동작원리 및 응답시간: (a) 형상과 동작원리 (b) 응답시간(HC-SR04 Handson Technology 제공)

초음파 센서는 주기적 거리 계산을 위해 10 μs 시간의 펄스를 제공하여 센서를 구동하고, stop 신호까지 60 ms의 시간을 둔다. 초기화 후, 10 μs의 8개 연속적 펄스를 송신하고, 이들이 반사되어 온 반향 펄스(echo pulse)의 HIGH 상태 시간을 계산하여 물체까지의 거리를 계산한다. 측정된 거리의 신뢰성 향상을 위해 온도 센서 IC의 출력을 받아 분위기 온도를 계산하고, 이를 음파의 속도에 응용한 초음파 센서 모듈과 아두이노 플랫폼 상의 회로도를 제시하면 그림 9-38과 같다.

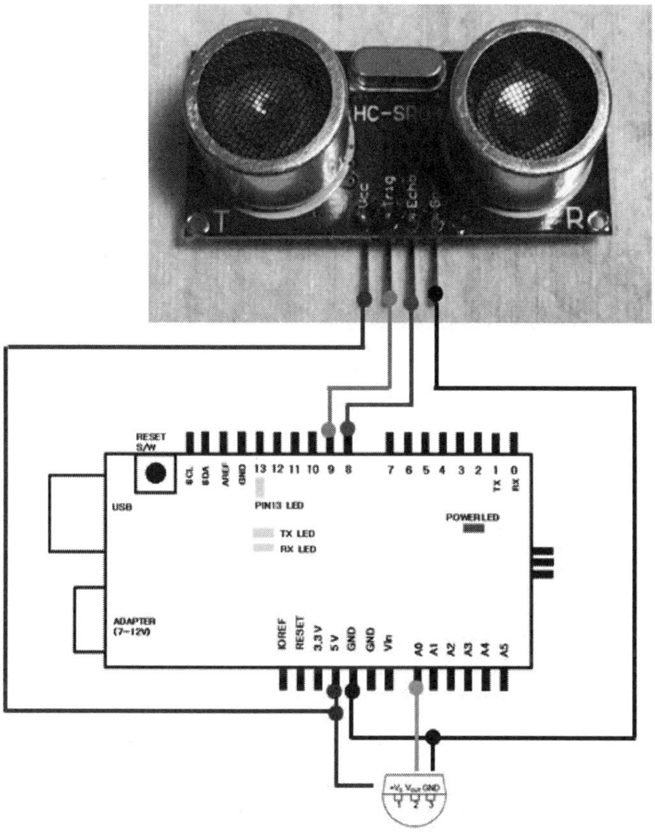

| 그림 9-38 | 초음파 센서와 온도 센서를 활용한 거리 측정용 센서 모듈

그림 9-38에 제시된 초음파 센서를 사용한 거리 측정 프로그램을 제시하면 다음과 같다.

```
#define TRIGPIN 9
#define ECHOPIN 8
#define PW 10

const byte pinLM35 = A0;
const float VREF=5;

void setup()
{
 Serial.begin(9600);
 pinMode(ECHOPIN, INPUT);
 pinMode(TRIGPIN, OUTPUT);
}

void loop()
{
    float value, voltage, temp, velo;

    value=analogRead(pinLM35);
    voltage=value/1023*VREF;
    temp=voltage*100;
    velo=(331.3+0.606*temp);

    int DUR;
    float DIS;

    digitalWrite(TRIGPIN,HIGH);
    delayMicroseconds(PW);
    digitalWrite(TRIGPIN, LOW);
    DUR = pulseIn(ECHOPIN, HIGH);
    DIS = (float)DUR*0.5*velo/10000;

    Serial.print(temp), Serial.print(" C, "),Serial.print("velocity= "),
Serial.println(velo, 5);
    delay(1000);
    Serial.print(DIS), Serial.println("  cm");
    delay (2000);
}
```

참고문헌

1. https://www.elecrow.com/crowtail-linear-potentiometer-p-1272.html
2. https://www.midoriamerica.com/blue-pot-magneto-resistive-element-type-contactless-potentiometer/
3. Datasheet, Handson technology, KY-040.
4. Andrew J. Fleming, "A review of nanometer resolution position sensors: operation and performance", Sens and Actuator A, 190 (2013), pp.106-126.
5. Datasheet, Analog Device: AD598, AD8615, AD7992.
6. Datasheet, TE connectivity company: LVDT position sensors Marco PR 750.
7. Datasheet, Microstrain Sensing Product Datasheet, SG-LVDT: subminiature gauging displacement sensor.
8. Datasheet, Singer Instruments and Control, Micro miniature A-LVDT SM series.
9. 김종오 역, 물리학총론 2부, 제 30장 자기장, pp.775, 1987.
10. Y. Xu, X. Hu, L. Jiang, "An analytical geometry optimization model for current-mode cross-like hall plates", Sensors 2019, 19, 2490.
11. E. Yavsan et al., "The effect of rotor plates on capacitive measurement in capacitive encoders", 2020 International congress on Human-computer interaction, optimization and robotic applications (HORA), 2020.

https://www.youtube.com/watch?v=rUkrpqEmXb8

https://makeabilitylab.github.io/physcomp/sensors/#distance

HTTP://www.midoriamerica.com/blue-pot-magneto-resistive-element-type-contactless-potentiometer/

https://www.youtube.com/watch?v=XfYh5_S691I

CHAPTER 10

힘과 촉각 센서 (Force and Tactile Sensor)

힘은 물체에 작용하여 정지해 있던 물체는 움직이게 하고, 움직이던 물체는 힘에 의해 그 방향을 바꾸거나 멈추게 된다. 또한 힘이 특정 재료로 구성된 소자에 가해지면 재료 물성에 따라 변형을 일으키게 된다. 따라서 기계적인 구조물의 제작과 설치에서 물체 및 구조체에 가해지는 힘과 힘의 분포를 측정하고, 구조물의 변형에 의한 힘의 전달을 해석하는 것은 안정성 확보에 큰 영향을 끼치게 된다.

본 과정에서는 힘의 기본적 개념과 힘에 의한 물체의 변형 및 그에 따른 재료의 기계적 변화와 이로 인한 전기저항에의 영향을 살펴본다. 또한 힘을 측정하기 위한 구성요소별 변환기의 변화에 따른 기계적, 전기적 물리량의 변화를 살피고, 이를 어떻게 해석할 것인가를 금속과 실리콘 반도체의 관점에서 살펴보고자 한다. 또한 금속이나 실리콘 반도체의 경우, 정온도 계수를 갖고 있으므로, 온도에 따른 저항의 변화를 살피고, 힘의 계측시 온도의 변화에 대한 보상을 어떻게 고려할 수 있는지도 살펴본다. 마지막으로 촉각 센서의 종류와 구조에 대해서 간략하게 살펴봄으로써 인체 구조에서 피부의 압각이 갖는 의미를 알아본다.

본 학습과정을 통해 다음과 같은 능력을 갖출 수 있을 것이다.

1. 힘과 변형률의 관계를 정성적으로 이해하고, 이에 따른 재료의 저항에의 영향을 수식적으로 살펴 설명할 수 있다.

2. 힘 센서를 구성하는 1차 변환기의 형상에 따른 힘과 변형의 관계를 정립하고, 2차 변환기인 금속과 실리콘 반도체에서 힘에 의한 저항의 변화가 수식적으로 어떻게 정리되는지 재료의 특성 관점에서 설명할 수 있다.

3. 감도 향상과 온도 보정을 위한 스트레인 게이지 회로에 대해 설명할 수 있다.

1 기본 정의와 개념

1.1. 힘의 기초개념

우리들의 일상생활에서 힘(Force)을 측정하는 예는 흔하지 않지만, 토크렌치(Torque wrench)가 대표적인 힘 측정기구로 사용되고 있다. 힘은 벡터량으로 크기와 방향을 갖고 있으며, 힘과 관련된 대표적인 법칙으로 뉴턴역학의 관성, 가속도 및 작용과 반작용의 법칙으로 분류할 수 있다.

제 1 법칙으로 알려져 있는 관성의 법칙은 외부에서 대상 물체에 힘이 작용하지 않는 한 물체는 현재의 상태(정지 혹은 움직임의 상태)를 계속 유지하고자 하는 성질을 지닌다.

제 2 법칙은 가속도의 법칙으로 물체의 가속도는 질량에 반비례하고, 외력에 비례한다. 가속도의 법칙은 물체에 작용하는 힘, 특히 중력과 이로 인한 물체의 질량을 지렛대의 원리에 의해 측정 가능하게 한다. 즉, 기지의 질량을 지렛대의 한쪽 끝에 매달아 두어 특정한 중력이 작용하게 하고, 알고자 하는 질량을 반대편에 매달아 지렛대에서 양쪽의 균형점을 찾는 과정을 통해 미지의 질량을 측정하는 고전적인 방법에 적용되었다. 이 과정은 표준 질량의 중력을 반대되는 임의의 힘으로 상쇄시킴으로써 미지의 질량을 측정하는 방식이다.

제 3 법칙은 작용과 반작용의 법칙으로서 모든 작용에는 반드시 동일한 반작용이 발생하거나, 서로 다른 두 물체간의 상호 작용은 항상 동일하지만 반대방향을 갖는다는 것이다. 예를 들어, 금속과 같은 탄성체로 제작된 외팔보(cantilever)에 탄성한계 이하의 힘이 작용하면, 이로 인해 금속은 변형하고, 외력이 제거되면 금속은 원래의 상태로 회복된다. 일련의 과정에서 외팔보에 작용된 힘과 이에 따른 반작용은 탄성체 내부에 탄성 에너지의 형태로 보존되어 있게 된다.

뉴턴의 법칙으로 대표되는 고전역학에서 힘의 측정은 제시된 예와 같이 간접적으로 측정한다. 고체에 가해지는 힘은 제시한 외팔보의 탄성 변형량과 힘의 관계를 이용하여 전기적으로 출력할 수 있는 방법을 선택한다. 반면 액체와 같이 넓은 면적에 작용하는 힘은 단위 면적당 가해지는 힘인 압력을 측정함으로써 정량적으로 알게 된다. 즉 힘 혹은 가속도, 압력의 측정은 1차 변환기(외력을 기계적인 물리량 변환)를 이용하여 내부에너지로 변환된 물리량을 계측한다. 1차 변환기를 통해 재료에 축적된 에너지는 이로 인한 전기적 특성변화 과정을 통해 센서로서 동작할 수 있도록 하는 2차 변환을 거치는 복합 센서로 구성되는 특징을 지닌다.

1.2. 힘과 변형율

1차와 2차 변환을 통한 힘의 측정을 고려하기 전에 외부에서 작용하는 힘이 1차 변환기인 재료에 가하는 힘과 이에 따른 재료의 변형에 관해 살펴보자. 그림 10-1에 제시된 단면적 A_0인 원형 봉에 축 방향 인장력(tensile force), F_a가 주어진 경우, 봉의 단면에 가해지는 응력(stress)은 식 (10.1)로

$$\sigma_a = \frac{F_a}{A_0} \tag{10.1}$$

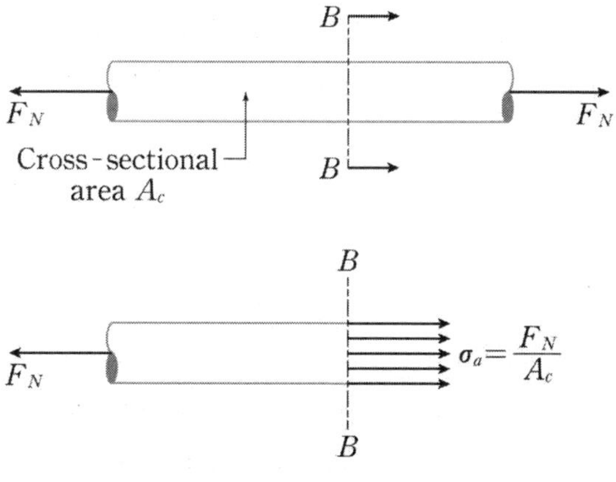

| 그림 10-1 | 축 방향 응력 상태에서 원형 봉에 작용하는 응력

로 정의된다. 하중이 작용함으로 인해 본래 봉의 길이는 늘어나고, 원 길이 l_0에 대한 길이의 변화비를 축방향 변형률이라 하며,

$$\epsilon_l = \frac{dl}{l_0} \tag{10.2}$$

식 (10.2)로 정의한다. 축 방향 변형률은 $10^{-6} m/m$ 단위의 미소량이고, 무차원의 마이크로변형률($\mu\epsilon$)을 사용한다.

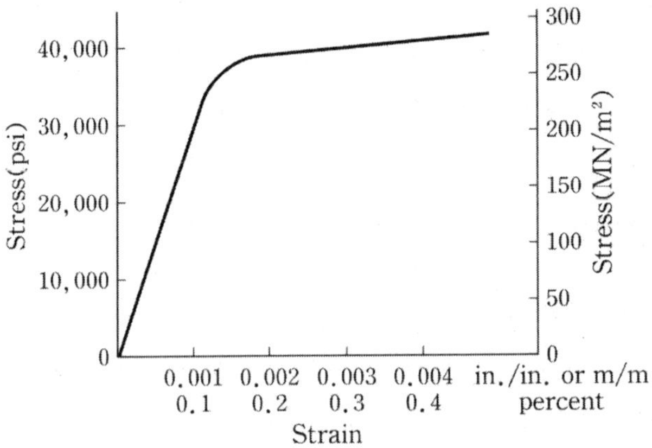

| 그림 10-2 | 연강의 응력-변형률 선도

응력-변형률의 관계는 대부분 연강에서 재료의 거동을 이해하는데 중요하고, 그림 10-2와 같은 응력-변형률의 관계를 갖는다. 탄성한계(elastic limit) 이하의 응력에서 재료는 탄성적 거동을 보이며, 응력과 변형률은 선형적인 관계를 갖는다. 그 기울기는 원자와 원자의 결합력(binding force), 융점(melting point)과 밀접한 관계를 갖는 영률(Young's modulus)로

$$E_m = \frac{\sigma_a}{\epsilon_a} \tag{10.3}$$

식 (10.3)으로 정의된다. 식 (10.3)은 훅의 법칙(Hooke's Law)로 알려져 있다. 대부분의 힘 센서는 재료의 탄성범위 내에서 작동하도록 설계되어 있으며, 이로 인해 외부 힘과 재료는 선형적인 거동을 보이고, 1차 변환기는 외부 힘에 선형적인 동작 특성을 갖도록 설계된다.

그림 10-1에서 하중 F_a에 의한 봉의 신장을 고려할 때, 총질량과 부피는 보존되기 때문에 단면적은 감소하고, 봉이 축 방향으로 압축을 받으면 단면적은 증가한다. 이런 단

면적의 변화는 가로 변형률(lateral or transverse strain)인 식 (10.4)로 표현된다. 여기서 r은 원형 봉의 반지름을 의미한다.

$$\epsilon_t = \frac{dr}{r} \tag{10.4}$$

재료의 탄성범위 내에서 축 방향 변형률이 증가하면, 가로 변형률의 변화도 이에 상응하여 일정한 값을 갖는다. 따라서 축 방향 변형률에 대한 가로 변형률의 비 또한 재료의 특성으로 나타나고, 이 특성을 프아송의 비(Poisson's ratio)라 정의하고, 식 (10.5)와 같이 표현된다.

$$\nu = -\frac{\epsilon_t}{\epsilon_a} \tag{10.5}$$

2 외부 응력(external stress)에 따른 재료의 저항변화

그림 10-3과 같은 원통형상을 갖는 등방성 도전성 재료(isotropic conductive materials)에 길이 방향(축 방향, axial or longitudinal)으로 전계, E를 인가한 상태를 가정하자. 이때 전기저항을 R로 정의하면 온도의 변화가 없는 상태에서 전기 저항은 비저항(ρ)과 도선의 길이(l)에 비례하고, 단면적($A = \pi(d_0/2)^2$)에 반비례하는 식 (10.6)으로 표현된다.

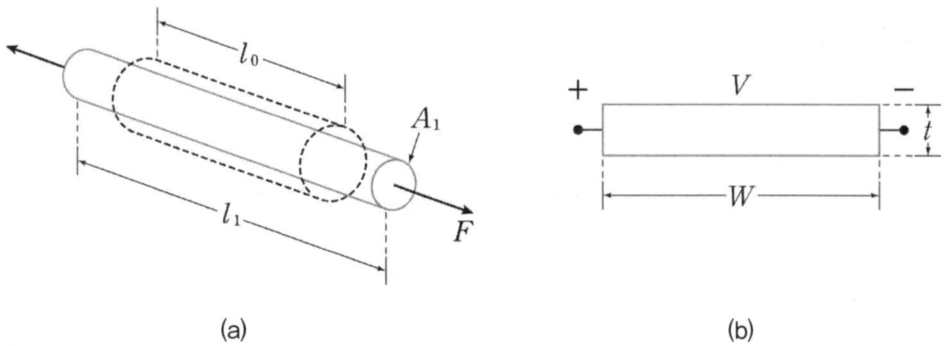

| 그림 10-3 | 금속 저항선의 형상: (a) 원형 (b) 직사각형

$$R = \rho \frac{l}{A} \tag{10.6}$$

축 방향으로 인장응력, F가 인가되면 초기 저항 R_0는 R_f로 변화하게 되며, 저항변화는 전미분에 의해 아래의 식 (10.7)로 주어진다.

$$dR = \frac{\partial R}{\partial \rho} d\rho + \frac{\partial R}{\partial l} dl + \frac{\partial R}{\partial A} dA \tag{10.7}$$

식 (10.7)에서 각각의 편미분항은 식 (10.8)로 주어지며, 이들을 대입하고, 초기 저항 R_0로 나누면, 식 (10.9)가 된다.

$$\frac{\partial R}{\partial \rho} = \frac{l_0}{A_0}, \frac{\partial R}{\partial l} = \frac{\rho_0}{A_0}, \frac{\partial R}{\partial A} = -\frac{\rho_0 l_0}{A_0^2} \tag{10.8}$$

$$\frac{dR}{R} = \frac{1}{\rho_0} d\rho + \frac{1}{l_0} dl - \frac{1}{A_0} dA \tag{10.9}$$

식 (10.8), 식 (10.9)에서 초기 저항과 인장응력이 가해진 상태에서 저항에 영향을 주는 비저항과 길이 및 단면적은 각각 ρ_0, l_0, A_0에서 ρ_f, l_f, A_f로 변화된다. 이때 축 방향 변형률(logitudinal strain)은 $\epsilon_l = \frac{dl}{l_0}$이고, 축 방향에 수직한 횡 방향 변형률(transverse strain), $\epsilon_t = \frac{dd}{d_0}$로 정의할 때 포아송의 비는 $\nu = -\frac{\epsilon_t}{\epsilon_l}$로 정의된다. 따라서 인장 응력이 가해진 상태에서 원통형 저항체의 축 방향과 횡 방향 변형은 다음과 같이 증가, 감소한다.

$$l_f = l_0(1+\epsilon_l), d_f = d_0(1-\epsilon_t) \tag{10.10}$$

한편 외부 인장응력에 의한 부피와 면적의 변화, dV, dA는 다음의 식 (10.11)로 표현된다.

$$dV = A_f l_f - A_0 l_0 = \pi\left(\frac{d_0}{2}\right)^2 (1-\epsilon_l \nu)^2 l_0 (1+\epsilon_l) - A_0 l_0 \tag{10.11}$$

$$dA = A_f - A_0 = \pi\left(\frac{d_0}{2}[1-\nu\epsilon_l]\right)^2 - \pi\left(\frac{d_0}{2}\right)^2$$

식 (10.11)에서 단면적의 변화에 영향을 주는 항을 전개를 하면, 식 (10.12)로 표현된다.

$$(1-\nu\epsilon_l)^2=\left(1-\nu\frac{dl}{l_0}\right)^2\cong 1-2\nu\frac{dl}{l_0} \tag{10.12}$$

따라서 식 (10.12)를 식 (10.11)에 대입하면, $dA=-2\nu\frac{dl_0}{l_0}A_0$가 된다. 또한 식 (10.9)는 식 (10.13)으로 단순화된다. 즉, 인장 응력에 의해 발생되는 저항의 변화는 ❶ 물질 자체의 전기적 특성인 비저항의 변화, ❷ 기하학적 형상의 변화(길이의 변화)에 따라 발생됨을 식 (10.13)에서 알 수 있다.

$$\frac{dR}{R}=\frac{1}{\rho}d\rho+\frac{1}{l}dl-\frac{1}{A}dA=\frac{1}{\rho}d\rho+\frac{1}{l}dl+2\nu\frac{dl}{l}=\frac{1}{\rho}d\rho+(1+2\nu)\frac{dl}{l} \tag{10.13}$$

만약 그림 10-3 (b)와 같이 직사각형의 저항체를 고려하고(일반적인 스트레인 게이지 형상), 지면에 수직한 방향으로 전계와 스트레스가 인가된 상태를 가정하자. 그러면 단면적의 변화는 식 (10.14)로 표현된다.

$$\begin{aligned} dA &= A_f-A_0=W_f t_f-W_0 t_0 \\ &= W_0(1-\epsilon_t)t_0(1-\epsilon_t)-W_0 t_0 \\ &= A_0\{(1-\epsilon_t)(1-\epsilon_t)-1\} \\ &= A_0\left(-2\nu\frac{dl}{l_0}+\nu^2\left(\frac{dl}{l_0}\right)^2\right)\approx -2\nu A_0\frac{dl}{l_0} \end{aligned} \tag{10.14}$$

따라서 식 (10.9)에 식 (10.14)를 대입하여 정리하면 식 (10.13)과 동일하게 유도됨을 알 수 있다.

식 (10.13)으로 주어지는 저항의 변화율과 축 방향 변형률의 비를 게이지 율(gauge factor) 혹은 변형률 감도(Strain sensitivity), GF_l로 정의하면, 이는 식 (10.15)로 간략화 된다.

$$GF_l=\frac{dR/R}{dl/l}=\frac{dR/R}{\epsilon_l}=1+2\nu+\frac{1}{\epsilon_l}\frac{d\rho}{\rho} \tag{10.15}$$

한편 표 10-1은 스트레인 게이지로 사용되고 있는 각종 재료의 특성과 게이지 율을 제시하고 있다. 알루미늄과 구리와 같은 금속류는 비저항, 게이지 율, 저항온도계수가 상대적으로 Si에 비해 작은 값을 갖고 있으며, 응력에 따른 저항변화는 형상변화에 기인한다.

그러나 실리콘의 경우, 도우핑 상태에 따라 비저항이 변화하고, 게이지 율도 도우핑 형태에 따라 −100 ~ +150 정도의 큰 값을 갖고 있는 특성을 지닌다.

[표 10-1] 각종 재료의 특성과 게이지 율[1-3]

재료	탄성계수 [GPa]	프아송의 비	비저항 [$10^{-6}\Omega$-cm]	게이지 율 [GF]	TCR [$ppm/℃$]
Al	71	0.33	2.650	3.1	3.9
Cu	119	0.32	1.678	2.9	3.9
Au	79	0.42	2.214	4.48	3.4
Fe	207	0.29	9.61	4.2	9.7
Ni	205	0.31	6.93	-12.2	6.9
Pt	166	0.39	10.5	4.8	3850
Constantan (Cu55–Ni45)	162	0.33	52.5	1.7 ~ 2.1	1000
Si	112	0.44	-	-100 ~ +150	90,000

3 힘 센서의 구성: 1차 변환기

본 절에서는 힘 센서를 구성하는 1차 변환기의 구조와 외부 힘에 대한 변형률을 이론적으로 살펴본다.

3.1. 외팔보

그림 10.4는 스트레인 게이지가 부착된 외력 측정용 외팔보(cantilever beam)를 나타낸 것이다. 그림 10.4 (a)는 외력(F)이 외팔보의 자유단에 직접 가해지고, 그림 10.4 (b)는 외팔보의 자유단에 위치한 관성 질량(m)에 가해지는 힘을 측정하는 구조로 되어있다. 두 구조에서 그림 10.4 (a)와 같이 위쪽 면이 인장 응력을 받는 경우, 반대편은 압축 응력을 받는 상태에 있게 된다.

접촉식은 그림 10.4 (a)와 같이 외력의 작용과 이에 따른 외팔보의 휨(displacement or deflection)에 의한 변형의 발생을 이용한다. 외팔보에서 최대 변형은 고정된 위치에서 일어나고, 최대 휨은 자유단에서 발생하며, 변형률은 식 (10.16)으로

$$\epsilon = \frac{6Fl}{Ewt^2} \tag{10.16}$$

이다. 여기서 l은 외팔보의 길이, E 외팔보 재료의 영률, w와 t는 각각 외팔보의 폭과 두께를 의미한다.

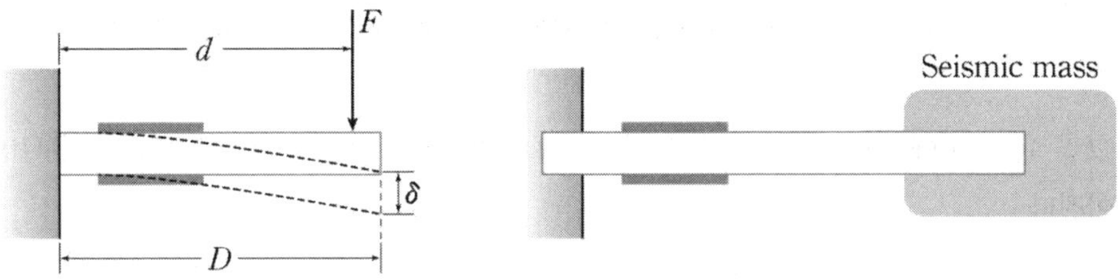

| 그림 10-4 | 힘 측정용 외팔보: (a) 접촉식 (b) 비접촉식

또한 그림 10.4 (b)에 제시한 구조를 통해 비접촉식으로 힘이 측정된다. 외력의 작용에 의해 관성 질량이 외력의 반대 방향으로 움직이고, 이로 인해 외팔보에 휨이 발생한다. 외팔보에 부착된 금속 스트레인 게이지 혹은 반도체 스트레인 게이지의 저항이 힘에 비례하여 증감(인장 응력에 의한 변형률 증가에 따른 저항증가와 압축 응력에 의한 저항 감소)하고, 이를 측정하는 방식이다. 즉, 관성 질량(m)은 기지의 값이고, 질량에 가해지는 가속도는 뉴턴의 제 2 운동 법칙인 $F = mdv/dt$에 의해 알 수 있다. 따라서 힘에 비례하는 변형률의 증가와 이에 비례한 저항의 증가를 통해 외력을 측정하게 된다.

3.2. 원형과 정사각형 다이어프램

외부에서 넓은 면적에 가해지는 힘은 그림 10.5에 제시한 정사각형 혹은 원형 다이어프램을 통해 힘에 따른 변위로 변환된다. 각 형상의 다이어프램을 구성하는 재료는 등방성(isotropic) 특성을 가정하고, 외부에서 가해진 힘에 따른 응력과 변형률의 관계를 통해 해석된다.

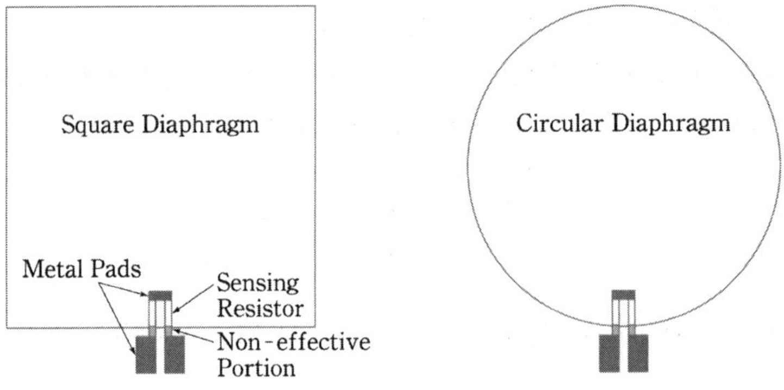

|그림 10-5| 다이어프램의 종류와 측정위치: (a) 정사각형 (b) 원형 [4]

그림 10.5 (a)에 제시된 정사각형 다이어프램의 최대 변위와 응력은 각각 식 (10.17)로 주어진다.

$$w_0 = 0.0138\frac{Pa^4}{Et^3}(1-\nu^2) \tag{10.17}$$

$$\sigma = 0.308\frac{Pa^2}{t^2}(1-\nu^2)$$

그림 10.6은 그림 10.5 (b)에 제시한 두께 t와 반경 a를 갖는 원형 다이어프램 중심에서 모서리에 이르기까지의 응력과 변형률의 분포를 나타낸 것이다. 중심부에서의 응력은 원의 반경과 접선부분이 모두 동일하지만, 원형 다이어프램의 가장자리로 접근함에 따라 상이한 값을 갖는다. 반경방향(ϵ_r)과 접선방향(ϵ_t)의 변형율은 각각 (10.18)과 같다.

$$\epsilon_r = \frac{-3Pa^2(1-\nu^2)}{8Et^2}\left(1-\frac{3r^2}{a^2}\right) \tag{10.18}$$

$$\epsilon_t = \frac{-3Pa^2(1-\nu^2)}{8Et^2}\left(1-\frac{r^2}{a^2}\right)$$

여기서 P는 인가압력, E는 영률, ν는 포아송의 비를 의미한다. 식 (10.18)에서 중심에서 거리 $r=a$인 모서리에서 접선방향의 변형률(ϵ_t)는 0이 되나, 반경방향의 변형률은 식 (10.19)와 같이 최대가 된다.

$$\epsilon_r = \frac{3Pa^2(1-\nu^2)}{4Et^2} \tag{10.19}$$

식 (10.17)과 (10.19)와 같이 변위 혹은 변형률은 인가 압력에 비례하여 증가함을 알 수 있는데, 이런 선형성은 아주 작은 변형에 대해서 성립한다. 다이어프램의 두께가 얇아 큰 변형이 발생하는 경우 직진성을 상실한다. 또한 식 (10.18)을 통해 변위가 최대가 되는 다이어프램의 모서리 근처에 실리콘 저항체를 제작하거나, 그 위치에 금속 스트레인 게이지를 고정시켜 최대 변형을 확보하여 힘 센서의 감도를 향상시킨다. 이때 전기적 접촉을 위한 본딩 패드는 다이어프램 밖에 배치한다.

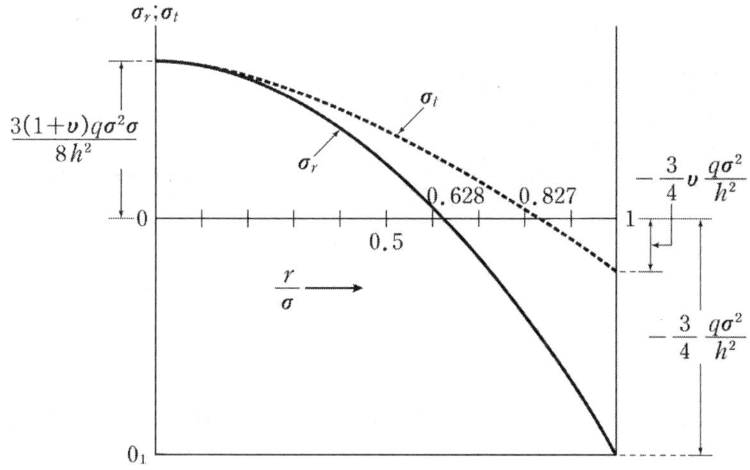

| 그림 10-6 | 원형 다이어프램의 반경과 접선방향의 응력 분포

4 힘 센서의 구조: 2차 변환기

힘 센서는 1차와 2차 변환과정을 거치는 복합 센서라고 정의했다. 2차 변환기는 식 (10.15)에서 제시된 1차 변환기의 변위에 따른 금속과 반도체의 변형률 증감에 의한 저항변화를 이용한다. 2차 변환과정을 거쳐 힘 센서는 외부 힘을 전기적 저항변화, 최종적으로 힘에 따른 전압의 변화로 출력한다. 본 절에서는 금속과 반도체 스트레인 게이지의 구조와 특성에 대해서 살펴본다.

4.1. 금속 스트레인 게이지

금속 스트레인 게이지는 재질과 사용 목적에 따라 다르지만, 선 게이지, 박 게이지와 박막 게이지로 분류된다. 금속 선 게이지를 제외하고, 박 게이지와 박막 게이지는 피측정물과 접착되는 베이스 혹은 배면 물질(backing material)과 봉입 물질(encapsulation materials)로 수지(페놀 혹은 폴리이미드, 폴리에테르-키톤)를 사용한다. 게이지 금속으로 콘스탄탄(Ni-45/Cu-55%)과 Ni-Al-Cr-Fe 합금인 Karma가 사용되고 있고, 그 구조도를 제시하면 그림 10.7과 같다.

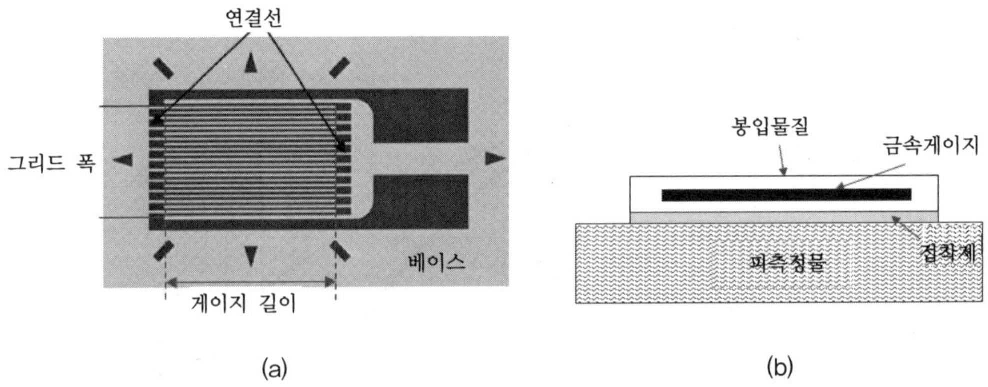

| 그림 10-7 | 금속 스트레인 게이지의 구조도: (a) 변형률 게이지 (b) 게이지 접착 후

축 방향 변형률 게이지의 주 형상은 그림 10.7 (a)와 같고, 주요 규격으로 변형이 발생되는 게이지 길이와 그리드 폭, 정격저항, 저항의 허용오차, 게이지 율(혹은 변형률 감도), 최대 허용 변형률 등이 있고, 연결선(end loop)으로 게이지의 세선을 전기적으로 결선한다.

변형률 게이지를 선택 후, 이는 피측정물 표면에 부착되어 정밀한 힘 측정을 위한 센서를 완성한다. 이런 후 공정(post processes)의 단계와 주의사항을 정리하면 ❶ 변형률 게이지의 접착과정(bonding processes), ❷ 전기회로 연결을 위한 전선연결(wiring processes) 과정으로 나뉜다. 접착과정에서는 피측정물과 게이지를 접착제를 이용하여 접착하고, 접착제의 열처리 과정을 수반한다. 이때 접착제는 게이지와 피측정물간 기계적, 열적 결합의 역할을 수행한다. 따라서 접착제의 강도는 피측정물체로부터 받은 변형률을 게이지에 정확하게 전달하여야 하고, 적절한 열전도도와 열팽창 계수가 요구된다.

원형 다이어프램에 설치되어 압력 변화를 측정하기 위한 금속 변형률 게이지의 형상을 제시하면 그림 10.8과 같다.

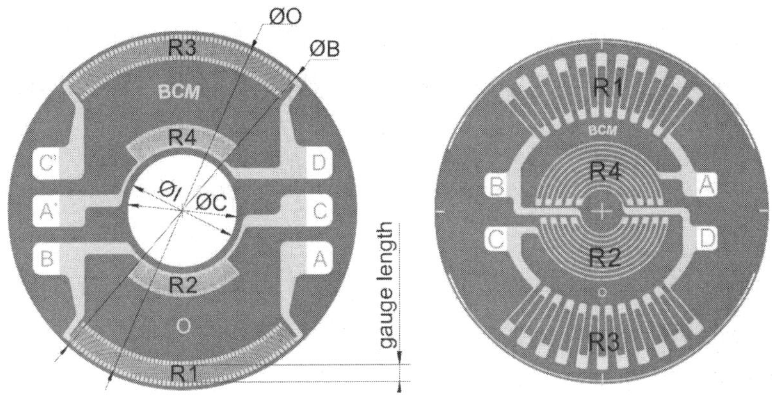

▌그림 10-8▌ 유·공압 압력 측정을 위한 변형률 게이지 형상[6]

그림 10.6을 통해 논의된 것과 같이 다이어프램에 인가되는 응력은 다이어프램의 중심과 모서리에서 서로 상이한 특징을 나타낸다. 즉, 반경비, $\alpha_r = \dfrac{r}{a} = 0.628$, $\alpha_t = 0.827$를 기준으로 반경반향과 원주방향의 응력이 인장 응력(+)에서 압축 응력(−)으로 변화된다. 따라서 그림 10.8에 제시된 게이지의 형상(gauge pattern)은 다이어프램의 변형에 따른 응력 혹은 변형률의 특성을 고려하여 반경방향과 원주방향의 변형률 게이지를 조합하였다. 즉, 지면의 아래에서 위로 외부 응력이 가해지는 경우, 원형 다이어프램의 모서리 근처는 압축 응력이, 중앙부는 인장 응력이 작용함으로써, R_1, R_3의 저항은 감소한다. 반면 중앙에 위치한 저항 R_2, R_4는 증가하게 된다. 따라서 휘스톤 브릿지에 이들을 적절하게 조합하면 감도는 향상되고, 온도 등의 보상이 가능한 센서제작이 가능하다. 휘스톤 브릿지 구조의 출력전압, V_o은 압력에 비례하고, 식 (10.20)과 같이

$$V_o \sim \frac{PR_o^2(1-\nu^2)}{Et^2} V_s \tag{10.20}$$

다이어프램의 두께와는 반비례하는 특성을 지닌다. 여기서 R_o는 다이어프램의 반경, ν, E 다이어프램 물질의 프아송의 비와 영률, t는 다이어프램의 두께이다. 감도 향상을 위한 회로구성 부분에서 응력에 따른 변형률과 저항의 변화에 대해 자세하게 다루도록 한다.

4.2. 실리콘 반도체 스트레인 게이지

외부 응력의 변화에 따라 물질의 비저항이 변화되는 것을 압저항 효과(piezoresistive effect)라 하는데, 이는 piezo(pressure) + resistor라는 그리스어원에 기인한다. 실리콘 반도체는 응력에 의한 재료의 변형 시, 물질의 형상변화에 의한 저항의 변화는 미미하고,

$$\frac{dR}{R}=\frac{1}{\rho}d\rho+(1+2\nu)\frac{dl}{l}\approx\frac{1}{\rho}d\rho \tag{10.13}$$

식 (10.13)에 주어진 바와 같이 비저항의 변화에 따른 저항변화 특성을 나타낸다. 또한 실리콘 반도체의 압저항 효과는 n형과 ρ형 실리콘 반도체에서 각각 다른 원인에 의한 저항변화와 게이지 율을 나타낸다.

n형 실리콘 반도체는 실리콘 재료에 비등방성(anisotropic) 응력이 주어질 때, 한쪽 방향으로 격자 상수(lattice parameter)가 증가하면, 이 방향과 수직한 방향의 격자 상수는 감소한다. 만약 [100] 방향으로 압축 응력이 작용하면 [100] 방향의 타원형 최소 에너지 준위는 감소하고, 이와 수직인 [010], [001] 방향의 최소 에너지 준위는 증가한다. 이는 전도대에서의 전자를 재배치하는데, [010]과 [001] 방향의 전자는 [100] 방향의 최소 에너지 준위에 모이게 된다. 따라서 전자밀도가 증가함에 따라 평균자유행정시간(mean freepath time)은 감소하게 된다. 이는 응력을 받는 [100] 방향의 전자 이동도(μ)의 감소를 유발하고, 전기전도도는 식 (10.21)과 같이

$$\sigma=q\mu n=\frac{1}{\rho} \tag{10.21}$$

감소한다. 여기서 q는 전하량, n 전자 농도, ρ 실리콘 반도체의 비저항이다. 전기전도도의 감소는 비저항의 증가를 의미하고, 압축응력으로 인해 격자상수가 감소했으므로 전체적으로 n형 Si 반도체의 게이지 율은 음(−)의 값을 갖게 된다.

p형 Si 반도체는 n형 반도체에 비해 큰 양(+)의 게이지 율을 갖고 있다. 이는 양의 변형률의 발생 시 작은 유효질량과 큰 이동도를 갖는 에너지 밴드를 상대적으로 낮은 이동도를 갖는 밴드보다 낮게 변화시키게 한다. 따라서 p형 반도체의 다수 전하인 정공이 상대적으로 이동도가 작아진다. 작아진 이동도는 비저항의 증가를 의미하고, 이로 인해 특정 결정격자 방향으로의 인장 응력은 증가된 길이와 저항을 유발하게 됨으로써 양(+)의

압저항 특성을 갖게 한다.

실리콘 반도체의 압저항에 종방향과 횡방향 응력이 작용하면, 이에 따른 비저항의 변화율은

$$\frac{dR}{R} = \frac{1}{\rho}d\rho = \pi_{\parallel}\sigma_{\parallel} + \pi_{\perp}\sigma_{\perp} \tag{10.22}$$

식 (10.22)로 주어진다. 단, $\pi_{\parallel}, \pi_{\perp}$은 종방향과 횡방향 압저항 계수를 의미하고, $\sigma_{\parallel}, \sigma_{\perp}$는 종방향과 횡방향 응력을 의미한다.

식 (10.22)에서 압저항 계수 $\pi_{\parallel}, \pi_{\perp}$는 각각 식 (10.23)과 같이 주어진다.

$$\begin{aligned} \pi_{\parallel} &= \pi_{11} - 2(\pi_{11} - \pi_{12} - \pi_{44})(l_1^2 m_1^2 + l_1^2 n_1^2 + m_1^2 n_1^2), \\ \pi_{\perp} &= \pi_{11} - 2(\pi_{11} - \pi_{12} - \pi_{44})(l_1^2 l_2^2 + m_1^2 m_2^2 + n_1^2 n_2^2) \end{aligned} \tag{10.23}$$

여기서 $\pi_{11}, \pi_{12}, \pi_{44}$는 응력 방향에 따른 압저항 계수를 의미하는데, 이들은 표 10.2에 제시되었다. l_1, m_1, n_1은 전류의 방향과 결정 방향축과의 방향코사인, l_2, m_2, n_2는 전류의 방향과 수직한 축과 결정 방향축과의 방향 코사인을 의미한다.

[표 10.2] n형과 p형 실리콘 반도체의 압저항 계수[8]

반도체	비저항 (Ω-cm)	π_{11}	π_{12}	π_{44}
		$(10^{-12}\,cm^2/dyne)$		
n	11.7	-102.2	+53.4	-13.6
p	7.8	+6.6	-1.1	+138.1

기준 면으로 (100)을 갖는 p형 실리콘 반도체는 다이어프램과 빔 형성을 위해 식각 시 나타나는 면 방향은 그림 10.9와 같이 ⟨110⟩을 갖는다. 또한 p형 Si 반도체에서 종방향과 횡방향 압저항 계수는 그림 10.9에 제시한 면 방향과의 방향코사인 관계에서

$$\pi_l = \frac{1}{2}(\pi_{11} + \pi_{12} + \pi_{44}),\ \pi_t = \frac{1}{2}(\pi_{11} + \pi_{12} - \pi_{44}) \tag{10.24}$$

식 (10.24)와 같이 표현된다.

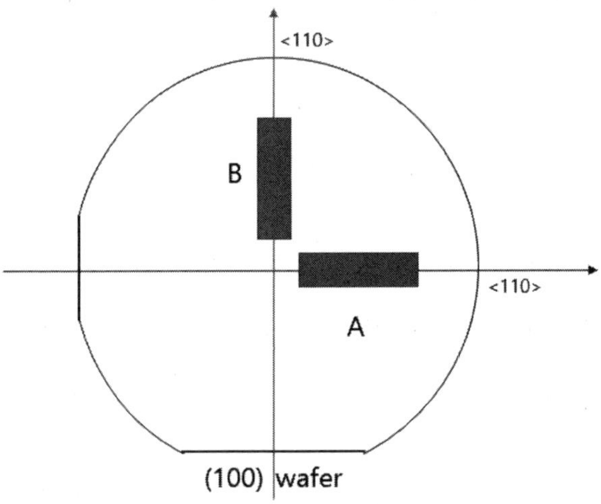

▌그림 10-9▐ p형(100) 면상의 스트레인 게이지 제작 예

그러나 표 10.2에 제시한 바와 같이 π_{11}, π_{12}는 π_{44} 보다 상대적으로 작아, 종방향과 횡방향 압저항 계수에 따른 저항변화는 식 (10.25)

$$\frac{\Delta R}{R} = \frac{\Delta \rho}{\rho} = \frac{\pi_{44}}{2}(\sigma_{\parallel} - \sigma_{\perp}) \tag{10.25}$$

로 표현된다.

반면 n형 실리콘 반도체에서는 π_{44}는 무시되고, π_{11}, π_{12}에 의해 주도적인 저항변화를 갖으며,

$$\frac{\Delta R}{R} = \frac{\Delta \rho}{\rho} = \frac{\pi_{11} + \pi_{12}}{2}(\sigma_{\parallel} + \sigma_{\perp}) \tag{10.26}$$

식 (10.26)의 특성을 지닌다.

5 스트레인 게이지 회로

금속과 실리콘 변형률 게이지는 그림 10.10의 휘스톤 브릿지 구조의 회로를 이용하여 외부 힘을 측정한다. 휘스톤 브릿지 회로의 입력 전압 대비 출력전압의 관계는 다음과 같이 유도된다.

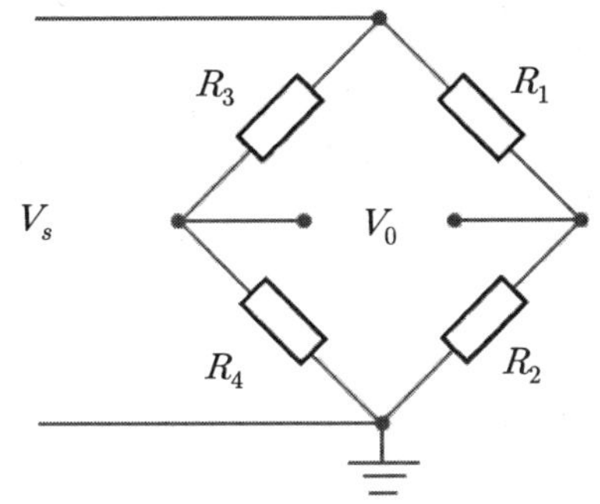

▌그림 10-10▐ 휘스톤 브릿지 회로도

외부에서 V_s 전압이 인가되면, 병렬로 연결된 R_1, R_3의 상단에는 동일한 전압이 공급되고, 각 분기에 흐르는 전류와 부하 저항(R_2, R_4)의 크기에 따른 전압이 R_2, R_4의 상단에 식 (10.27)과 같이 나타난다. 즉,

$$V_a = \frac{R_2}{R_1 + R_2} V_s, \quad V_b = \frac{R_4}{R_3 + R_4} V_s \tag{10.27}$$

따라서 출력 전압, V_o는 식 (10.28)

$$\begin{aligned} V_o &= V_a - V_b \\ &= \left(\frac{R_2}{R_1 + R_2} - \frac{R_4}{R_3 + R_4} \right) V_s \\ &= \left(\frac{R_2(R_3 + R_4) - R_4(R_1 + R_2)}{(R_1 + R_2)(R_3 + R_4)} \right) V_s \end{aligned} \tag{10.28}$$

이 된다. 만약 식 (10.28)에서 $R_2R_3 - R_4R_1 = 0$이면, 출력전압은 0이 되는데, 이를 브릿

지가 평형상태가 되기 위한 조건이라고 한다. 즉, 휘스톤 브릿지 회로에서 서로 마주보는 저항의 곱이 같으면 출력전압은 0이 된다.

초기 저항은 모두 같으나($R_1 = R_2 = R_3 = R_4 = R_o$), 그림 10.11과 같이 외부 힘에 의해 변형률 게이지로 작동하는 R_1의 저항값이 증가하는 경우, 식 (10.29)는 다음과 같이 수정된다.

$$\begin{aligned} V_o &= V_a - V_b \qquad (10.29) \\ &= \left(\frac{R_0(2R_0) - R_0(2R_0 + \Delta R)}{(2R_0 + \Delta R)(2R_0)} \right) V_s = \left(\frac{-R_0 \Delta R}{(2R_0 + \Delta R)(2R_0)} \right) V_s \\ &\approx -\frac{\Delta R}{4R_0} V_s \end{aligned}$$

가 된다. 여기서 (−)값은 상대적으로 V_b의 전압이 V_a 보다 높음을 의미한다.

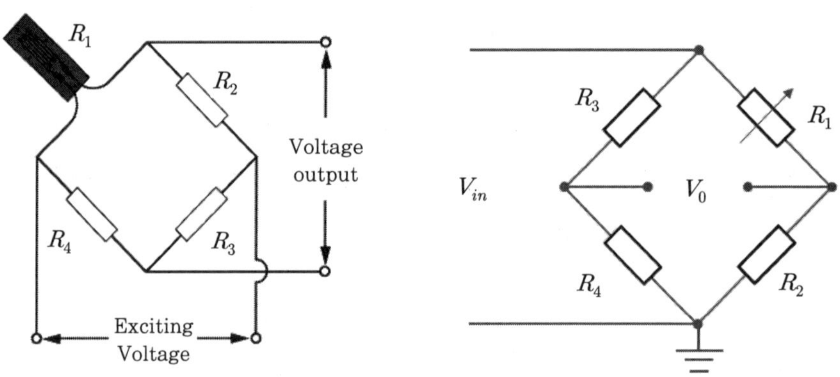

▌그림 10-11▐ 힘 측정을 위한 변형률 게이지 구성 회로(단일 센서)

5.1. 감도향상

초기 저항은 모두 같고, 두 개의 변형률 게이지를 그림 10.4 (a)와 같이 외팔보의 위(R_2)와 아래(R_4)에 각각 설치하면, 외부 응력에 의한 저항의 변화는 항상 반대가 된다. 예를 들어 그림 10.4 (a)와 같이 외부 힘, F가 인가되는 경우, 즉 R_2에 인장 응력과 R_4에 압축 응력이 작용하는 경우, 저항변화에 따른 출력전압은 식 (10.30)과 같다.

$$\begin{aligned} V_o &= V_a - V_b \\ &= \left(\frac{R_0 + \Delta R}{2R_0 + \Delta R} - \frac{R_0 - \Delta R}{2R_0 - \Delta R} \right) V_s = \left(\frac{2R_0 \Delta R}{4R_0^2 - \Delta R^2} \right) V_s \\ &\approx \frac{\Delta R}{2R_0} V_s \end{aligned} \tag{10.30}$$

한편 네 개의 변형률 게이지를 외력의 증감에 따른 저항의 변화가 동일하게 휘스톤 브릿지 회로에서 마주보게 연결하면, 즉 $R_1 = R_4 = R_0 - \Delta R, R_2 = R_3 = R_0 + \Delta R$이 되도록 회로를 구성하면,

$$\begin{aligned} V_o &= V_a - V_b \\ &= \left(\frac{R_0 + \Delta R}{2R_0} - \frac{R_0 - \Delta R}{2R_0} \right) V_s \\ &\approx \frac{\Delta R}{R_0} V_s \end{aligned} \tag{10.31}$$

식 (10.31)로 표현된다.

즉, 식 (10.29), (10.30), 그리고 (10.31)에서 변형률 게이지 저항의 수가 증가함에 따라 감도는 2배씩 증가한다. 통상적인 힘 혹은 압력센서에서 최대 감도를 확보하기 위해 네 개의 압저항으로 휘스톤 브릿지 회로를 구성한다.

5.2. 온도보상

표 10.1에서 변형률 게이지로 사용하는 금속과 실리콘 반도체의 저항온도계수(TCR)는 양(+)의 값을 갖는다. 따라서 주변 온도가 증가하면, 변형률 게이지의 저항은 온도의 증가에 따라 증가하고, 변형률 게이지가 부착된 모 재료, 모 재료와 변형률 게이지를 접합하는 접착제의 열팽창 계수 차이에 의해서도 게이지 저항은 변화하게 된다. 즉, 주변 온도가 증가함에 따른 열팽창과 양의 저항온도계수(α)에 의해 변형률 게이지의 저항값은 증가하는 것을 식 (10.32)는 알려준다.

$$R(T) = R_0(1 + \alpha T) \tag{10.32}$$

여기서 R_0는 0℃에서의 저항값, T는 온도를 의미한다.

따라서 상온(25 ℃)에서 동일한 게이지 저항을 갖는 저항들과 휘스톤 브릿지 회로의 평형을 맞추었다 해도, 변형률 게이지 저항의 환경 상태에 따라 오차는 발생되고, 외력이 존재하지 않아도 겉보기 변형이 발생된 것과 같이 측정된다. 즉, 온도의 변화에 따라 양의 저항온도계수를 갖는 변형률 게이지의 저항 변화를 보상하여야 측정 오차를 최소화할 수 있다. 또한 휘스톤 브릿지 회로에 흐르는 전류를 적절하게 하여 주울열의 발생에 의한 저항 증가도 방지하여야 한다.

그림 10.12는 두 개의 변형률 게이지와 휘스톤 브릿지 회로를 이용한 온도 보상회로 구성 예시를 보여준다. 저항 R_1은 외력을 직접 받는 외팔보에 접착된 변형률 게이지 저항(외력 측정용)이고, R_3은 외팔보를 고정하는 축에 접착되어 온도와 열팽창에 의한 영향만을 받는 변형률 게이지 저항(온도 보상용)으로 가정하자.

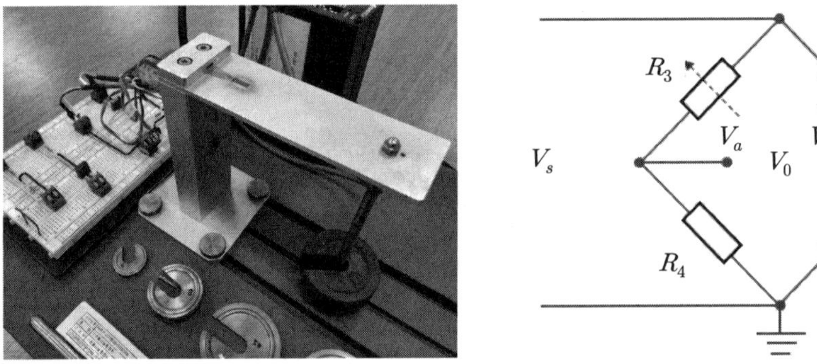

(a) (b)

▌그림 10-12▐ 두 개의 변형률 게이지를 이용한 온도보상: (a) 실 응용 예 (b) 회로도

그림 10.12 (a)의 실 응용 예와 같이 하나의 변형률 게이지는 외력과 온도의 변화에 동시에 반응하고, 또 다른 변형률 게이지는 동일한 모 재료이나 응력이 작용하지 않는 축에 접착되어 온도, 모 재료와 접착제의 열팽창에 의한 영향만을 받게 된다. 온도와 열팽창에 의한 저항 변화를 Δr이라 하고, 브릿지가 평형 시 초기 저항은 $R_0 = R_1 = R_2 = R_3 = R_4$라 하자. 이런 상황에서 외부 응력과 온도, 열팽창에 따른 입력전압과 출력전압의 관계는 식 (10.33)

$$V_o = \left(\frac{R_4}{R_3 + R_4} - \frac{R_2}{R_1 + R_2} \right) V_s = \left(\frac{R_o}{2R_o + \triangle r} - \frac{R_0}{2R_0 + \triangle r + \triangle R} \right) V_s \tag{10.33}$$
$$= \left(\frac{R_0 \triangle R}{(2R_0 + \triangle r)(2R_0 + \triangle r + \triangle R)} \right) V_s$$
$$\approx \frac{\triangle R}{4R_o} V_s$$

으로 표현된다. 여기서 $4\triangle r, 2\triangle R$은 초기 저항에 비해 상대적으로 작기 때문에 마지막 식으로 간략화 된다. 따라서 온도와 열팽창에 의한 영향($\triangle r$)은 제거된, 즉 온도와 열팽창에 의한 영향은 제거되어 보상된 출력이 나타남을 식 (10.33)으로 알 수 있다.

그림 10.10의 브릿지 회로에서 모든 저항이 외력의 영향을 받는 변형률 게이지인 상황을 고려하자. 이때 출력전압은 식 (10.28)로 주어지고, 변형률 게이지의 초기 저항은 모두 같은 경우를 가정하자. 이 게이지들이 외력의 영향을 받아 저항이 dR_i 만큼 변한다면 브릿지에서 출력전압은 다음과 같이 식 (10.34)로 표현된다.

$$dV_o = \sum_{i=1}^{4} \frac{\partial V_o}{\partial R_i} dR_i \tag{10.34}$$

따라서 편미분을 적용하여 식 (10.34)를 전개하면, 식 (10.35)

$$dV_o = \left[\frac{-R_2 dR_1 + R_1 dR_2}{(R_1 + R_2)^2} + \frac{R_4 dR_3 - R_3 dR_4}{(R_3 + R_4)^2} \right] V_s \tag{10.35}$$

가 된다. 여기서 식 (10.15)인 $dR_i = R_i \epsilon_i GF_i$를 식 (10.35)에 대입하면

$$dV_o = \left[\frac{R_1 R_2}{(R_1 + R_2)^2} (\epsilon_2 GF_2 - \epsilon_1 GF_1) + \frac{R_3 R_4}{(R_3 + R_4)^2} (\epsilon_3 GF_3 - \epsilon_4 GF_4) \right] V_s \tag{10.36}$$

식 (10.36)이 된다. 또한 $R_1 = R_2 = R_3 = R_4$ 이므로, 식 (10.36)은

$$dV_o = \frac{1}{4} \left[(\epsilon_2 GF_2 - \epsilon_1 GF_1) + (\epsilon_3 GF_3 - \epsilon_4 GF_4) \right] V_s \tag{10.37}$$

식 (10.37)로 표현된다.

변형률 게이지의 경우, 반도체 공정을 이용하거나 동일 제품인 경우, $GF_1 = GF_2 = GF_3 = GF_4$이므로, 식 (10.37)은

$$dV_o = \frac{GF}{4}\left[(\epsilon_2 - \epsilon_1) + (\epsilon_3 - \epsilon_4)\right] V_s \tag{10.38}$$

식 (10.38)이 되며, 다중 변형률 게이지를 브릿지 회로에 이용할 때 출력전압의 관계를 알 수 있는 중요한 수식이다. 식 (10.38)을 참고하면, R_1 만을 변형률 게이지로 이용하는 경우, $\epsilon_2 = \epsilon_3 = \epsilon_4 = 0$ 이므로 출력전압 변화는 음(−)의 값을 갖게 되고, 하나의 변형률 게이지를 R_2 위치에 두면 출력전압은 변형률의 증가에 따라 증가하는 값을 나타낸다. 또한 그림 10.10에서 10.12까지의 브릿지 회로와 식 (10.38)로부터 ❶ 두 개 이상의 변형률 게이지를 이용하는 경우, 온도보상과 감도향상을 기할 수 있으며, ❷ 감도의 향상과 온도 보상을 위해 어떻게 브릿지 회로를 구성해야 하는지에 대한 정보를 제공하고 있다. 서로 마주보는 변형률 게이지를 동일한 응력이 가해지도록 회로를 구성하면 감도를 증가시킬 수 있고, 인접한 게이지(R_1 대비 R_2, R_3 혹은 R_4 대비 R_2, R_3 등) 끼리는 반대부호의 변형률을 가지므로 온도보상을 위해 인접한 위치에 동일한 게이지로 회로를 구성할 것을 알려주고 있다.

상기 제시한 단일 및 다중 게이지 회로의 특징을 요약하여 정리하면 표 10.3과 같다.

[표 10.3] 단일 및 다중 게이지 회로의 특징

브릿지 회로내의 위치* (게이지의 수)	용도 및 특징	굽힘과 온도 보상
2 혹은 4 (1)	단축 응력에 의한 출력특성 확보 가능 온도 변화 시 겉보기 변형률이 발생	×
1,2 혹은 3,4 (2)	외팔보의 상부와 하부에 변형률 게이지를 부착하여 응용 시, 상이한 변형률에 대한 감도 증가 및 오차원인 제거 가능한 회로 구조	○
1, 4 혹은 2, 3 (2)	단축 응력에 의한 향상된 출력 특성과 굽힘에 의한 보상은 가능하나, 온도 보상 등의 오차 제거 곤란	■
1,2,3,4 (4)	브릿지 회로에서 마주보는 게이지는 동일 응력 특성 하나의 게이지에 비해 4배의 감도향상을 기할 수 있으며, 굽힘변형과 온도 및 잡음특성 개선 가능	○, ■

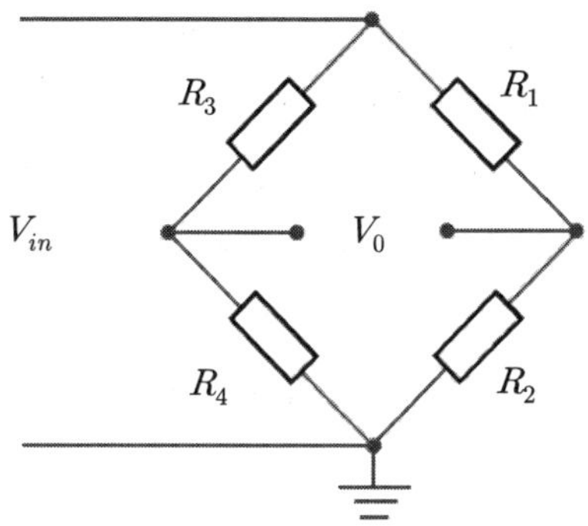

굽힘보상(■), 온도보상(○)
표에서 숫자의 의미는 게이지 위치번호

▌그림 10-13▐ 변형률 게이지와 휘스톤 브릿지 구조

6 촉각 센서의 종류와 구조

인체에서 촉각을 담당하는 부분은 우리들 피부라 할 수 있으며, 피부와 피부 내부에 존재하는 촉각을 담당하는 수용체(receptors)를 제시하면 그림 10.14와 같다.

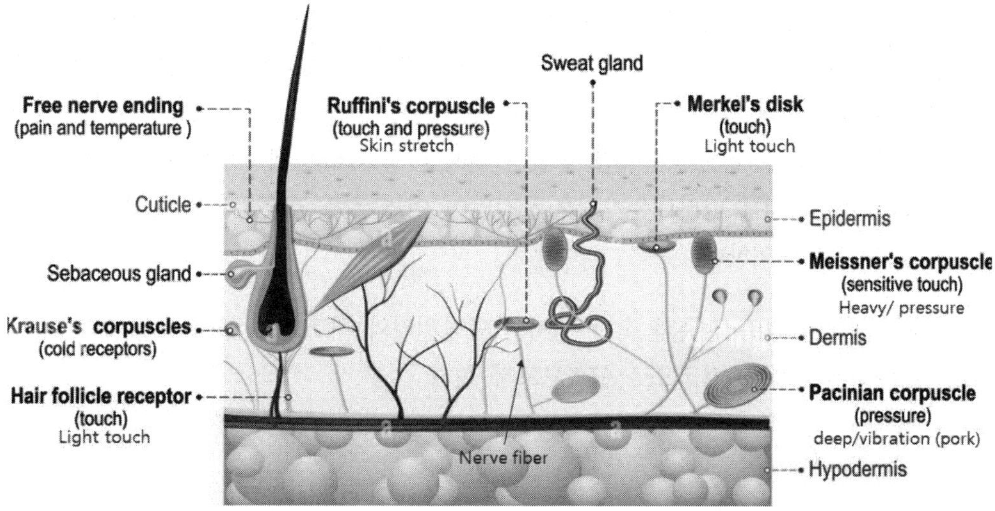

▌그림 10-14▐ 피부의 구조와 촉각 수용체와 그들의 기능

피부는 그림 10.14에 제시한 것처럼 세 개의 층인 표피(Epidermis), 진피(dermis), 피하조직(hypodermis)로 구성되었다. 표피는 총 5개의 층으로 구성되어 있으며, 맨 아래층(진피 위)에 있는 stratum basale은 피부색, 모발과 손톱 및 최외각의 피부형성에 관여한다. Stratum spinosum은 아래에서 두 번째 층에 존재하는 피부조직으로 파부의 탄력성과 강도를 조절한다. 또한 최상부에 있는 stratum corneum은 외부 바이러스와 물의 침투방지, 열과 자외선으로부터 피부 하부조직을 보호하는 기능을 담당하는 것으로 알려져 있다.

진피층은 외부의 자극에 반응하는 수용체(receptors)들이 있는 곳으로 네 개의 감각 수용체로 구성되어 있다: Meissner corpuscles, Merkel's disk and cells, Ruffini endings, Pacinian corpuscles. 표피와 진피 경계에 위치한 Merkel's disks는 가벼운 접촉과 저주파수 진동에 민감하고, Meissner corpuscles는 가장 민감한 접촉에 반응하는 수용체로서 손가락에 집중되어 있다. Ruffini corpuscle은 천천히 움직이는 반응과 피부의 늘어남에 민감한 특징을 갖고 있다. 진피와 피하조직 사이에 존재하는 Pacinian corpuscle은 깊은 접촉 혹은 압력을 느끼고, 고주파수의 진동을 느끼는 수용체이다. 손은, 특히 손가락은, 제시한 네 가지 수용체를 통해 접촉(touch), 촉각(tactile)과 슬립 과정(slip process)을 감지하고, 적절한 대응을 한다.

접촉, 촉각과 슬립의 차이점을 제시하면 다음과 같다. 접촉 센서는 그 기능상 점 접촉(point contact)의 접촉력(contact force)의 측정과 검출을 의미한다. 따라서 대상물과 접촉(on)되었는가, 접촉되지 않은 상태(off)를 측정한다. 촉각 센서(tactile sensor)는 공간적인 힘의 분포가 어떤가와 이 공간적 분포에 대한 정보의 해석을 포함한다. 따라서 촉각 센서는 특별한 공간 내에 접촉 센서(contact sensor)를 배열(array)하여 2차원적인 정보를 얻는 센서로 정의할 수 있다. 반면 슬립은 센서를 중심으로 대상체가 어느 방향으로 얼마큰 상대적인 변위를 나타내는가, 즉 움직임이 어느 정도 이었는지의 문제를 해석하고자 하는 센서로 정의한다.

본 과정에서는 각종 접촉과 촉각 센서의 동작원리와 구조 및 정보획득을 위한 간단한 회로와 해석에 대해 중점적으로 살펴보고자 한다.

6.1. 저항식

그림 10.15는 저항식 촉각 센서의 대표적인 구조와 상용화된 제품을 제시한다. 전극과 전극사이에 전도성 탄성 중합체(conductive elastomer)가 있어 외부 힘의 작용 여부에 따라 수축과 팽창을 하게 된다. 외부에서 국부적 힘이 가해지면 전극과 전극사이의 거리변화에 따른 저항변화를 계측하는 방식을 채택하고 있다.

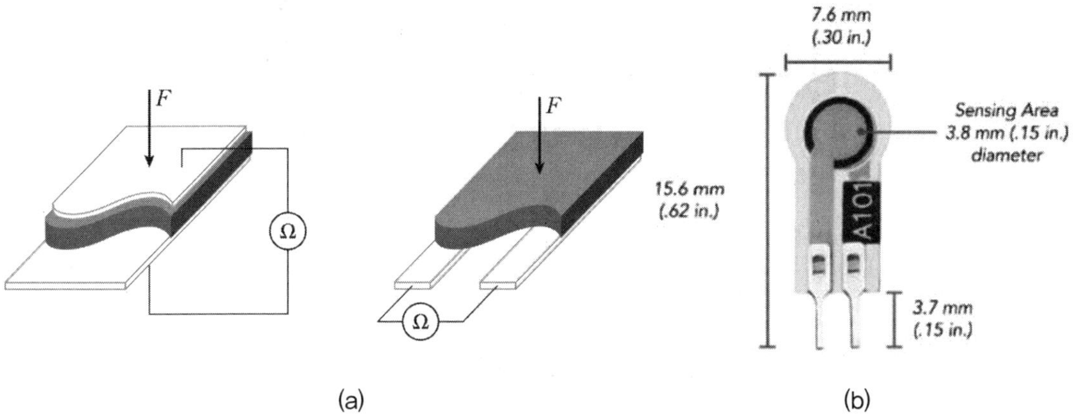

▌그림 10-15▐ 저항식 촉각 센서: (a) 일반적인 구조[11] (b) 상용 제품

그림 10.16(a)는 그림 10.15(b) 제품의 외부에서 인가되는 국부적인 힘에 따른 저항과 컨덕턴스 변화를 나타낸 것이다. 저항의 변화는 비선형적으로 변하지만, 컨덕턴스는 국부적인 힘과 선형적인 관계가 있음을 알 수 있다. 그림 10.16의 (b)는 촉각 센서의 신호 처리 회로의 일예를 나타낸 것이다. 반전증폭회로를 구성하고 촉각센서의 입력단에 음(−)의 전압을 인가하면, 반전 증폭기의 특성상 출력전압은 식 (10.39)로 표현된다.

$$V_o = -\frac{R_f}{R_s} V_s = -\frac{R_f}{R_s}(-V_r) = \frac{R_f}{R_s} V_r \quad (10.39)$$

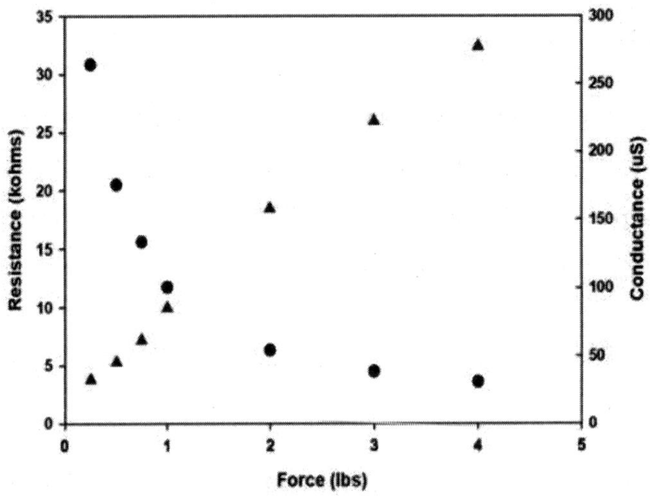

(a)

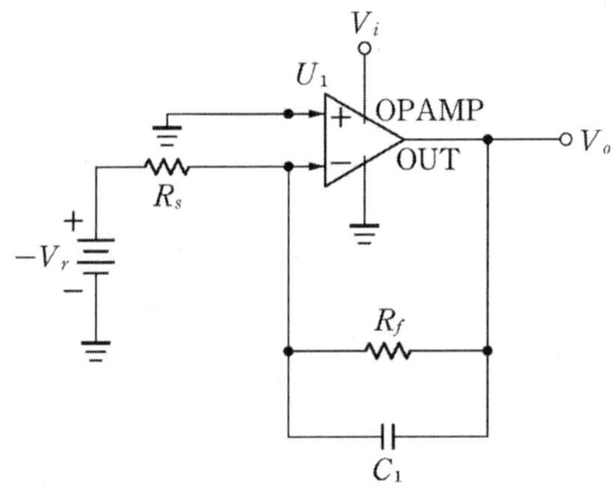

(b)

| 그림 10-16 | (a) 외부 힘의 인가에 따른 저항과 컨덕턴스의 변화 (b) 증폭회로

즉, 국부적인 외부 힘이 촉각 센서에 작용할 때, 촉각 센서에 음(−)의 전압을 인가하고, 반전 증폭회로에 연결하면 출력전압은 외부 힘의 크기에 따라 양(+)의 방향으로 증가하는 특성을 나타낸다. 단위 촉각 센서를 배열(array) 형태로 제작하여 공간적 힘의 분포를 측정하는 센서의 구성 예는 그림 10.17과 같다.

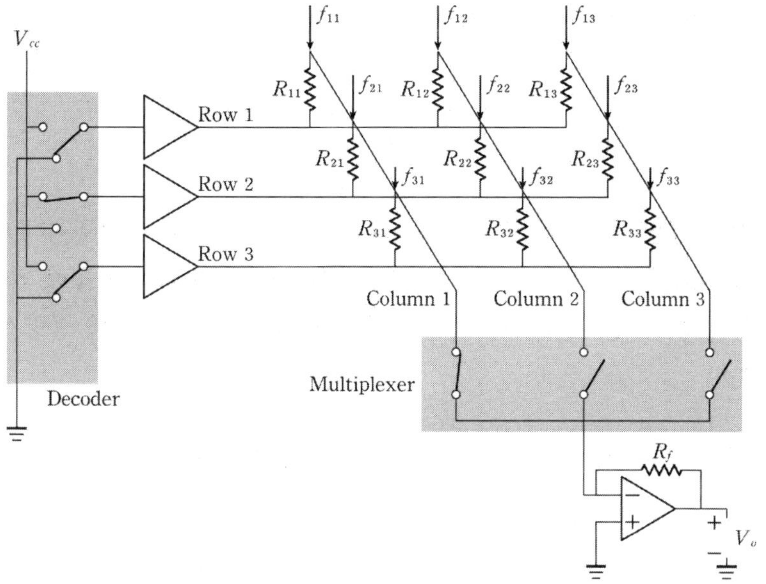

❙ 그림 10-17 ❙ 촉각 센서 배열과 신호처리 일례[11]

3×3 배열로 이루어진 촉각 센서는 디코더와 멀티플렉서의 동작 조합에 의해 f_{11}, f_{12}에서 f_{33} 영역까지 힘의 가해짐과 가해진 힘들의 공간적인 분포 상태까지 정확하게 측정할 수 있다. 예를 들어 그림과 같이 1행(row1)과 3행(low3)가 외부 전원 V_{cc}에 연결되고, 멀티플레서가 첫 번째 컬럼(column1)과 접속되었다면, f_{11}, f_{31}의 힘에 의한 영향이 출력되어 나타날 것이다. 또한 디코더의 스위칭이 일정한 간격으로 on/off를 각 행에 순차적으로 진행할 때, 1열의 스위치가 on 상태에서 순차적으로 f_{11}, f_{21}, f_{31}에 얼마큼의 힘이 가해졌는지 측정할 수 있게 된다.

저항식 촉각 센서의 단점으로 ❶ 힘이 가해지고, 제거되는 과정에서의 시정수가 상이하고 긴 특성이 있고, ❷ 저항의 비선형적인 변화로 인해 출력전압의 비선형이 발생하며, ❸ 히스테리시스 현상이 발생할 수 있는 가능성이 높다. 그러나 저항식 촉각 센서는 요구되는 시스템에의 설계가 용이하여 휴머노이드 등에 널리 사용되고 있다.

6.2. 용량식

용량식 촉각 센서는 용량기(capacitor)의 구조를 이용하여, 외부 힘에 의한 전극간의 거리 혹은 면적의 변화에 따른 전기 용량의 변화를 계측하는 방식이다. 즉, 전하를 충전

할 수 있는 용량기의 용량은 일반적으로

$$C = \frac{\epsilon_0 \epsilon_r}{d} A \tag{10.40}$$

식 (10.40)으로 주어지는데, 용량기 내부 물질의 유전율(ϵ_r)과 전극면적(A)에 비례하고, 전극간의 거리(d)에 반비례하는 특성이 있다. 따라서 1차 변환기를 통해 외부 힘에 따른 기계적 거동에 의한 전극간의 거리 혹은 면적의 변화가 유도되도록 용량기를 설계하는 것이 중요하다.

그림 10.18은 각종 용량형 촉각 센서의 예를 제시하고 있다.

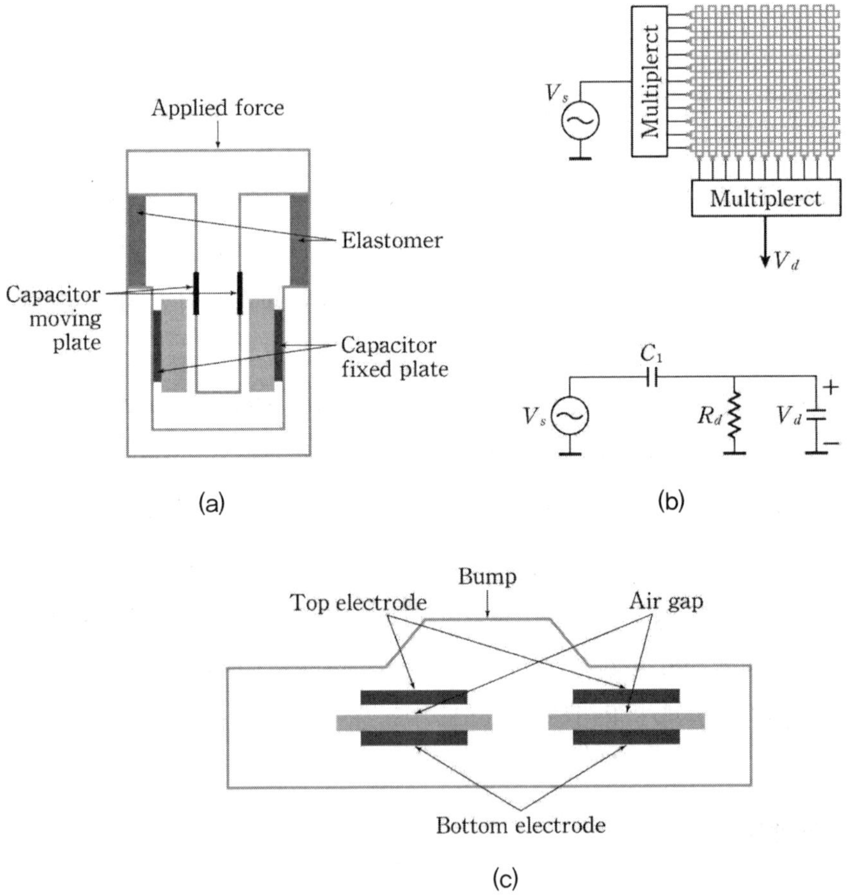

▌그림 10-18▐ 용량형 촉각 센서 예: (a) 면적변화 (b) 배열과 측정 회로 [11] (c) 공극변화 [13]

참고문헌

1. 민남기, 센서공학입문, 동일출판사, 2013.

2. 김윤, 김혁, 박동욱 공역, 현대센서공학, 제 5 판, 2021.

3. A.S. Fiorillo, C.D. Critello, S.A. Pullano, "Theory, technology and applications of piezoresistive sensors: A review", Sens. and Actuators A, 281, pp.156-175, 2018.

4. L. Lin and H.C. Chu, "A simulation program for the sensitivity and linearity of piezoresistive pressure sensors", *IEEE J. Microelectromech. Syst.,* vol.8, pp.514-522, 1999.

5. S.P. Timoshenko and S.Woinowsky-Krieger, "Theory of plates and shells", 2nd Ed. New York, McGraw-Hill, 1970.

6. Datasheet, Diaphram strain gauges for pressure sensors and force transducers, BCM Sensor technologies, #210506.

7. R.S. Figliola and D.E. Beasley, "Theory and Design for mechanical measurements", 6th Ed. New York, John Wiley and Sons, 2016.

8. S. Middelhoek and S.A. Audet, "Silicon Sensors", San Diego, Academic press Inc., 1989.

9. 이병렬, 센서계측공학, 서울, 홍릉과학출판사, 2012.

10. Marc Madou, "Fundamentals of microfabrication", New York, CRC Press LLC, 1997.

11. Pedro silva Girao et al., "Tactile sensors for robotic applications", measurement, 46, 2013, pp.1257-1271.

12. Retrieved in http://Tekscan.com/products-solutions/force-sensor/a101.

13. H.K. Lee, J.H. Chung, S.I. Chang, E.S. Yoon, "Normal and shear force measurement using a flexible plymer tactile sensor with embedded multiple capacitors", J. MEMS, vol.17, No.4, 2008, pp.934-942.

CHAPTER 11

압력 센서

Pressure Sensor

압력(pressure)이라는 단어는 일상생활 중에서 '혈압이 얼마 정도이다', '기압골의 영향으로 대기가 불안정하다', '압력의 차이로 인해 발생된 역류 현상으로 화재 진압이 어려웠다', '병동에 음압을 걸어둠으로써' 등등 다양한 상황에 적용되고 있다. 또한 제조 공정상 온도와 유체의 압력 변화는 적절하게 조절되어야 제품의 품질 안정화에 기여할 수 있으며, 대기압 상태에서 육성(voice)을 정확하게 감지할 수 있는 초소형 음압 센서가 스마트폰에 적용되어 광범위하게 사용되고 있다.

본 장에서는 우리들 생활에서 빈번하게 언급되고, 사용되는 압력의 정의와 개념을 포함하여 압력 센서의 종류와 구조 및 동작원리 등에 대해 살펴보고, 대표적인 압저항형(piezoresistive type) 차압 센서(differential pressure sensor)를 아두이노 보드와 연동한 실습을 살펴보고자 한다.

이 장의 학습과정을 통해 다음과 같은 능력을 갖출 수 있을 것이다.

1. 절대압, 차압, 대기압 등 압력의 정의를 정확하게 설명할 수 있다.
2. 압력 센서의 구성요소인 1 · 2차 변환기의 변환 원리를 설명할 수 있다.

3. 용량형 압력 센서의 신호처리 회로로 응용되는 capacitance-to-voltage converter의 동작을 설명할 수 있다.

4. 음압을 정의하고, 스마트 폰에 응용되는 음압센서의 동작 원리를 이해할 수 있다.

1 정의와 분류

1.1. 압력의 정의와 개념

압력(pressure)이란 단위면적당 그 면적에 수직하게 작용하는 힘(force)으로 정의하고, 힘을 전달하는 매개체는 유체(기체 혹은 액체)이기에 유체의 체적밀도와 밀접한 관계를 갖고 있다. 압력에는 정압력(static pressure)과 동압력(dynamic pressure)로 나눌 수 있는데, 일상생활 중에 마주치는 압력은 통상 정압력이고, 식 (11.1)로 정의된다.

$$p = \frac{F}{A}\left[\frac{N}{m^2} or\, Pa\right] \tag{11.1}$$

힘을 전달하는 매개체인 기체 분자가 존재하지 않는 순수한 진공을 절대 영 압력(absolute zero pressure)으로 정의하며, 압력 측정의 기준이 된다. 따라서 표준 대기압(standard atmosphere pressure, 760 mmHg)을 절대 영 압력을 기준으로 표현하면, 절대압력 1.01320×10^5 [Pa]로 정의된다. 절대 표준 대기압, 1.01320×10^5 [Pa]은 다음과 같이도 표현되며,

$$1.01320 \times 10^5 \text{ [Pa] abs}$$

$$1 \text{ atm abs}$$

$$1.013 \text{ bar abs (1 bar = 100 kPa)}$$

압력의 단위는 [Pa], [N/m^2], [mmHg], [mmH$_2$O], [psi] (=lb/in^2), kgf/cm^2 등이 사용된다.

정압력은 특정 공간상에서 매질의 질량에 의해 가해진 단위면적당의 힘이므로, 그림 11.1에 주어진 원통형 용기에 비중 $\gamma(=\rho g)$인 유체가 있을 때 특정 깊이 h에서의 정압력은 다음의 식 (11.2)와 같다.

$$p_{abs}(h) = p(h_0) + \gamma h = p_0 + \rho g h \tag{11.2}$$

p_0는 임의의 지점에서의 기준 압력이고, h는 임의의 지점에서의 거리를 의미하며, g는 측정지점에서의 중력 가속도, ρ는 유체의 단위체적당 질량을 의미한다. 측정된 특정 정압력 하에서 기준면에서의 깊이 h는 식 (11.2)를 통해 도출된다.

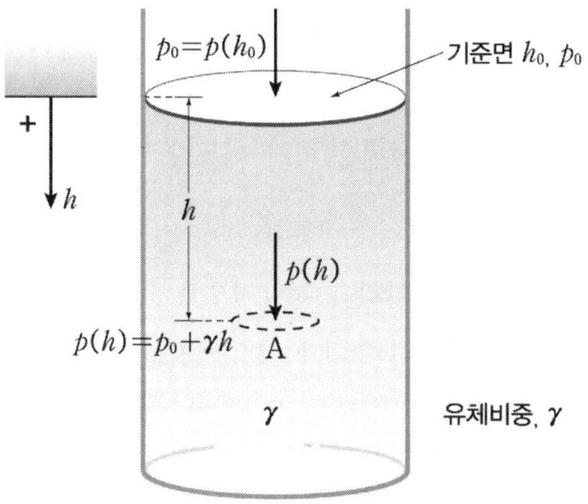

| 그림 11-1 | 일정 깊이 h에서의 정압력의 정의

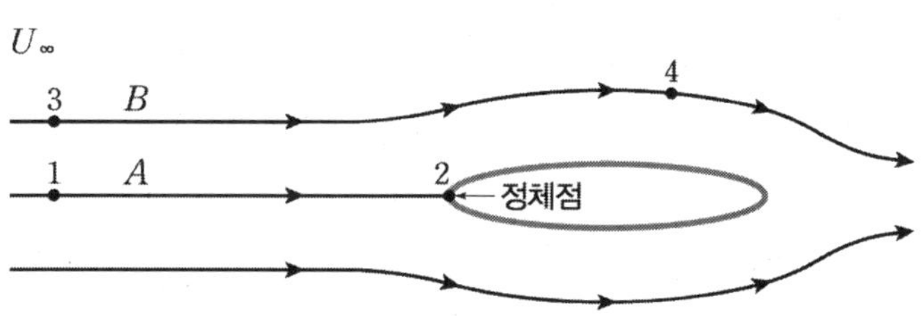

| 그림 11-2 | 유동장에서의 유속과 동압력

동압력은 유동장에서 특정 지점에 유체에 의해 가해지는 압력을 의미한다. 각각의 지점에서의 압력을 p_i, 유속을 U_i라 했을 때, 동일한 유선상에서 에너지 보존의 법칙에 의해 아래의 식 (11.3)이 얻어진다.

$$p_1 + \frac{1}{2}\rho U_1^2 = p_2 + \frac{1}{2}\rho U_2^2 \tag{11.3}$$

$$p_3 + \frac{1}{2}\rho U_3^2 = p_4 + \frac{1}{2}\rho U_4^2$$

점 2는 유체의 속도가 0이 되는 지점이므로, 식 (11.3)의 첫 번째 식은 식 (11.4)로 표현된다.

$$p_1 + \frac{1}{2}\rho U_1^2 = p_2 \tag{11.4}$$

즉, 점 2에서의 압력은 정압력 p_1과 유체의 움직임에 의한 동압력의 합으로 전체압력 p_2가 형성되는데, 동압력은 해당 유선을 따라 이동할 때 갖는 유체의 단위질량당의 운동에너지와 같음을 알 수 있다.

한편 그림 11.3은 유체에 의한 압력을 정량적으로 표현하기 위한 것으로, 측정된 압력은 기준점의 정의에 따라 절대압(absolute pressure), 게이지압(gauge pressure), 차압(differential pressure) 혹은 상대압(relative pressure)으로 분류된다. 절대압은 순수한 진공을 기준으로 측정된 압력을 의미하고, 게이지 압력은 특정 기준압력(예를 들면, 대기압 760 [mmHg])을 기준으로 측정한 압력을 의미한다. 차압 혹은 상대압은 유체의 유동에 있어서 기지의 압력, p_1에 대한 미지의 압력p_2의 압력을 측정할 때 차압 혹은 상대압이라고 하는데, 공정관리에서 중요한 파라미터로 작용한다. 또한 양압(positive pressure)은 대기압보다 높은 상태의 압력을 가한 상태이고, 음압(negative pressure)은 대기압 보다 낮은 압력 상태를 유지한 것을 의미한다. 예를 들어 반도체 공정을 위한 청정실(clean room)은 외부에서의 불순물과 이물질의 유입을 방지하기 위해 양압 상태를 유지한다. 음압 병동이란 병실의 압력 상태를 공조기를 통하여 대기압보다 낮은 상태로 유지한 병동이고, 병실내의 바이러스 등이 병동에 확산되는 것을 방지하기 위해 외부에서의 기체 유입만을 일부 허용한 병실을 구축한 예이다.

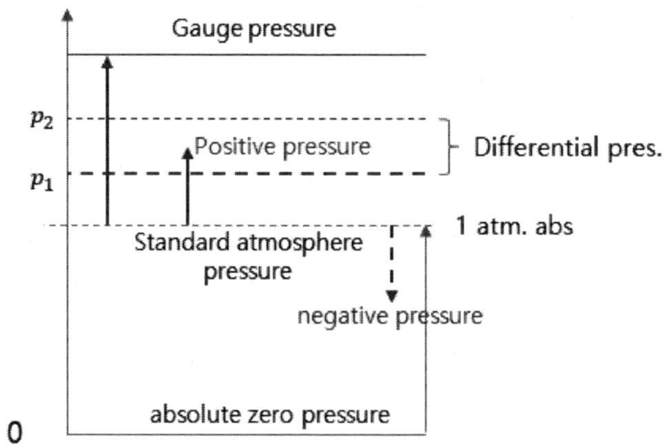

| 그림 11-3 | 압력의 정량적 표현

1.2. 압력 센서의 종류

단위면적당 가해지는 힘을 측정하기 위한 압력 센서는 힘을 측정하는 역학 센서의 일종으로 생각할 수 있다. 압력 센서는 힘 센서와 같이 힘을 측정 변환하는 1차 변환기, 역학적인 양을 전기적인 영역으로 변환하기 위한 2차 변환기와 더불어 증폭과 필터링 기능을 갖는 3차 신호 조절부로 구성된 그림 11.4와 같이 표현된다. 힘을 측정하기 위한 1차 변환요소로 기계적 변환기, 물성적 변환기로 크게 나눌 수 있다. 기계적 변환기에는 다이어프램, 캡슐, 벨로우즈, 부르돈관, 튜브가 있으며, 물성적 변환기로는 저항선, 압전소자와 막이 사용되고 있다.

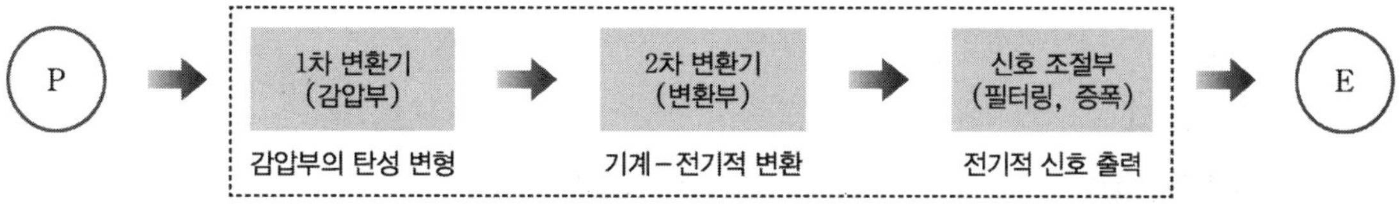

| 그림 11-4 | 압력 센서의 기본적 구성 요소와 기능

1차 변환기로 사용되는 기계적 변환기를 중심으로 기계적인 변화를 전기적인 신호로 변환하기 위한 방식을 제시하여 분류하면 용량식(커패시턴스), 저항식(스트레인 게이지), 전자기 유도방식 등으로 나눌 수 있다. 기계식 변환기를 중심으로 한 압력 센서의 종류를 제시하면 표 11.1과 같다.

[표 11.1] 압력 센서의 종류(기계적 변환기 중심)

감압 요소 (1차 변환기)	변환요소 (2차 변환기)	구성 형식
다이어프램	용량기(capacitance)	차동용량, 편측 용량식, 편측 차동 용량식
	저항기(strain gauge)	반도체 확산저항형, 증착 저항형, 저항 부착형
	전자 유도식	차동변압기형, 리럭턴스형, 와전류형
	힘 측정식	힘 평형형, 힘 변환형
캡슐	전자유도식	차동변압기형
벨로우즈	용량식	차동용량, 편측 용량식, 편측 차동 용량식
	힘 변환식	수정 진동자형
부르돈관	전자 유도식	리럭턴스형, 자기평형형
	광학식	회전각 지시형, 광전변환형
튜브	저항식	저항 부착형

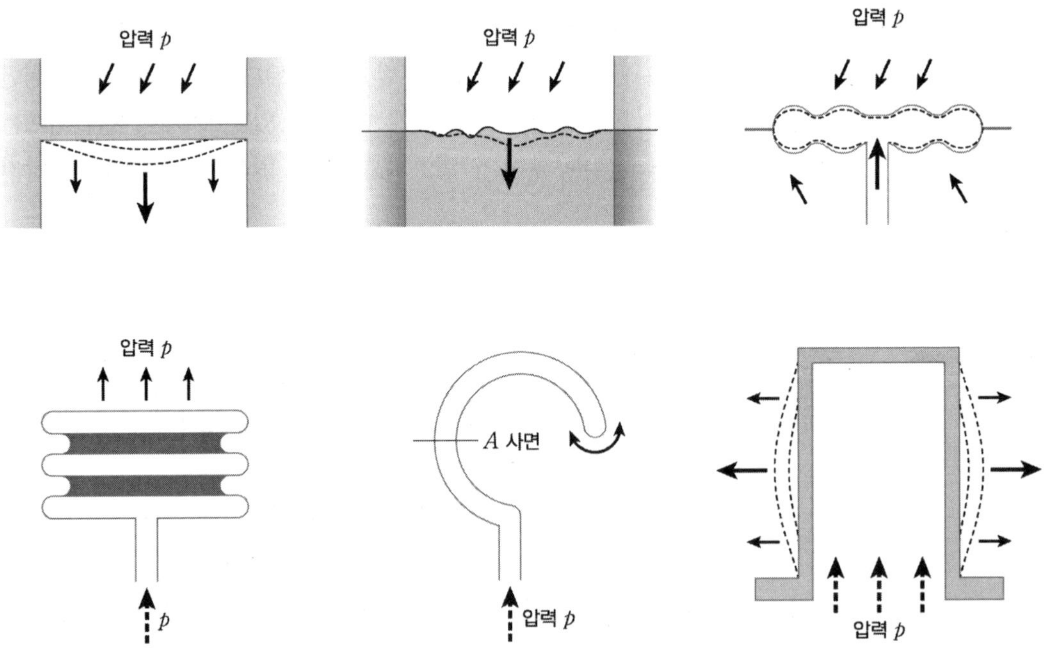

▎그림 11-5▎ 기계적 감압 요소의 형상 예

감압 요소에 따른 분류가 표 11.1에 제시되었으며, 일상생활의 압력 측정, 건강 진단, 인공 지능 등에 응용되는 100 kPa 이하에서의 압력 센서를 분류하면 다음과 같다. 일반적으로 1 Pa 이하를 초저압이라 하고, 음성 신호가 이에 해당하며 미세가공기술(MEMS)에 의한 마이크로폰과 보청기 등의 응용을 들 수 있다. 1 ~ 1 kPa의 범위는 미압이라고 하고, 이 범위의 압력 센서는 로봇용 전자피부(e-skin)와 모바일 폰용 화면에 응용되는 촉각 센서가 포함된다. 저압은 1 kPa에서 10 kPa의 압력 범위인데, 이 범위는 인체 내부의 장기(심장, 신장 등)의 압력에 해당하며, 건강 상태 및 진단용 압력 센서의 범위에 해당한다. 중간 압력 범위에 해당하는 10 ~ 100 kPa 영역으로 혈압, 고 고도(high altitude) 압력과 체중 측정을 위한 범위이다. 이 영역은 특히 신체 활동과 건강상태 검사 및 진단에 직접 응용되기에 매우 중요하며, 정확성과 신뢰성이 각별히 요구된다.

2 외부 힘(external force)에 따른 용량의 변화

압력 센서의 1차 변환기인 탄성체의 일반적 거동은 10장 힘 센서에서 자세하게 살펴보았다. 또한 표 11.1과 그림 11.5를 보면, 압력의 변화에 따라 감압요소의 변위가 발생함을 볼 수 있다. 따라서 감압 요소의 변위와 이에 상응한 기준 전극과의 용량(capacitance)의 변화를 통해 압력을 측정하는 것이 가능하며, 표 11.1의 많은 압력 변환 방식에 적용되고 있다.

용량형 압력 센서(capacitive pressure sensor)는 압력의 변화에 따라 고정인 기준 전극과 가동 전극 사이의 커패시턴스로 정의되는 식 (11.5)에 제시된 용량의 변화를 검출한다.

$$C = \epsilon_0 \epsilon_r \frac{A}{t} \tag{11.5}$$

이때 ϵ_0는 진공 상의 유전율, ϵ_r은 평행 평판 사이의 채워진 유전체의 유전율, A는 전극면적, t는 두 전극사이의 거리를 의미한다.

압력에 따라 미소 변위(dt)가 발생한 전극간의 용량변화는 식 (11.5)의 미분 항으로 식 (11.6)과 같다.

$$\frac{dC}{dt} = -\epsilon_0 \epsilon_r \frac{A}{t^2} \tag{11.6}$$

식 (11.6)에서 전극간의 거리의 변화에 따른 용량의 변화는 거리의 제곱에 반비례하는 특성을 갖고 있고, 그림 11.6과 같이 비선형적인 특성을 나타낸다. 이런 특성을 보완하기 위한 방법으로 ❶ 용량(capacitance)의 측정 대신 임피던스를 이용하는 방법, ❷ 다이어프램의 기하학적 형상의 변화를 통해 선형적인 변화를 갖도록 하고 있다.

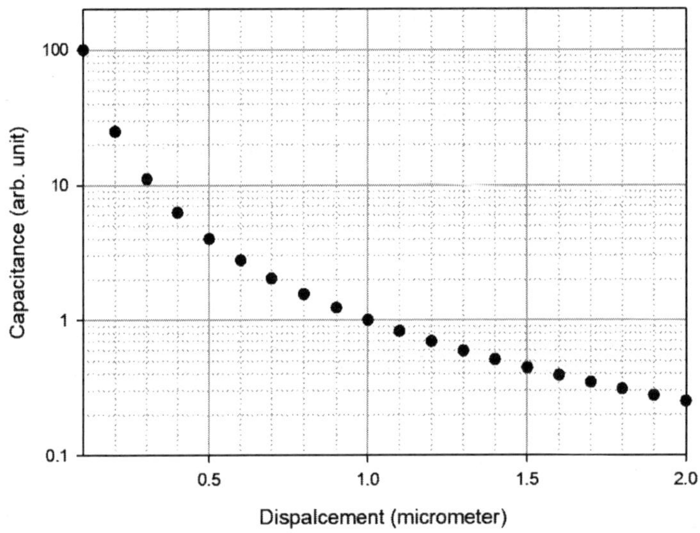

| 그림 11-6 | 커패시턴스의 전극간 거리 의존성

즉, 순수한 커패시터의 임피던스는 식 (11.7)의 리액턴스로 주어지고, 그림 11.7과 같이 전극간 유동 거리(displacement)에 비례하는 특성을 갖고 있어, 커패시턴스 응답 특성을 센서의 출력으로 사용하는 것보다 선형성이 우수함을 볼 수 있다.

$$|X_c| = \frac{1}{\omega C} = \frac{t}{2\pi f \epsilon_0 \epsilon_r A} \tag{11.7}$$

그림 11.8은 MESA 구조를 갖는 다이어프램의 변위, SEM 사진과 단면을 보여주고 있다. 용량형 압력 센서의 제조 및 커패시턴스의 측정 시, 그림 11.8의 (a)에서와 같이 다이어프램의 중심에서 변위가 가장 크고, 다이어프램과 기판의 경계에 가깝게 갈수록 변위는 줄어든다. 그러나 MESA 구조를 갖는 다이어프램은 MESA 구조의 상대적인 위치에 따라 다이어프램의 중앙부에서의 변위와 MESA 구조가 있는 영역까지 균일한 변위가 발생하고 있음을 볼 수 있다. 그러나 MESA의 위치 및 크기가 변화함에 따라 MESA 구조의

사이에 존재하는 다이어프램의 변위가 불균일한 형태를 나타내고 있음을 그림 11.8 (a)에서 볼 수 있다. 그림 11.8 (b)와 (c)는 모의해석을 통해 제작된 MESA 구조를 갖는 다이어프램의 SEM 사진과 단면도를 나타낸 것이다.

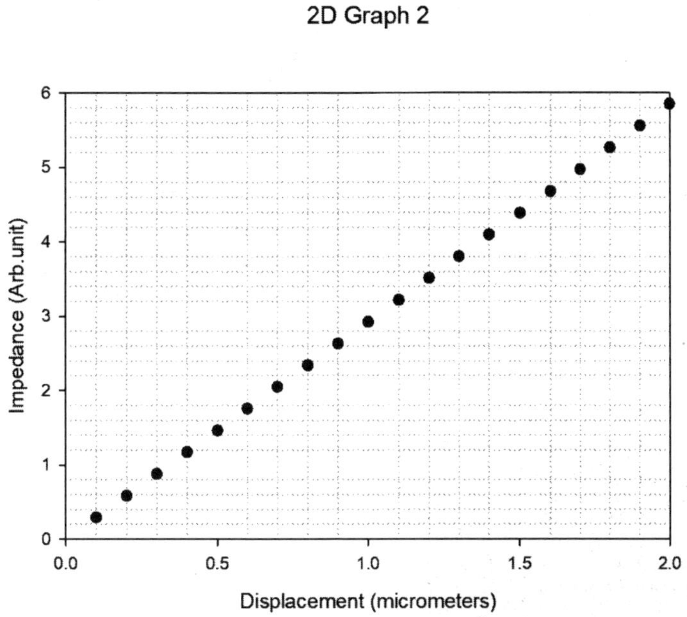

▌그림 11-7▐ 임피던스의 전극간 거리 의존성

한편 그림 11.9는 다이어프램의 중앙에서 가장자리까지 각 구조의 정규화된 다이어프램의 변위를 나타낸 것이다. MESA 구조가 없는 다이어프램은 가장자리에서 중앙에 이르기까지 다이어프램의 변위가 지속적으로 증가하는 형태를 나타낸다. 6025 구조는 가장자리에서 MESA가 있는 곳까지 그리고 MESA가 없는 다이어프램의 중앙부에서 비선형적으로 변위가 증가됨을 알 수 있으나, 6035 구조에서 이런 현상은 점차 줄어든다. 6045와 6050 구조의 다이어프램은 MESA 구조에서 중심부까지 평편한 다이어프램의 변위를 보여주고 있다. 따라서 6045와 6050 구조는 이 영역에 전극을 배치하면, 압력이 증가함에 따라 용량의 변화가 선형적으로 변화되는 구조를 확보하게 된다.

용량의 변화를 이용한 압력 센서는 저항형 압력 센서에 비해 소비전력이 작고, 주변온도의 변화에 용량변화가 둔감하며, 드리프트가 작기 때문에 주로 의료용 혈압계에 이용되고 있다.

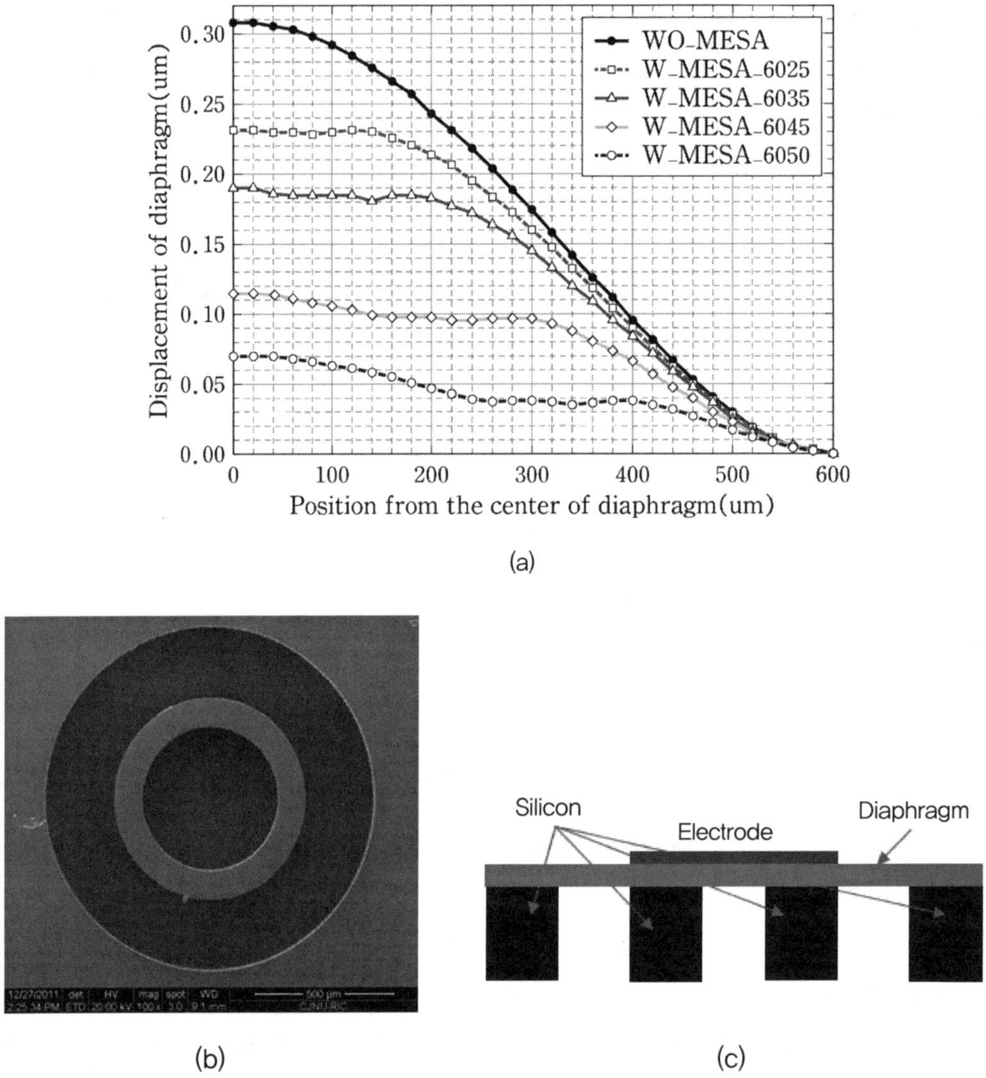

▌그림 11-8▐ MESA 구조의 다이어프램 (diaphragm): (a) 다이어프램의 변위(@ 200 mmH$_2$O) (b) SEM 사진 (6025) (c) 단면도

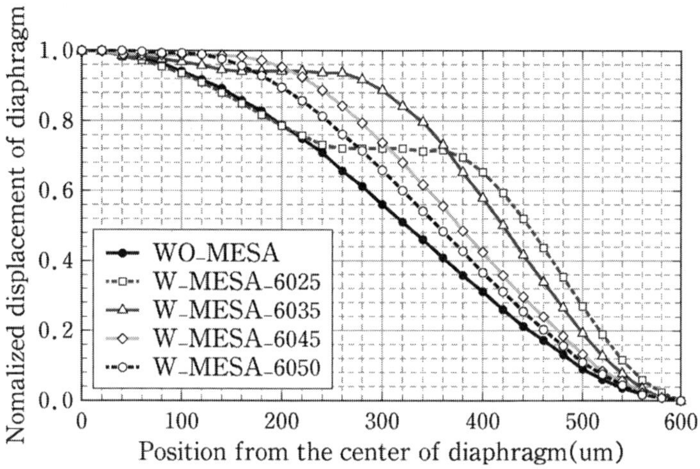

그림 11-9 정규화된 다이어프램의 변위(@ 600 mmH_2O)

3 1차 압력 변환기

부르동 관(Bourdon Tube)은 이를 제작한 업체의 이름에서 기인하며, 부르동 관을 압력계로서 처음 이용한 사람은 1840년대 M.Shinz와 E. Bourdon이다. 대표적인 부르동 관의 형상과 단면은 그림 11.10에 제시된 것과 같다.

부르동 관 중에서 가장 보편적으로 사용하는 관은 C형이며, 굴곡각은 250에서 270° 범위이다. 그림 11.10의 (b), (c)의 헬리컬과 스파이어럴 구조는 굴곡각을 360° 이상 크게 함으로써 관 끝단부의 변위를 극대화한 특징을 지닌다. 이들 구조는 고정밀, 고압 측정에 주로 응용된다. 비틀림형 부르동 관은 단면이 평원형 혹은 직사각형이고, 관의 중심축 주위로 비틀어진 구조의 형태로 고압용에 주로 응용된다.

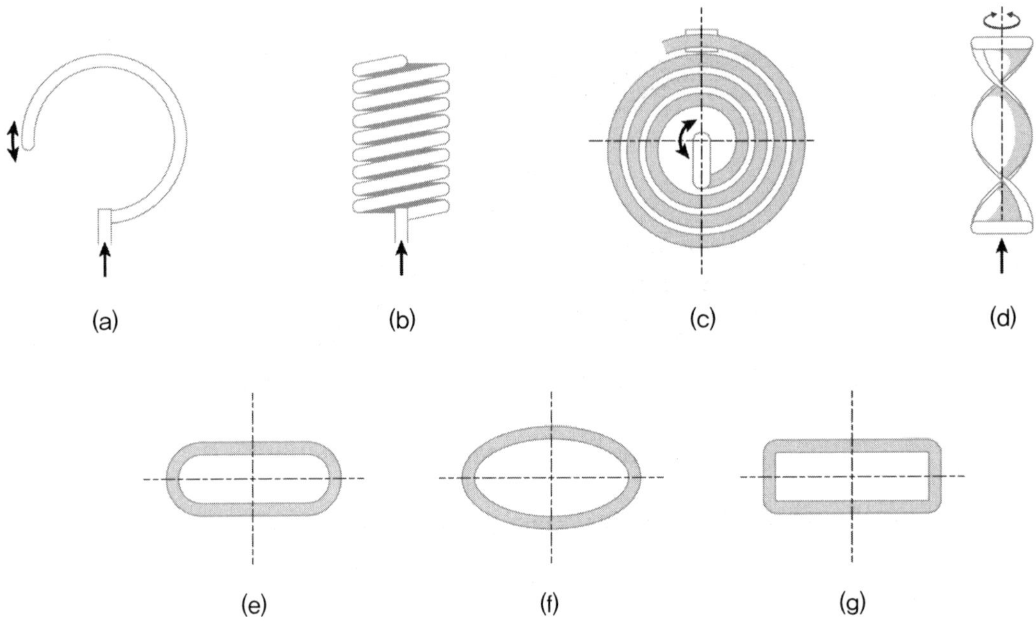

▌그림 11-10▐ 부르동 관의 형상과 대표적 단면도

그림 11.11은 단면이 평원형인 부르동 관의 압력에 따른 변형을 나타낸 것이다. 한쪽 끝단은 압력이 가해지는 부분에 고정되고, 자유단의 끝이 압력에 따라 변형하는 구조이다. 굴곡의 축 방향으로의 변형을 무시하는 경우, 압력에 따른 변형은 R이 증가하는 방향으로 변형하고, 식 (11.8)을 따른다.

$$\Delta x = (r + \Delta r)\Delta\theta = r\Delta\theta + \Delta r\Delta\theta \tag{11.8}$$

$\Delta r \Delta\theta \approx 0$를 가정하면, 식 (11.8)은 식 (11.9)와 같이 간략화되고, 각도의 미세변화는 외부에서 가해진 압력에 비례한다.

$$\Delta x = r\Delta\theta \tag{11.9}$$

따라서 $\Delta\theta = kP$(k는 비례상수) 이므로, 부르동 관의 변위는 압력에 비례하는 식 (11.10)으로 표현된다.

$$\Delta x = rkP \tag{11.10}$$

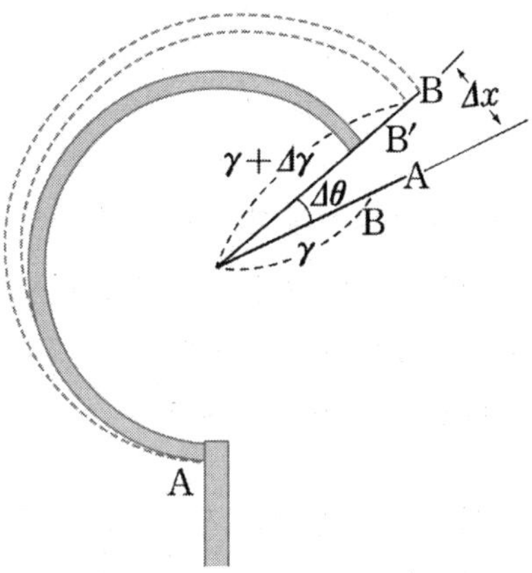

▌그림 11-11▐ 압력의 인가에 따른 평원형 C-형 부르동 관의 변형

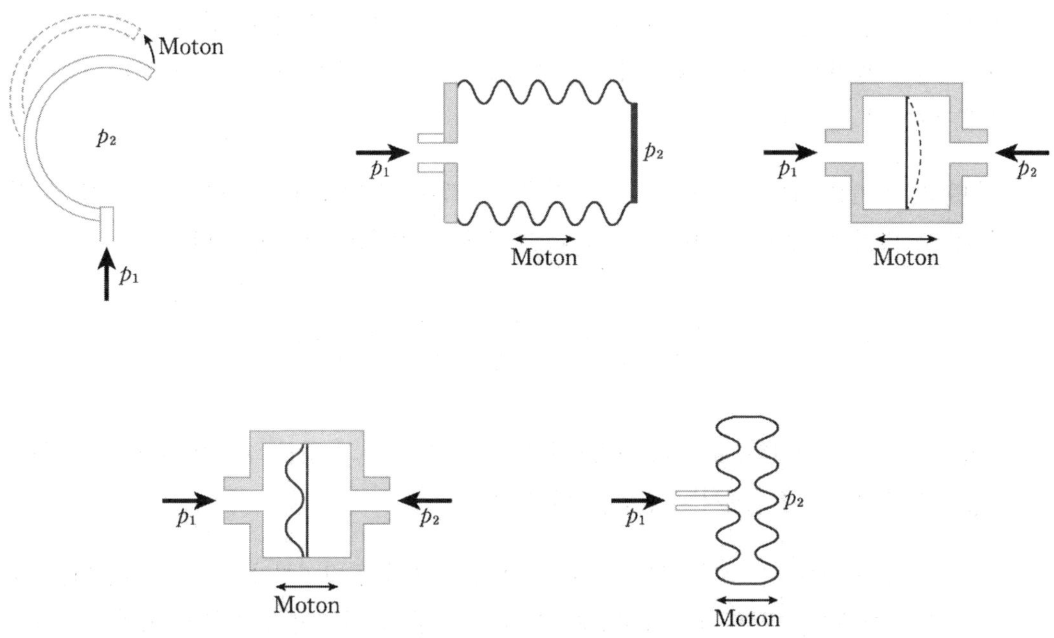

▌그림 11-12▐ 게이지 압력 센서용 탄성 구조체

그림 11.12에 제시된 벨로우즈를 이용한 압력의 측정은 기본적으로 게이지 압을 측정한다. 벨로우즈의 우측단에 압력 p_2가 인가되고, 외부에서 p_1의 압력($p_1 > p_2$)이 벨로우즈에 가해지면, 벨로우즈는 우측으로 움직인다. 압력차, $p_1 - p_2$에 의한 변위, δx는 제시된 식 (11.11)을 따른다.

$$\delta x = 2N_b A_b \frac{r_b^2}{Et_b^3}(p_1 - p_2) \tag{11.11}$$

여기서 r_b는 벨로우즈 구조의 평균 반경, A_b는 유효면적, N_b는 벨로우즈의 굴곡수(convolution number), E는 벨로우즈 물질의 영률, t는 물질의 두께를 의미한다. 식(11.11)에서 주어진 것과 같이 외부 압력을 제외하고 모든 인자들이 물질상수 혹은 설계 인자로 상수이기에 변위는 게이지 압력에 비례한다.

그림 11.13은 주름진 다이어프램의 형상과 단면 및 변위 특성을 나타낸 것이다. 그림 11.13의 (a)와 같은 주름진 다이어프램의 단면은 사인함수와 유사한 형태의 단면 구조(그림 11.13의 (b))를 갖고 있는 것이 일반적인 형태이다. 이런 주름진 다이어프램의 변위는 그림 11.13 (c)에 제시된 것과 같이 선형적인 변위 영역에서 평편한 다이어프램 구조보다 더 큰 인가압력을 요구하는 특징을 지닌다. 그러나 비선형적인 큰 변위를 갖는 영역에서는 평편한 다이어프램보다 주름진 구조를 지닌 다이어프램의 상대적인 변위가 크게 됨을 알 수 있다.

원형의 평편한 다이어프램이 초기 잔류응력이 없는 상태에서 외각이 고정된 경우, 인가압력과 다이어프램의 변위는 식 (11.12)를 따르는 것으로 알려져 있다.

$$\frac{Pa^4}{Eh^4} = \frac{16}{3(1-\nu^2)}\left(\frac{y}{h}\right) + \frac{7-\nu}{3(1-\nu)}\left(\frac{y}{h}\right)^3 \tag{11.12}$$

여기서 P는 인가압력, a는 다이어프램의 반경, E 물질의 영률, h 다이어프램의 두께, ν 포아송의 비, y 중앙에서의 변위를 나타낸다.

식 (11.12)에 제시된 것과 같이 다이어프램의 두께의 절반이하에 해당하는 변위를 갖는 작은 변형에서는 선형적인 변위(첫 항)를 나타내고, 압력이 증가함에 따라 두 번째 항에 제시된 비선형적인 변위를 나타내게 된다.

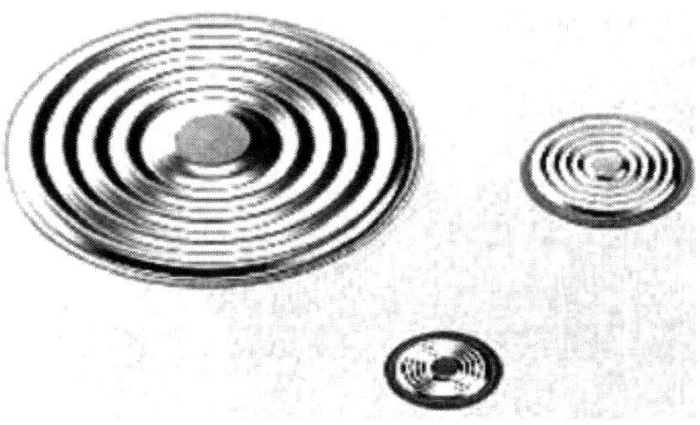

(a)

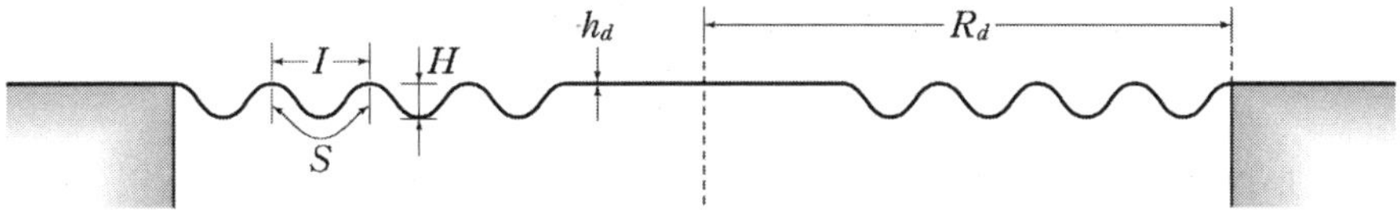

(b)

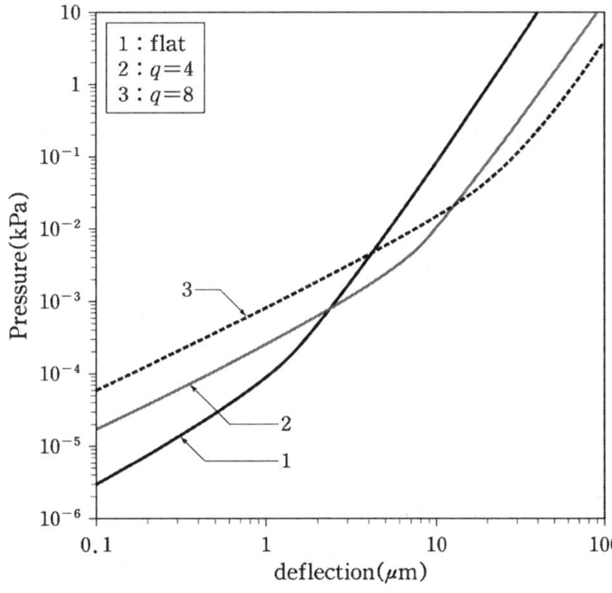

(C)

| 그림 11-13 | 주름진 다이어프램(corrugated diaphragm): (a) 형상 (b) 단면도 (c) 변위

한편 주름진 다이어프램의 경우, 인가압력과 변위는 다음의 식 (11.13)을 따르는 것으로 알려져 있다.

$$\frac{Pa^4}{Eh^4} = A_p\left(\frac{y}{h}\right) + B_p\left(\frac{y}{h}\right)^3 \tag{11.13}$$

$$A_p = \frac{2(q+2)(q+1)}{3(1-(\nu/q)^2)},\ B_p = \frac{32}{q^2-9}\left(\frac{1}{6} - \frac{3-\nu}{(q-\nu)(q+3)}\right)$$

여기서 q는 주름의 품질계수(Quality factor)로서 사인함수적인 주름의 형태를 갖는 경우, 품질계수는 식 (11.14)와 같다.

$$q^2 = \frac{s}{l}\left(1 + 1.5\left(\frac{H}{h}\right)^2\right) \tag{11.14}$$

식 (11.14)에서 그림 11.13의 (b)에 제시된 바와 같이 H는 주름의 깊이, s는 주름의 호 길이, l은 주름의 반복거리를 의미한다. 이러한 주름을 가진 다이어프램은 미세가공 기술을 이용한 마이크로폰, 마이크로펌프 및 채널의 가공과 해석에 많이 이용되고 있다.

4 2차 압력 변환기

4.1. 반도체 스트레인 게이지

실리콘 반도체를 이용한 스트레인 게이지는 집적회로 제작에 광범위하게 사용되는 (100) 면을 갖는 실리콘 반도체에 설계·제작된다.

p-형 (100) 실리콘 반도체에 다이어프램을 형성하고, 압저항을 형성한 것이 그림 11.14 (a)의 예이다. 압력이 가하지면, 다이어프램은 등방성 재질이기에 정사각형 다이어프램의 가장 자리(edge)에서 가장 큰 응력 분포를 나타내고, 다이어프램의 중앙에서 가장 큰 휨(deflection)을 보인다. 따라서 가장 큰 응력이 작용하고 있는 다이어프램의 가장 자리에 압저항을 배치한다. 이때 압저항에 스트레스와 수평 혹은 수직한 방향으로 전류가 흐르게 된다. 즉, 그림 11.14 (a)에서와 같이 인가 응력에 평행(A) 혹은 수직(B)하게 응력이 가해지는 방향으로 배치하면, 이 상태에서 식 (11.15)에 의해 두 개의 저항은 인가 응력에 의해 저항이 증가하고, 두 개의 저항은 반대로 감소하는 특성을 나타낸다.

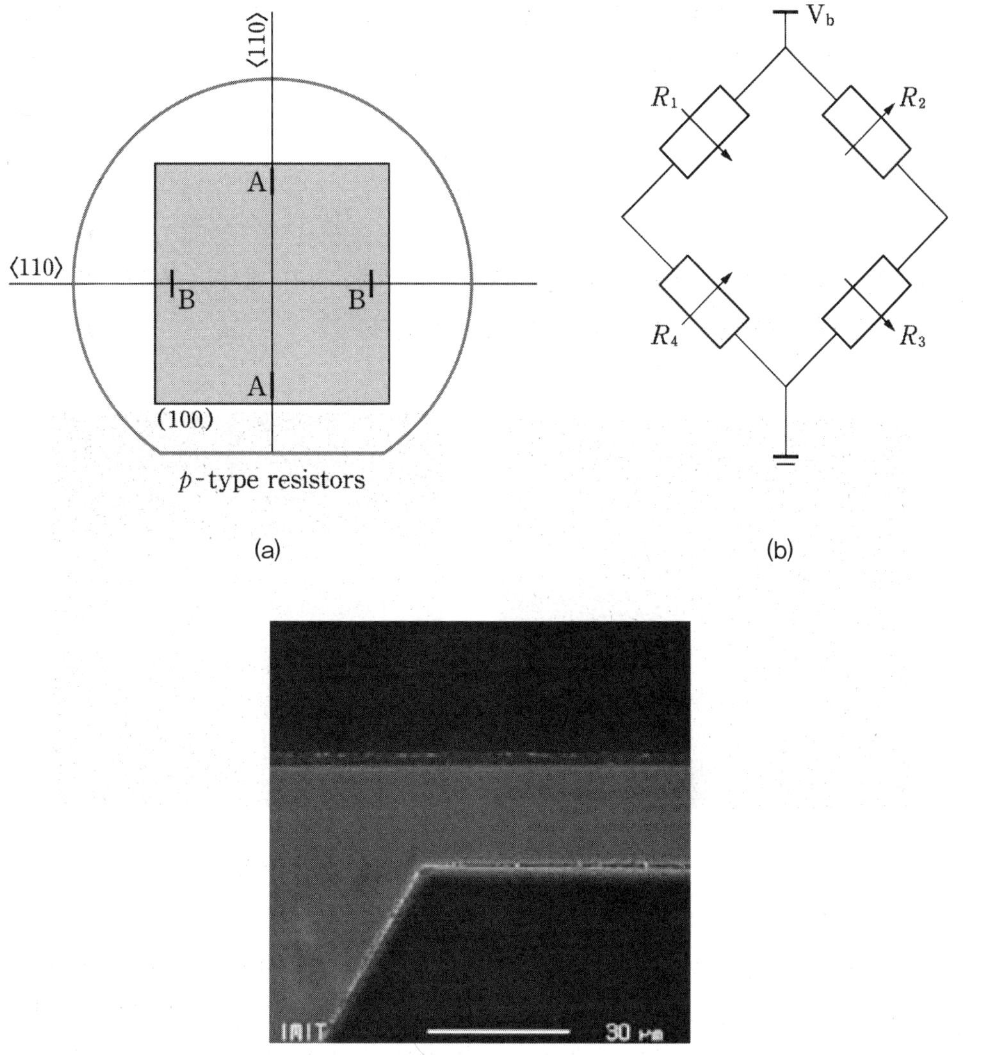

▌그림 11-14▐ p-형 실리콘 웨이퍼에 형성된 압저항과 휘스톤 브릿지 구조: (a) p-형 (100) 웨이퍼에 형성된 압저항 패턴 (b) 압저항 센서의 단면사진 (c) 압저항의 휘스톤 브릿지 구조

$$\frac{\Delta R}{R} \propto (\sigma_{\parallel} - \sigma_{\perp}) \tag{11.15}$$

여기서 $\sigma_{\parallel}$은 평행한 응력, $\sigma_{\perp}$는 수직 응력을 의미하고, $\sigma_{\parallel}$과$\sigma_{\perp}$가 각각 50/10 MPa 일 때 저항의 변화율은 약 3% 이내임이 알려져 있다.

따라서 이런 상반된 응력-저항 특성을 나타내는 압저항을 그림 11.14 (b)와 같이 휘스톤 브릿지 회로에 결선하면, 식 (11.16)과 같은 감도를 갖고 출력 특성이 나타나게 된다.

$$\frac{V_{out}}{V_s} = \frac{\Delta R}{R} \tag{11.16}$$

대부분의 압저항형 압력 센서(30 kPa ~ 3 MPa 범위)는 상기 제시한 구조를 갖고 있으며, 그 일례에 대한 사진을 제시하면 그림 11.15와 같다.

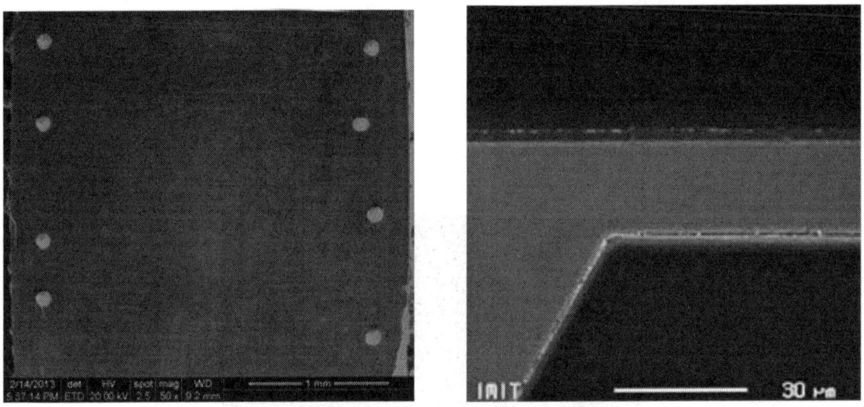

▎그림 11-15▎ 승용차에 적용 중인 압 저항형 압력 센서의 SEM 사진

한편 저압력(30 kPa 이하) 측정 시, 다이어프램의 비선형적인 거동을 고려해야 한다. 다이어프램의 선형적 거동은 다이어프램이 얇고, 다이어프램의 두께보다 작은 휨(defelction)이 발생한 경우이다. 이때 압력에 따른 다이어프램의 가장자리에서의 응력은 식 (11.17)을 따른다.

$$\sigma = k\frac{r^2}{t^2}P \tag{11.17}$$

단, k는 형상계수, r 다이어프램의 반경, t 다이어프램의 두께, P는 인가압력을 나타낸다.

한편 얇은 다이어프램의 휨은 중앙부에서 식 (11.18)과 같이 증가하게 되고, 이는 가장자리에서의 휨에 영향을 주어, 비선형적인 변위를 유발하게 된다.

$$d \propto \frac{r^3}{t^3} P \tag{11.18}$$

이런 영향을 배제하고, 선형성을 확보하기 위해 다이어프램의 중앙을 그림 11.16에 제시한 것과 같은 보스 구조(Boss strcuture)로 제작한다. 이런 보스 구조는 전술한 모의해석 결과(그림 11.8)와 같이 중앙에서 평탄한 변위 분포를 갖으며, 출력의 선형성을 향상시킨다.

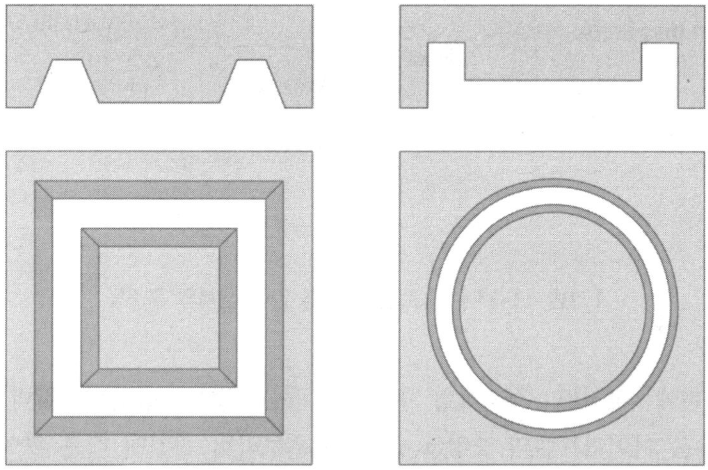

(a) (b)

| 그림 11-16 | 저압력 측정용 압저항형 실리콘 압력 센서의 구조: (a) 정방형 (b) 원형

4.1. 용량기(Capacitor)

일반적으로 압저항형 압력 센서는 압저항의 온도 의존성으로 인해 온도 보상이 요구되고, 압저항과 전극을 연결하는 전선사이의 shunt 저항에 의한 zero-drift가 발생되며, 이들로 인한 장기 신뢰성 문제가 발생된다. 따라서 온도 의존성이 거의 없고, 저전력에서도 동작하며, 장기 신뢰성과 감도(압저항형에 비해 약 수십 배 증가)가 우수한 용량형 압력 센서가 사용되고 있으며, 그 일례가 그림 11.17에 제시된 것과 같다. 현재 사용되고 있는 의료용 압력 센서(가정용 혈압 측정기, 심혈관 삽입형 압력 센서 등)는 제시된 장점으로 인해 대부분 용량형 압력 센서를 사용하고 있다.

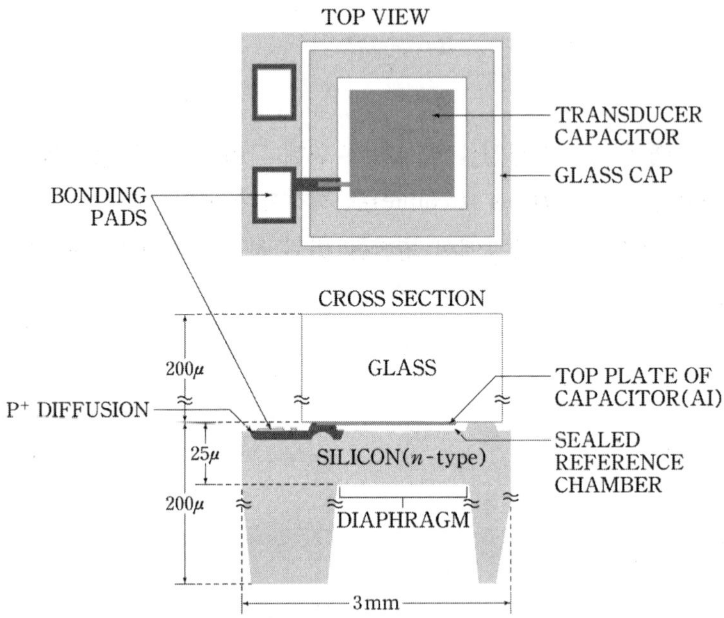

| 그림 11-17 | 의료용 용량형 압력 센서의 구조도

그림 11.17에 제시된 정사각형 다이어프램을 갖는 용량형 압력 센서의 용량(capacitance)은 다이어프램의 중앙($x, y = 0$)으로부터의 위치에 따른 다이어프램의 변위(dispalcement)의 함수($w(x,y)$)로 식 (11.19)와 같이 주어진다.

$$C = \int_{-l}^{l}\int_{-l}^{l} \frac{\epsilon_0}{d - w(x,y)} dxdy + C_0 \tag{11.19}$$

여기서 $2l$은 다이어프램 한 변의 길이, ϵ_0은 진공상의 유전율, d는 초기 다이어프램과 고정 전극간의 거리, C_0는 실리콘 반도체 다이어프램의 하부 전극을 형성하기 위해 도우핑된 전극으로 인해 발생된 공핍층의 용량을 의미한다.

식 (11.19)에 제시된 변위에 따른 용량의 변화를 간략하게 제시하면, 초기 외부 압력이 존재하지 않는 경우, 용량은 식 (11.20)과 같이 주어진다.

$$C = \frac{\epsilon_0 A}{d} \tag{11.20}$$

그러나 외부에서 압력이 가해져 다이어프램의 변위가 변화하면, 이로 인한 용량의 변화는 식 (11.21)과 같이 된다.

$$\triangle C = C - C_0 = \frac{\epsilon_0 A}{d-w} - \frac{\epsilon_0 A}{d} = \frac{\epsilon_0 Aw}{d(d-w)} = C_0 \frac{w}{d-w} \tag{11.21}$$

5 압력 센서 구동 회로

대표적으로 압력 센서는 전술한 것과 같이 압저항형과 용량형으로 구분된다. 압저항형 압력 센서의 구동회로는 힘 센서(제 10장의 5절)에서 그 특성을 제시하였다. 본 절에서는 용량형 압력 센서의 신호처리 회로를 중심으로 살펴보고자 한다.

5.1. 연산 증폭기를 이용한 적분회로

그림 11.18은 연산 증폭기를 사용한 적분 회로를 나타낸 것이다. 연산 증폭기의 반전 입력단자는 가상 접지에 의해 비반전 단자와 동일한 0 전위를 갖는다. 따라서 입력단에 인가된 전압 V_s와 입력단 저항(R_1)에 의해 반전 입력단자로 전류가 흐르고, 이 전류는 커패시터(C_1)으로 흘러 전하를 충전하며, 충전된 전하에 의해 출력 전압(V_{out})이 나타난다.

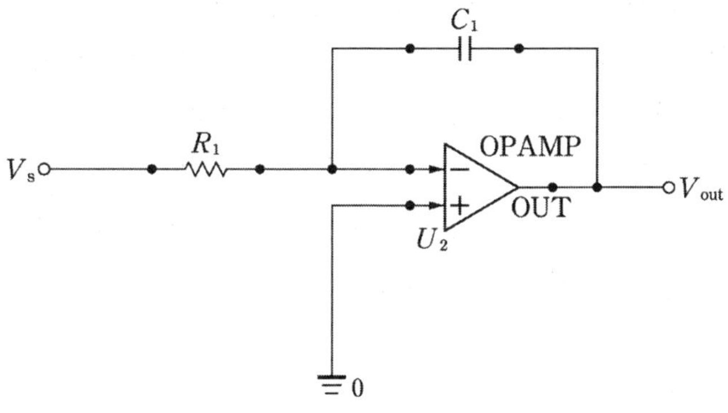

| 그림 11-18 | 연산증폭기를 이용한 적분 회로도

즉, 연산 증폭기의 가상 접지에 의해 두 단자가 접지된 상태와 동일함으로, 입력 전류

는 $I_s = \frac{V_s}{R_1}$이고, 커패시터를 통해 흐르는 전류를 I_f라 하면, 이들은 방향이 반대인 상태에서 같은 전류량을 갖는다. 커패시터를 통해 흐르는 전류는 식 (11.22)와 같다.

$$I_s = \frac{V_s}{R_1} = -C_1 \frac{dV_o}{dt} \tag{11.22}$$

따라서 출력전압, V_o은 식 (11.23)과 같이 입력 전압의 시간에 따른 적분값 혹은 식 (11.24)로 표현된다.

$$V_o = -\frac{1}{R_1 C_1}\int_0^t V_s dt \tag{11.23}$$

$$V_o = -\frac{V_s}{j\omega R_1 C_1},\ \omega = 2\pi f \tag{11.24}$$

5.2. C-V(Capacitance-to-Voltage) 변환 회로

그림 11.19는 측정용 커패시터의 용량 변화와 적분회로를 이용한 출력 전압 측정용 회로를 제시한 것이다. 그림 11.18 입력단의 저항 대신 가변 커패시터(외력에 의한 용량의 변화가 유발되는)로 대체한 것이다. 스위치 S_1, S_3, S_5가 ON이고, S_2, S_4가 OFF 상태인 경우, 외부 전압 V_s에 의해 C_1이 충전된다. 이때 OP-AMP의 비반전 단자가 0 전위 이므로, 반전단자 또한 0 전위이며, S_3에 의해 반전 단자와 출력이 연결되어 출력전압도 0 전위를 나타낸다. 외부 전압, V_s가 S_1에 의해 연결되어 있으므로 커패시터 C_1은 전하를 충전하게 된다. 반면에 C_2에 충전되었던 전하는 스위치 S_5가 0 전위에 연결되어 있으므로, 방전하게 된다. 따라서 C_1에 비례하여 외부전압 V_s에 의해 전하가 충전된다 ($Q = C_1 V_s$).

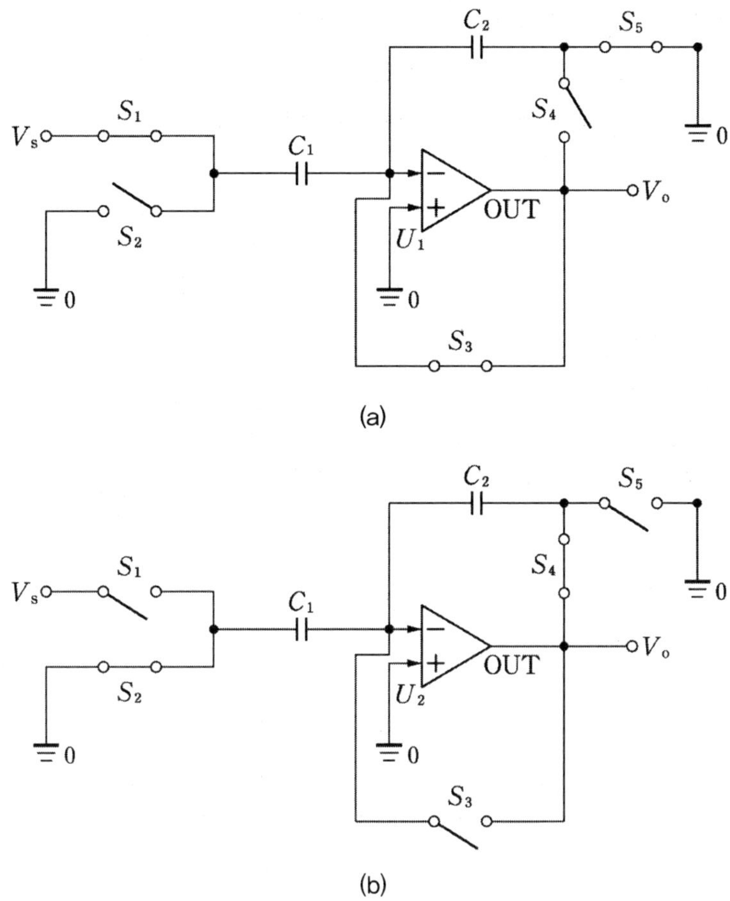

▌그림 11-19▐ 스위칭 소자와 커패시터를 이용한 커패시턴스-전압 변환기 회로: (a) 가변 커패시터 충전 (b) 충전 전하에 의한 출력전압 측정

그림 11.19 (b)와 같이 스위치 S_1, S_3, S_5가 OFF 되고, S_2, S_4가 ON 되면, 커패시터 C_1에 충전된 전하는 OP-AMP와 연결된 커패시터 C_2로 전달되어 충전된다. 따라서 이에 따라 출력전압은 식 (11.25)와 같이 표현된다.

$$V_o = -\frac{C_1}{C_2} V_s \tag{11.25}$$

그림 11.19에서 살펴본 것과 같이 외부 환경에 따라 변화되는 커패시터와 연산 증폭기를 이용한 적분회로 및 스위칭 소자를 적절하게 응용하면, 커패시턴스의 변화에 따른 출력전압의 변화를 유도할 수 있는 회로를 구성할 수 있다.

압력의 변화에 따른 커패시턴스의 변화와 적분기 및 스위칭 소자의 시정수(τ)를 조절하여 커패시턴스의 변화에 따른 출력전압을 나타내는 커패시턴스-전압 변환(capacitance-to-voltage converter)회로를 제시하면 그림 11-20과 같다.

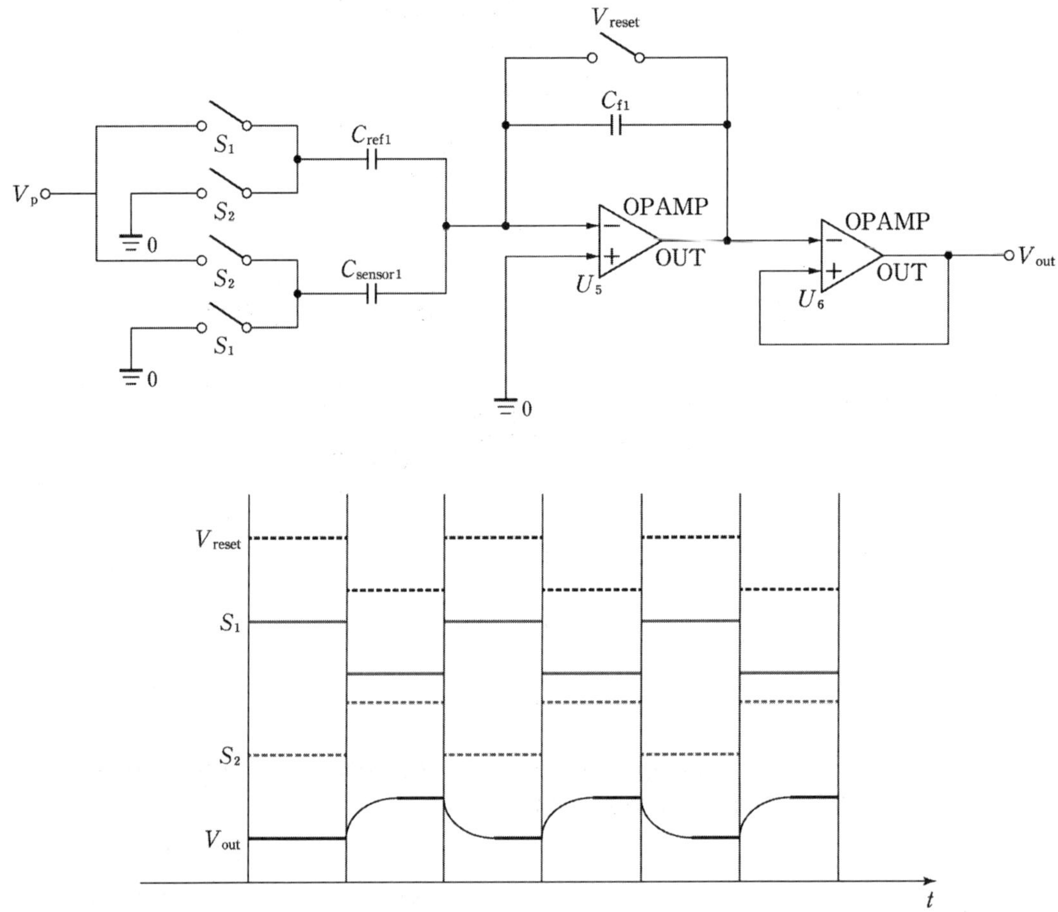

| 그림 11-20 | 커패시턴스-전압 변환 회로와 출력 전압

외부 전압, V_p는 스위치 S1과 S2를 거쳐 각각 C_{ref1}과 $C_{sensor1}$에 연결되고, 각 커패시터는 또한 S_2와 S_1을 통해 접지와 연결된다. 이들은 스위칭 시간의 차이에 의해 적분기를 통해 출력으로 전달되고, 전압 팔로우를 통해 최종 출력된다. 적분기 회로에는 귀환 커패시터와 병렬로 연결된 V_{reset} 스위치에 의해 적분기의 반전 입력과 출력이 동전위(equipotential)를 나타내게 한다.

그림 11.20에서 V_{reset}과 S_1, S_2가 각각 디지털 상태로 HIGH(SW ON)와 LOW(SW OFF)인 경우, 입력전압은 C_{ref1}를 일정 전하로 충전시키나, $C_{sensor1}$, C_{f1}은 각각 접지에 연결되어 방전한다. 이 상태에서 출력 전압, V_{out}은 LOW 상태를 나타낸다. 그러나 V_{reset}과 S_1이 LOW(SW OFF) 상태, S_2가 HIGH(SW ON) 상태가 되면, $V_pC_{sensor1}$과 V_pC_{ref1}의 차이에 해당하는 만큼의 전하가 연산 증폭기 입력과 출력단 사이의 회귀 용량(feedback capacitance) C_{f1}을 충전하기 위해 흘러 들어간다. 따라서 출력전압은 식 (11.26)과 같이 표현된다.

$$V_o = V_p \frac{A_o(C_{sensor1} - C_{ref1})}{C_{sensor1} + C_{ref1} + (1 + A_o)C_{f1}} \tag{11.26}$$

여기서 A_o는 연산 증폭기의 개방이득을 의미하고, $(1 + A_o)C_{f1} \gg C_{sensor1} + C_{ref1}$이다.

따라서 식 (11.26)은 식 (11.27)과 같이 간략하게 표현되고, 출력전압은 입력단의 기준 용량과 가변 용량의 차이에 비례한 값을 출력한다.

$$V_o = V_p \frac{(C_{sensor1} - C_{ref1})}{C_{f1}} = \frac{\Delta C}{C_{f1}} V_p \tag{11.27}$$

6 음압 센서

음압(acoustic pressure) 센서는 음향 에너지를 전기 에너지로 변환하는 소자를 의미한다. 에너지의 변환 과정에서 파동의 특성을 갖는 음향에너지를 음향 센서의 진동판의 떨림으로 1차적으로 변환한다. 진동에너지는 변환 방식에 따라 ❶ 자석과 코일을 이용한 다이나믹 음압 센서, ❷ 떨림판의 진동에 따른 용량의 변화를 측정하는 콘덴서형 음압 센서, ❸ 압전 혹은 분극 물질을 이용한 음압 센서로 분류할 수 있다. 본 절에서는 음향 측정을 위한 음압의 정의와 스마트 폰과 휴대용 통신기기 등에 광범위하게 사용되고 있는 음압 센서의 동작원리와 특징을 살펴보기로 한다.

6.1. 음압의 정의

음향 신호의 측정 및 관리는 음성 신호의 녹음과 재생, 음악의 녹음과 증폭 및 대규모 공간에서 대중에게 음향 신호를 효과적으로 전달하고자 하는 목적을 포함한다. 또한 정상적으로 회전・동작하는 기계 부품의 경우 일정한 음향 신호를 발생하지만, 소자 및 장치의 소손의 발생 시, 특정 주파수의 음향 신호가 발생되기에 이를 감지할 목적으로 소음과 진동의 분석에도 활용된다.

음압은 소리의 압력이고, 보다 정확하게 음향 신호가 전파되는 공간인 대기중의 압력과 동적 음향 신호간의 차압(differential pressure)을 의미한다. 음향 신호를 측정한다는 것은 대기압과의 차압을 측정하는 것이며, 전달되는 음향의 주파수 특성과 신호는 밀접한 관계를 갖고 있다. 일반적으로 표준 대기압에서 인간의 청각기관으로 감지할 수 있는 최소 음압(기준 음압-reference level, @ 1 kHz)은 2.04×10^{-5} Pa로 알려져 있으며, 이를 기준으로 식 (11.28)을 통해 음압 수준(SPL, Sound Pressure Level)을 정한다.

$$SPL(dB) = 20\log\left(\frac{p_m}{p_0}\right) \tag{11.28}$$

식 (11.28)에서 P_m은 측정하고자 하는 음향 신호의 음압(Pa), P_0는 기준 음압을 의미한다.

표 11-2는 사람의 청각기관으로 가청 가능한 임계값부터 주변 환경에서 발생하는 음압(Pa)과 데시벨로 표현된 음압 수준(SPL)을 나타낸 것이다.

[표 11-2] 임계음압과 일반 환경상태에서의 음압기준

환경상태	음압 (Pa)	음압 수준 (dB)
임계음압	2.04×10^{-5}	0
속삭임 (1.5 m 이격)	1.62×10^{-4}	18
일반 거주지	20.4×10^{-4}	40
일반 사무실	11.4×10^{-3}	55
일반 대화 (1 m 이격)	64.5×10^{-3}	70
나이가라 폭포의 최대 소음	0.808	92
비행기 1600 rpm (5.5 m 이격)	22.8	121
통증 유발 임계치	64.5	130

한편 음향 신호의 측정과 분석에 사용되는 음압 측정용 센서의 상대 감도는 아래의 식 (11.29)를 이용하여 표현된다.

$$\text{상대 감도(dB)} = 20 \times \log\left(\frac{Sensitivity[V/Pa]}{1\ V/Pa}\right) \tag{11.29}$$

일반적으로 식 (11.29)에서 주어지는 감도(Sensitivity)는 주파수 1 kHz 사인파로 1 Pa의 음압을 발생시켰을 때 음원으로부터 1 m 거리에 위치한 마이크로폰이 발생한 전압을 의미한다.

수십 년 동안 영구 쌍극자를 지닌 ECMs(electret condenser microphones)이 전화기, 마이크 등에 사용되었으나, 휴대용 전화기나 개인 단말기의 경박단소화에 의해 영향으로 마이크로폰도 소형화 연구가 1980년대부터 진행되었다. 약 20여년의 연구개발의 결과로 2000년대 초반 용량형 마이크로폰(capacitive microphone)이 휴대용 전화기에 본격적으로 사용되었으며, 현재 전 세계적으로 수십억 개의 초소형 용량형(capacitive) MEMS (micro electro mechanical systems) 마이크로폰이 사용되고 있다. 따라서 다음 절에서는 지속적인 연구개발이 병행되고 있는 압전형과 용량형 마이크로폰의 구조와 동작원리를 살펴보고자 한다.

6.2. 압전형(piezoelectric type) 마이크로폰

압전 효과(piezoelectric effect)는 특정 물질에 응력을 가하면, 물질을 구성하는 단위정(unit cell)에서의 전하 중심이 변하고, 이로 인해 용량기(capacitor) 구조를 갖는 소자의 외부 전극에 전압 혹은 전하의 흐름이 발생되는 효과를 의미한다. 외부 응력의 변화에 의해 전하 혹은 전압이 발생하는 물질을 압전 물질(piezoelectric materials) 이라하며, 석영(Quartz), PZT, PLZT와 같은 세라믹이 대표적이며, 실리콘 기반의 제조 공정에 사용 가능한 박막 물질로 대표적으로 ZnO, AlN 등이 있다.

그림 11.21은 바이모프 구조의 압전형 음향 센서의 단면을 나타낸 것이다. 중앙의 스트레스가 없는 중성면(neutral plane)의 전극을 중심으로 상부와 하부에 동일한 c-축 배양을 갖는 ZnO 박막이 증착된 것을 특징으로 한다. 단일 ZnO 박막으로 형성된 음향 소자를 unimorph 구조의 소자라 하며, 이때는 단일 용량기(capacitor)를 갖고 있는 것으로 등가화 할 수 있다. 중성면을 중심으로 압전 박막을 중성면의 상하에 증착하면, 응력이

없는 상태와 같이 전하 변화에 따른 전류의 방향을 생각할 수 있다. 이때 바이모프 구조의 음향 센서가 외부에서 음압을 받게 되면, 예를 들어 하부에서 상부로 음압이 그림 11.21의 (a)처럼 인가되면, 다이어프램은 위로 볼록한 형태를 나타낸다. 따라서 다이어프램 중앙부의 상부는 인장, 하부는 압축응력 상태에 있게 되며, 이로 인해 전류의 방향은 그림 11.21 (a)에 제시된 것과 같이 된다. 또한 여러 개의 바이모프 구조로 나누어져 있는 경우도 동일한 형태로 표현가능하다. 그림 11.21 (b)는 바이모프 음향 센서의 등가회로를 나타낸 것이다. 유니모프가 전류원과 커패시티가 병렬로 연결된 구조이므로, 바이모프는 중성면의 상부와 하부에 있는 유니모프가 직렬로 연결된 구조로 나타낼 수 있다. 이때 상부와 하부의 용량 C_1, C_2는 바이모프 구조를 형성하기 위해 증착된 절연체로 인해 형성된 용량 성분을 의미한다.

유니모프 마이크로폰의 이론적 감도는 식 (11.30)과 같으며,

$$V_s = 2d_{31}\alpha qt\left(\frac{a^2}{h^3\epsilon_o\epsilon_r}\right) \tag{11.30}$$

d_{31}는 ZnO 박막의 압전상수(C/N), α는 압전 소자의 위치에 따른 계수, q는 인가된 압력(Pa), a는 다이어프램의 폭(m), h는 다이어프램의 두께(m), t는 다이어프램의 두께, $\epsilon_o\epsilon_r = 8.85\times10^{-12}\times10.3\,(F/m)$를 나타낸다.

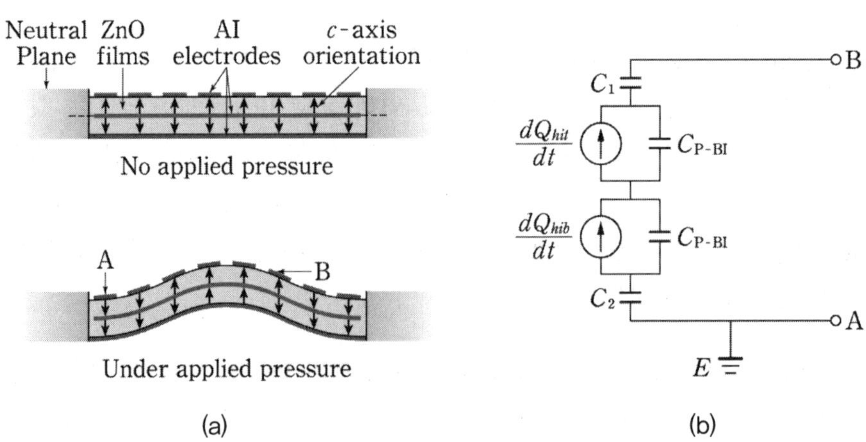

| 그림 11-21 | Bimorph 압전소자: (a) 응력유무에 따른 전하발생 (b) 등가 회로도

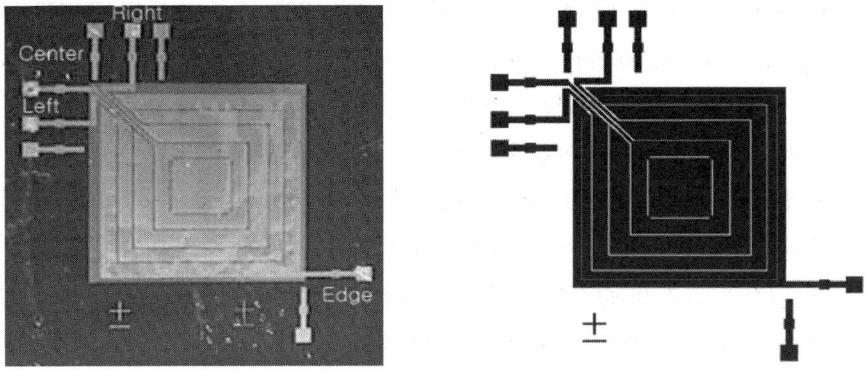

(a) (b)

▌그림 11-22▐ 미세가공기술과 ZnO 박막을 이용한 압전형 마이크포폰: (a) 제작된 소자 (b) 마스크 패턴

그림 11.22는 미세가공기술(micromachining technologies)을 이용하여 제작한 Bimorph 마이크로폰을 제시한 것이다. 다이어프램상의 위치에 따른 감도를 확인하기 위해 다이어프램의 가장자리(edge)부터 중앙부(center)에 이르기까지 개별적인 마이크포폰의 구조를 갖도록 설계되었다. 그림 11.22에 제시된 Bimorph 마이크로폰의 단면도와 공정과정을 제시하면 그림 11.23과 같다.

1) Deposit 0.6 μm low stress Si_xN_y.
2) Front/backside alignment and deposit 0.2 μm Al.
3) Deposit 0.4 μm thick ZnO and 1.6 μm parylene-D.
4) Pattern backside Si_xN_y.
5) Etch Si substrate from backside in KOH bath.
6) Etch 0.6 μm thick Si_xN_y.
7) Deposit 0.4 μm thick ZnO and 0.2 μm parylene-D
8) Deposit 0.3 μm Al & 1.6 μm parylene-D
9) Ash front side parylene-D in oxygen plasma
10) Pattern front side ZnO and Al
11) Deposit 0.2 μm thick parylene-D on front side
12) Deposit (and pattern) 0.3 μm thick Al for top electrode on front side

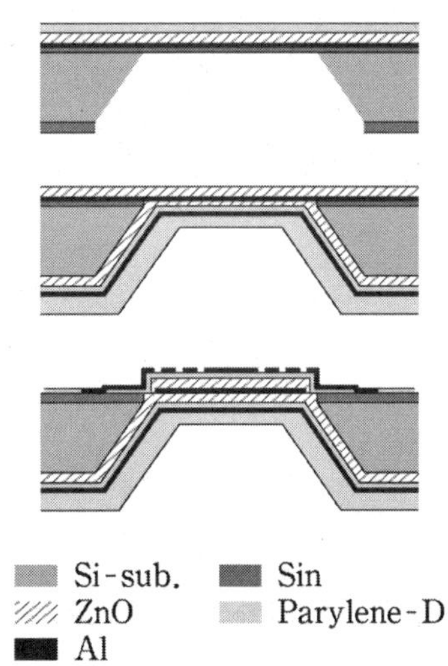

▌그림 11-23▐ ZnO 박막을 이용한 Bimorph형 압전 마이크로폰의 공정순서와 단면도

그림 11.23의 공정도에 기반한 마이크로폰 ~~응용을~~ 위한 ZnO 박막의 표면과 단면 SEM (secondary electron microscopy) 사진을 제시하면 그림 11.24와 같다. 그림 11.24에서 볼 수 있듯이 증착된 ZnO 박막은 고밀도로 증착된 것을 알 수 있으며, 성장된 박막의 단면 사진에서와 같이 c-축이 기판에 수직하게 잘 성장되어 있음을 볼 수 있다. 또한 알루미늄 박막에 초기 증착된 ZnO seed 층은 아주 미세한 입자로 증착되고, 두 번째 성장률을 증가시키기 위한 과정에서 증착된 ZnO 박막은 기판에 수직한 방향으로 두께가 커짐에 따라 입자의 크기가 증가함을 볼 수 있다. 이러한 영향으로 증착된 고품질의 ZnO 박막은 압축성(compressive) 잔류응력을 나타낸다. 그러나 마이크로폰의 제작에 사용된 대부분의 물질들(Al, paralyne-D 등)이 수십 MPa의 인장 응력을 갖고 있기에 제작된 음향 소자는 그림 11.22의 (a)에서와 같이 평탄한 모양을 갖고 있음을 볼 수 있다.

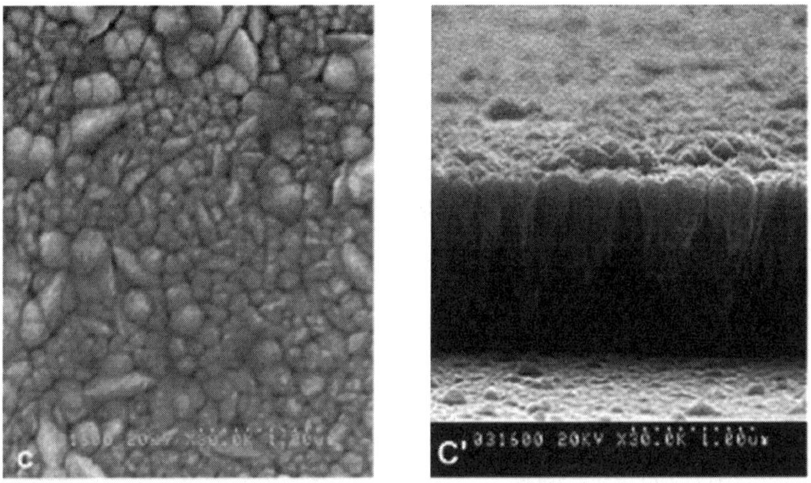

(a) (b)

| 그림 11-24 | ZnO 박막의 SEM 사진: (a) 표면 (b) 단면

그림 11.25는 그림 11.22에 제시된 분할된 전극 구조를 갖는 바이모프 마이크로폰의 전기적 결선에 따른 감도 특성을 나타낸 것이다. 이때 중앙부를 중심으로 왼쪽, 오른쪽 및 가장자리에 위치한 마이크로폰을 전기적으로 직렬로 연결한 후, 외부에서 동일한 압력을 가했을 때, 측정한 감도를 나타낸 것으로 중앙부와 가장자리의 마이크로폰을 연결한 구조가 최대 약 72 $\mu V/\mu$bar를 나타내었다.

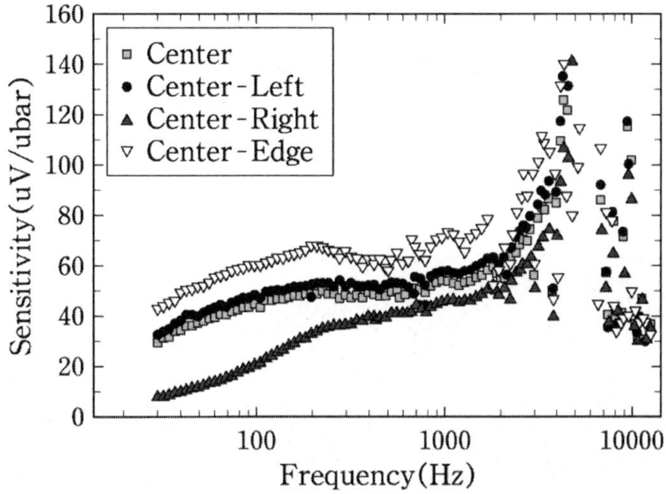

그림 11-25 분할된 바이모프 마이크로폰의 전기적 결선에 따른 감도 특성

6.3. 용량형(capacitive type) 마이크로폰

용량형 마이크로폰은 2000년대 초반에 개인 통신용 단말기에 장착되어 통신기의 부품으로 사용된 이후, 압저항형 압력센서와 빗살형 가속도 센서(comb structure g-sensor)와 더불어 최근까지 가장 많이 연구되고 상용화된 예로 들 수 있으며, 그 예를 제시하면 그림 11.26과 같다.

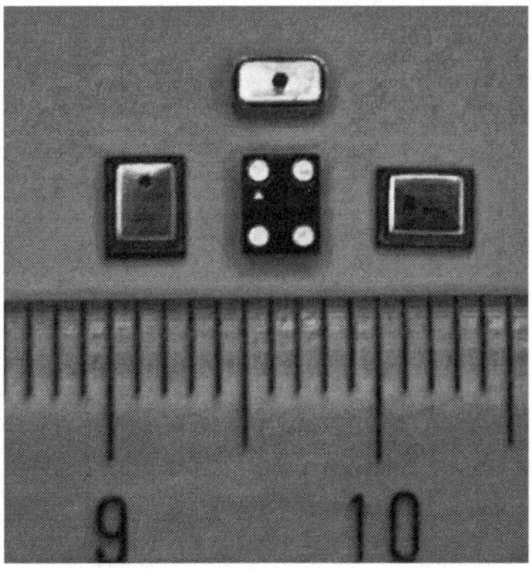

그림 11-26 용량형 마이크로폰의 외관 사진

그림 11.26에 제시된 마이크로폰은 스마트 폰에 장착되어 사용되는 것으로 음향 센서 부분은 미세가공기술에 의해 제작되었으며, 신호처리 회로와 함께 기판에 부착되어 제시된 사진과 같이 응용되고 있다. 스마트폰에 장착되는 전체적인 마이크로폰의 제원은 가로 4 mm, 세로 3 mm, 두께 약 1.5 mm 정도이다.

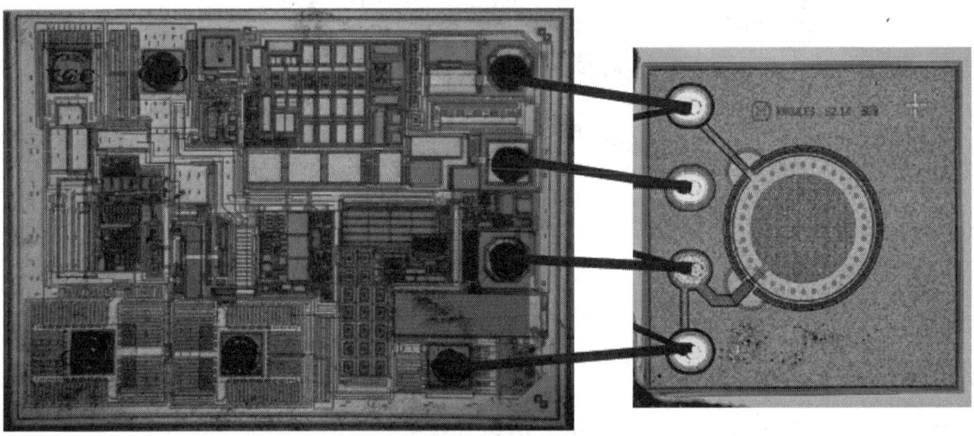

▌그림 11-27▐ 용량형 마이크로폰의 내부 소자 사진

제시된 마이크로폰의 금속 패키징 구조를 제거하면 그림 11.27과 같은 두 개의 칩으로 구성된 것을 볼 수 있다. 그림 11.27의 좌측의 사진은 마이크로폰의 신호처리를 위한 집적회로부를 나타내고 있으며, 우측의 사진이 음향 신호를 측정하기 위한 마이크로폰의 평면 사진을 나타낸 것이다. 마이크로폰의 크기는 대략 1.6 mm ×1.6 mm이며, 떨림판(movable diaphragm)의 두께는 대략적으로 1.5 ㎛의 두께를 갖고 있으며, 마이크로폰의 중앙부와 그 단면도를 제시하면 그림 11.28과 같다.

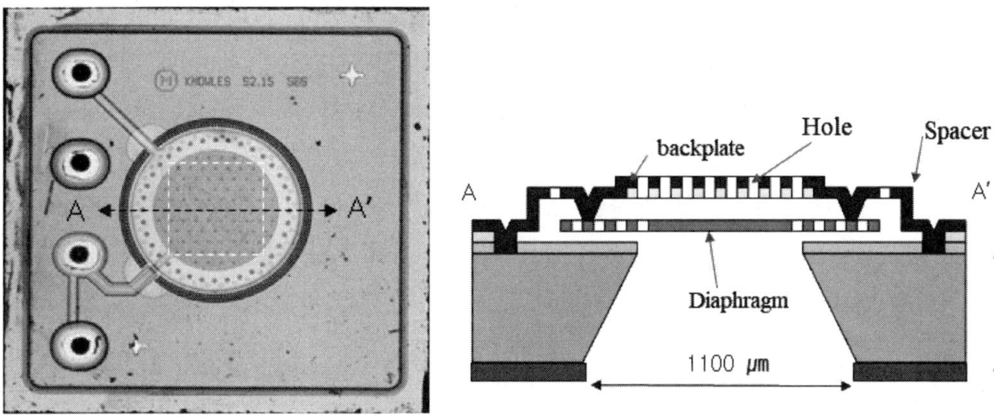

(a) (b)

▌그림 11-28▐ 용량형 마이크로폰의 표면과 단면: (a) 표면 사진 (b) 단면도

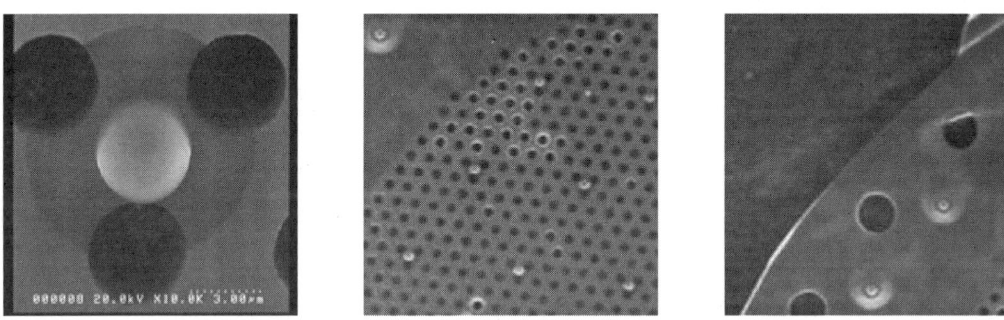

(a) (b) (c)

▌그림 11-29▐ 용량형 마이크로폰의 부분별 SEM 사진: (a) 돌기(supporters) (b) air-hole (c) vent holes

그림 11.28과 그림 11.29를 중심으로 용량형 마이크로폰의 구조와 기능을 살펴보면 다음과 같다. 용량형 마이크로폰은 그림 11.28에 제시된 가동 다이어프램(movable diaphragm)이 외부 음압에 의해 움직이고, 상부 backplate 내부에 형성된 고정 전극간의 용량변화를 측정하고자 하는 것이다. 원형의 다이어프램의 둘레에 형성된 배기구(vent holes)은 대기압과의 평형을 이루기 위한 구조이고, 이 주변에 형성된 돌기(supporters, 그림 11.29 (a))는 다이어프램이 외부에서 압력을 받을 때 이를 지지하는 역할을 한다. 또한 그림 11.29 (b)에 제시된 돌기(supporters)들은 습식 식각공정에서 발생될 수 있는 다이어프램의 점착(stcition)을 방지하는 역할을 함으로써 공정 완료 후, 다이어프램이 기

판에서 약 1 ~ 1.5 ㎛ 정도 이격되어 있도록 하는 역할을 한다. 그림 11.28의 (a)와 그림 11.29의 (b)에 제시된 것과 같은 Backplate 상의 무수한 구멍들(약 400여개 정도)은 가동 다이어프램이 외부 압력에 의해 원활하게 움직일 수 있도록 공기 저항을 최소화하는 역할을 한다. 따라서 대기 중에 노출된 용량형 마이크로폰은 음향신호가 입력되면, 고정된 Backplate 하부에 Poly-Si으로 제작된 고정 전극과 가동 다이어프램 전극간의 전기적 용량변화를 일으키고, 이로 인한 전하의 증폭 과정을 거쳐 음향신호를 스마트 폰에 전달하는 역할을 하게 된다.

현재 미세가공기술을 이용한 압전형과 용량형 마이크로폰은 상용화되어 있으며, 기본적으로 -35 ~ -38 dB의 감도, 주파수영역 250 Hz ~ 10 kHz 범위, 전고조파왜율(total harmonic distortion)은 약 0.1 % 정도를 갖고 있음을 알 수 있고, 상용제품의 규격을 제시하면 표 11-3과 같다.

[표 11-3] 각종 실리콘 MEMS 마이크로폰의 특성 비교

특성 항목	압전형 SPM04C-38	용량형		
		SiSonic	IM73A135V01	ICS-40180
지향성	전방향	전방향	전방향	전방향
최대 입력 음압수준 (dB)	125	–	135	124
감도(Sensitivity) (dB) @ 1 kHz, 1 Pa	−38 ± 3	−38 ~ −36	−39 ~ −37	-38
동작전압 범위(V)	1.6 ~ 3.6	1.65 ~ 3.6	2.3 ~ 3.0	1.5 ~ 3.63
동작 주파수 범위 (Hz)	250 ~ 10,000	–	20 ~	60 ~ 20,000
출력 임피던스 (Ω)	≤ 400	–	–	350
전 고조파 왜율 (%)	0.1	0.05	0.5	0.3
S/N ratio (dB)	≥ 60	64 ~ 66	73	65
동작온도 (℃)	−40 ~ 125	−40 ~ 100	−40 ~ 85	−40 ~ 85

7 압저항 센서와 아두이노 보드를 사용한 압력 측정

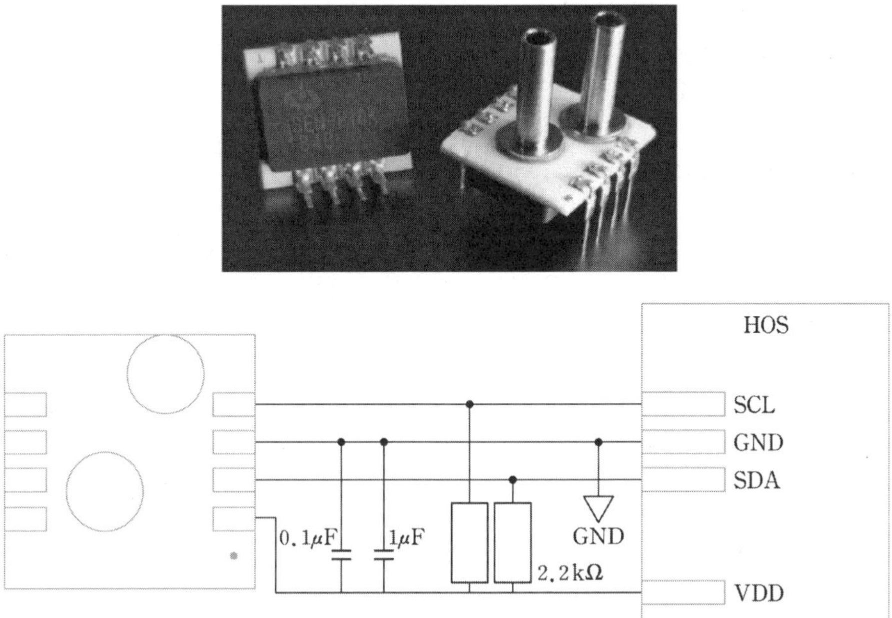

| 그림 11-30 | 압저항형 압력 센서와 회로 결선도

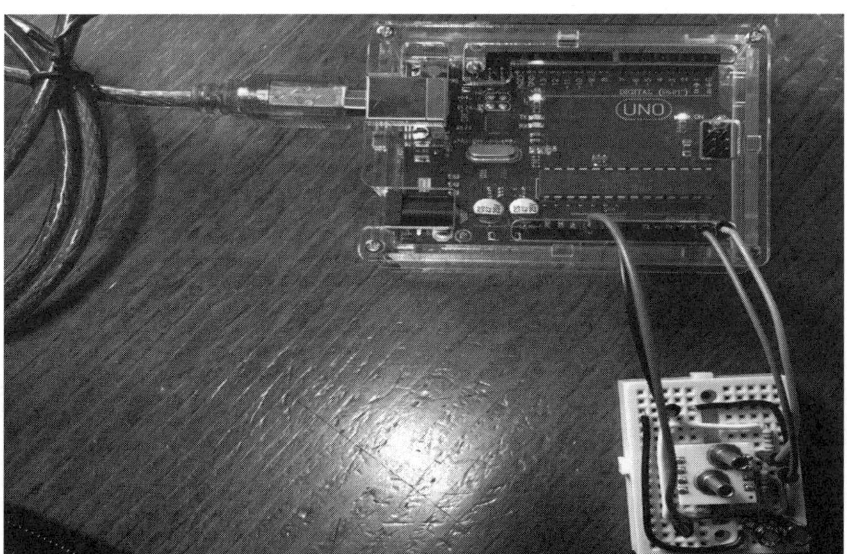

| 그림 11-31 | 아두이노 보드와 연결된 압저항형 압력 센서

```
#include <Wire.h>
#define P10K_i2c_address 0x28

unsigned long press_decimal, temp_decimal;
float pressure,temperature;
unsigned char dat[4];

void DataFetch_ISEN_P10K(void);
void RawToDecimal_ISEN_P10k(void);
void Calculate_ISEN_P10k(void);

void setup()
{
    Wire.begin();           // I2C 초기화(Master Mode)
    Serial.begin(9600);     // UART 초기화 9600bps
    Serial.println("Pressure[Pa] Temperature[C] Pressure[Dec] Temperature[Dec]");
}

void loop()
{

   delay(100);
   DataFetch_ISEN_P10K();
   RawToDecimal_ISEN_P10k();
   Calculate_ISEN_P10k();

   Serial.print(pressure);
   Serial.print(" ");
   Serial.print(temperature);
   Serial.print(" ");
   Serial.print(press_decimal);
   Serial.print(" ");
   Serial.println(temp_decimal);
 }
 /
 // 압력 센서 모듈에서 압력 및 온도 Raw Data를 Fetch
 void DataFetch_ISEN_P10K(void)
```

```
{
  int i=0;
/**************************************************************
  * 압력 센서는 특별한 데이타 요청이 없을 때 소모전력을 최소화 하기 위해서 Sleep
상태로 들어감.
  * 센서를 Wake up 하기 위해서는 두 가지 명령이 존재.
  * 1. Read MR  -> slave address 0x28 + I2C read command bit를 적용하여
Wake up
  *    --> 압력 및 온도 데이터를 Read할때 마다 update 됨.
  * 2. Write MR -> slave address 0x28 + I2C write command bit를 적용하여
Wake up
  *    --> 압력 값만 Update 되고 온도 값은 이전 값을 유지함.
  * 압력 센서 Application 에 따라 Wake up 명령을 적절해 사용할 필요 있음.
 **************************************************************/

  Wire.write(P10K_i2c_address+0x01);    // I2C Read_MR
  //Wire.write(P10K_i2c_address);       // I2C Write_MR
  Wire.endTransmission();
  delay(1000);

  Wire.requestFrom(0x28,4);
  while (Wire.available())
   {
     if(i>=4) i=0;
     dat[i] = Wire.read();
     i++;
   }
}

/**************************************************************
/* -.I2C라인을 통해 읽어 들인 압력 센서의 Raw 값을 decimal 값으로 Bit Arrange
/* -.pressure : 2^14(16384), temperature : 2^11(2048)
**************************************************************/
void RawToDecimal_ISEN_P10k(void)
{
   press_decimal= (((dat[0] & 0x3F)<<8)|dat[1]);
   temp_decimal=((dat[2]<<3)|(dat[3]>>5));
```

```
}

/*************************************************************
/* Decimal 값을 10kPa 범위의 압력값으로 환산
/* - 압력[Pa]=10000*(decimal값-0Pa일때 Offset)/(16383.0-Offset), Offset=3000
/* - 온도[C]=(200*decimal값/2047)-50, 온도범위: -50~+150[C]
*************************************************************/

void Calculate_ISEN_P10k(void)
{
   pressure = (float)((press_decimal-3000.0)/(16383.0-3000))*10000;
   if(pressure<0) pressure=0.0;              // 0Pa에서 음수 값이면  ->0
   if(pressure>10000.0) pressure=10000.0;  // 10kPa 이상 값이면  -> 10,000
Truncation
   temperature=200.0*(float)(temp_decimal/2047.0)-50.0;
}
```

참고문헌

1. R.S. Figliola and D.E. Beasley, Theory and Design for mechanical measurements, 6th Ed. John Wiley and Sons, New York, 2016.

2. 민남기, 센서공학입문, 동일출판사, 2013.

3. 세화출판사 편집부, 센서의 원리와 사용법(Ⅱ), 도서출판 세화, 1991.

4. L.K. Baxter, "Capacitive sensors: design and applications" , IEEE Press, 1997.

5. S.Marick, S.K. Bera, and S.C. Bera, A modified technique of flow transducer using Bourdon tube as primary sensing element, IEEE sensors, vol. 14, No. 9, pp.3033-3039 (2014).

6. M.Rucki, B. Barisic, and G.Varga, Air gauges as a part of the dimensional inspection systems, Measurement, vol. 43, pp.83-91 (2010).

7. D.M. Considine, Process Instruments and Control Hand Book, 2nd ed, McGraw-Hill, New York, 1974.

8. M.Di Giovanni, Flat and corrugated diaphragm design handbook, Marcel Dekker Inc., New York, 1982.

9. Craig S. Sander et al., A monolithic capacitive pressure sensor wit pulse-period output, IEEE Trans. Electron Devices, ED-27, No. 5, pp. 927-930, 1980.

10. Bijender and Ashok Kumar, Recent progress in the fabrication and applications of flexible capacitive and resistive pressure sensor, Sens. Actuators, A Phys. 344 (2022), 113770.

11. Adam M. Hurst, Scott Goodman, John P. Hiton, and Joe VanDeWeert, Miniature low-pass mechanical filter for improved frequency response with MEMS microphones & low-pressure transducers, Sens. Actuators, A Phys. 210 (2014), 51-58.

12. S.H. Yi, M.S. Yoon, and S.C. Ur, Piezoelectric bimorph microphone with low stress parylene diaphragm, Solid state phenomena, Vol.124-126 (2007), 161-164.

13. Datasheet, Invensense ICS-4-180

14. Datasheet, Infineon IM73A135V01.

15. Datasheet, Knowles Multimode digital bottom port Sisonic microphone.

16. Datasheet, Bestar SPM04C-38/1186.

CHAPTER 12

가속도 센서

1. 가속도의 정의와 가속도 센서의 종류
2. 전기 · 기계적 모델의 유사성
3. 계측 시스템의 모델
4. 가속도 센서의 모델, 해석과 특성
5. 가속도 센서의 원리 및 응용

기계적 물리량인 가속도, 진동, 변위의 측정은 은연중에 우리들 생활에 깊숙이 들어와 있다. 스마트 폰이나 태블릿 PC를 세로로 들고 있다가 게임이나 영화를 보고자 할 때, 기기를 가로로 눕히면 화면은 자동으로 가로 방향으로 변환된다. 자동차 에어백 시스템의 경우, 차량의 충돌에 의한 순간적 가속도의 임계값을 측정하여 에어백 시스템에 에어백 전개신호를 전달하거나, 차량이 둔턱(bump)을 지나가게 되면 서스펜션의 조절을 통해 차량 내부 승객의 승차감을 향상시켜주는 역할을 하게 된다. 본 장에서는 이런 생활의 편의성을 제공하는 변위, 진동 혹은 가속도의 측정을 위한 요소의 구성과 모델 그리고 특성 해석에 대해서 살펴보고자 한다.

이 장에서는 충격, 진동과 가속도 및 신호의 종류에 대해서 정의하고, 전기공학에서의 수동소자와 기계공학에서 다루는 물리량의 유사성을 살펴봄으로써 각 전공에서 다루는 소자들의 유사성을 모델의 해석에 어떻게 적용할 수 있는지 살펴본다. 마지막으로 계측 시스템의 모델은 어떻게 나뉘고, 이들을 수학적으로 어떻게 해석할 수 있으며, 가속도계의 수학적 모델과 측정원리를 살펴보고자 한다.

본 학습과정을 통해 다음과 같은 능력을 갖출 수 있을 것이다.

1. 신호의 종류, 진동과 충격 및 가속도에 대해서 정확하게 정의할 수 있다.

2. 전기회로 구성요소와 기계적 구성요소와의 상관성을 설명할 수 있다.

3. 계측 시스템 모델의 종류와 특성을 설명할 수 있다.

4. 변위와 가속도 계측을 위한 계의 구성요소와 모델의 차이점을 설명할 수 있다.

5. 압전형, 압저항형, 정전 용량형 가속도 센서의 측정 원리를 설명할 수 있다.

1 가속도의 정의와 종류

본 절에서는 기계적인 운동에 의한 계측의 관점에서 입력신호의 종류를 살피고, 변위, 충격, 진동 및 가속도의 개념에 대해서 알아보고자 한다. 또한 입력 신호에 따른 출력의 관점에서 진동과 가속도의 차이점을 정의한다.

1.1. 신호의 종류

일반적으로 센서는 외부 입력신호를 전기적 신호로 변환시켜주는 소자이며, 신호는 근본적으로 입력과 출력신호로 나뉜다. 출력 신호는 대표적으로 아날로그와 디지털 신호로 구분되나, 입·출력 신호는 좀 더 구체적인 분류를 요한다.

외부 기온, 대기압은 시간의 변화에 따라 급격하게 변화되지 않기 때문에 정적 신호(static signal)로 볼 수 있으며, 벽난로나 보일러 가열 시의 주변 공기와 수조의 온도변화는 시간 의존성을 갖고 있기에 시간에 따라 변화하는 동적 신호(dynamic signal)라 할 수 있다. 즉, 입력 신호는 시간 의존성 유무에 따라 정적 신호와 동적 신호로 나뉜다.

동적 신호는 일반적으로 주기적인 패턴을 갖고 있는 신호와 비주기적인 신호로 분류된다. 주기적인 신호는 주파수 의존적인 특성을 갖고 있는데, 주파수가 하나인 단순 주기파형 신호는 기본 주파수를 갖는 사인함수로 표현되고, 이 주파수의 정수배에 해당하는 성분을 갖는 고조파 신호로 나눌 수 있다. 비주기 신호는 계단함수, 램프, 혹은 펄스 신호 등으로 구분되고, 상기 제시한 분류에 포함되지 않는 신호인 비확정 신호가 있다. 비확정 신호는 시간적으로 구별 가능한 정적 혹은 동적 패턴(진폭, 주파수)이 없는 신호를 의미한다. 상술한 신호의 분류 및 이에 따른 수학적 표현을 제시하면 표 12.1과 같다.

[표 12.1] 신호의 종류

신호 종류	세부 분류		수학적 표현
정적 신호	–		$f(t)=A$
동적 신호	주기 신호	사인파	$f(t)=A_0+Bsin(\omega t+\theta)$
		고조파	$f(t)=A_1+\sum_{n=1}^{\infty}B_n\sin(n\omega t+\theta)$
	비주기 신호	계단	$f(t)=A_2U(t)$
		램프	$f(t)=A_3t$
		펄스	$f(t)=A_4U(t)-A_4U(t-t_1)$
	비확정 신호		$f(t)=A_5+\sum_{n=1}^{\infty}C_n\sin(n\omega t+\theta)$ n은 정해지지 않은 상수

A or A_i 신호는 상수, $U(t)$: 단위 계단함수

1.2. 충격, 진동과 가속도의 정의

일반적으로 충격(shock or impact)이란 측정계(measurement system)가 외부의 힘에 의한 동적 응답(dynamic response)을 출력하기 전에 입력이 감소하거나 완전히 사라지는 입력(input) 특성을 나타내는 외란을 의미한다. 수학적 표현으로 델타함수와 같이 아주 짧은 시간동안 무한대의 크기를 지닌 입력신호를 충격이라 정의할 수 있다. 반면에 진동(vibration)이란 시간적인 변위의 변화가 연속적이면서 어느 정도 반복적인 특성을 갖고 나타나는 것을 의미한다. 또한 시간적인 변위의 변화가 지속적으로 증가하거나 감소하는 주기적인 패턴을 나타낼 때 계는 가속도가 작용하여 힘을 받고 있는 상태로 표현할 수 있다. 따라서 충격, 진동과 가속도는 모두 입력 신호의 진폭, 파형과 주파수 등의 매개변수들을 포함하여 표현되며, 계측 시스템은 측정된 동적 신호를 통해 계(system)가 갖고 있는 특성을 해석하게 된다.

표 12.2는 측정하고자 하는 계측 량과 이들의 선형 혹은 회전 방정식을 표현한 것이다. 계측하고자 하는 양(quantity)은 계에 입력되는 신호의 종류와 계가 갖는 설계 요소들의 특성에 의해 변화된다. 따라서 변위, 속도 및 가속도 측정을 위한 계측 시스템의 설계는 주어진 입력 신호 대 출력 신호인 전달함수(transfer function)에 영향을 주는 인

자들의 영향을 해석함을 기본으로 하며, 이들의 상관성은 12.3절 계측 시스템의 모델에서 살펴보고자 한다.

[표 12.2] 계의 운동 매개변수와 출력간의 정의

계측량	관계식	
	선형	회전
변위	$s=f(t)$	$\theta=h(t)$
속도	$v=\dfrac{ds}{dt}$	$\omega=\dfrac{d\theta}{dt}$
가속도	$a=\dfrac{dv}{dt}=\dfrac{d^2s}{dt^2}$	$\alpha=\dfrac{d\omega}{dt}=\dfrac{d^2\theta}{dt^2}$

표 12.1과 12.2에 제시된 입력 함수와 계측 량과의 관계에서 계측하고자 하는 양이 주기적 신호인 변위, 속도, 가속도의 경우, 변위와 속도 혹은 변위와 가속도의 관계 해석을 통해 외부에서 가해진 힘을 측정하게 된다.

시험 질량 혹은 검증 질량(proof mass)으로 알려진 기지의 질량을 갖는 질량-스프링으로 구성된 계(system)는 뉴턴의 제 2 법칙에 의해 관성력과 스프링력은 아래와 같은 식 (12.1)로 표현된다.

$$F_m = ma = kx = F_s \tag{12.1}$$

여기서 m은 시험 질량의 질량(kg), a는 가해진 가속도(m/s^2), k는 스프링 상수(N/m), x는 변위(m)를 의미한다.

따라서 계의 시험 질량과 스프링 상수가 알려진 상태에서 시험 질량의 상대적인 움직임을 측정하면 외부에서 가해진 힘과 가속도를 구할 수 있게 된다. 또한 힘 함수가 주어진 경우, 식 (12.1)에 해당하는 방정식을 풀면, 가속도와 변위도 구할 수 있게 된다.

즉, 식 (12.1)은 식 (12.2)와 같이 표현됨으로

$$a=\frac{kx}{m}=\frac{F(t)}{m} \tag{12.2}$$

주어진 함수를 순차적으로 적분함으로써 속도와 변위를 구할 수 있다. 만약 계에서 외부에서 주어진 힘에 의한 변위를 측정한 경우, 이를 순차적으로 미분함으로써 속도와 가속도에 관련된 해석을 할 수 있음을 표 12.2와 식 (12.2)를 통해 알 수 있다. 이들에 대한 해석은 12.3절 계측 시스템의 모델에서 상세하게 다루도록 한다.

1.3. 가속도 센서의 종류

가속도 센서의 종류도, 제 1장에서 정의한 바와 같이, ❶ 가속도 검출을 위한 변환 방식, ❷ 사용한 재료에 따른 분류, ❸ 시험 질량의 유무에 따라서 다양하게 분류할 수 있다. 가속도의 검출을 위한 변환 방식 중, 시험 질량이 없는 유일한 방식은 정해진 체적 내에 열전달을 위한 가스를 충진하고, 가속도의 크기에 따른 가스 분자의 유동에 의한 열에너지의 전달과 그로 인한 온도 차이를 읽는 방식과 그렇지 않은 방식으로도 분류할 수 있다. 또한 사용한 재료가 실리콘을 사용했는지, 세라믹 재료 혹은 금속재료를 사용하였는지에 따라서도 분류할 수 있을 것이나, 가장 대표적인 가속도 센서의 분류 방식은 가속도의 변화인 기계적 운동량의 변화를 어떤 변환 원리에 의해 측정하는가의 관점에서 분류하는 것이 일반적이다.

표 12.3에는 가속도 센서를 에너지 변환의 관점에서 기계적 에너지를 1차적으로 어떤 에너지로 분류할 것이냐에 따라 대표적으로 네 가지 방식으로 분류되고, 전기적 변환 방식에서도 세 가지로 나누어 볼 수 있다.

[표 12.3] 가속도 센서의 종류

1차 변환 방식	2차 변환 방식
전기적 변환	압전형 압저항형 용량형
열적 변환	열저항
자기적 변환	LVDT
기계-광학적 변환	광 강도

본 과정에서는 미세가공기술도 적용되어, 상용화된 기계적 에너지를 전기적 에너지로 변환하는 방식인 압전형, 압저항형 그리고 용량형 가속도 센서에 대해서 살펴보도록 한다.

2 전기 · 기계적 모델의 유사성

전기 회로 해석에서의 기본적인 수동 소자는 저항(R), 인덕터(L)와 커패시터(C)로 구성된다. 이들 소자로 구성된 회로 해석에서 외부 전압원(V)의 신호가 표 12.1에 주어진 어느 형태(정적 혹은 주기파 신호)를 갖고 있을 때, 이에 따른 정상-과도 상태 해석을 통해 회로의 특성을 이해하게 된다. 또한 가속도 센서의 경우, 질량-스프링-완충기(Damper)로서 구성되어 있으며, 외력이 가해지는 경우, 가속도 센서를 구성하는 계의 특성에 따라 계의 출력 특성은 변화된다. 그림 12.1은 외부 전압 원과 R, L, C가 직렬로 연결된 회로와 외력 ($F(t)$)에 의해 질량-스프링-완충기(Damper)에 변위 s가 발생한 경우를 나타낸 것이다.

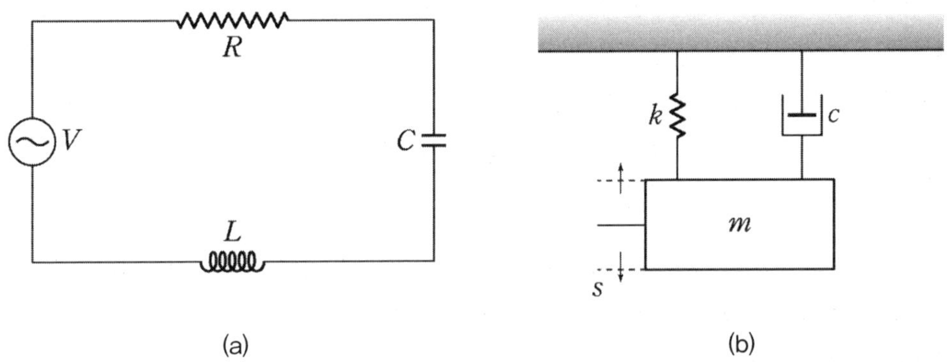

┃그림 12-1┃ RLC 직렬회로와 질량-스프링-완충기 시스템

그림 12.1 (a)의 회로에서 키르히호프의 전압법칙과 옴의 법칙을 적용하면, 저항에서의 전압 강하는 Ri, 인덕터에서는 $L\frac{di}{dt}$이고, 커패시터에서는 $\frac{Q}{C}$가 된다. 각 소자에서의 전압 강하의 합은 외부에서 인가된 전압과 같고, 이들을 전류 i의 관점에서 정리하면 식 (12.3)이 된다.

$$L\frac{d^2i}{dt^2}+R\frac{di}{dt}+\frac{i}{C}=\frac{dV}{dt} \tag{12.3}$$

그림 12.1 (b)에 제시된 질량-스프링-완충기(Damper) 계의 운동방정식은 변위가 s인 경우, 식 (12.4)와 같이 표현된다.

$$m\left(\frac{d^2s}{dt^2}\right)+c\frac{ds}{dt}+ks=F(t) \tag{12.4}$$

따라서 식 (12.3)과 (12.4)를 살펴보면, 두 계의 유사성을 찾을 수 있다. 전기회로에서의 인덕턴스는 기계적 시스템에서의 질량과 유사하고, 저항은 완충기, 커패시턴스의 역수는 기계시스템의 스프링 상수, 외부 전압원은 외부에서 기계적 시스템에 가한 힘의 강제 함수와 유사하게 생각할 수 있으며, 이들을 정리하면 표 12.4와 같다.

[표 12.4] 전기적 요소와 기계적 요소의 유사성

전기적 시스템		기계적 시스템	
전기량	기호 및 단위	기계량	기호 및 단위
전압(강제함수)	V(t) [V]	힘 (강제함수)	F(t) [N]
저항	R [Ω]	감쇠계수	c [N · s/m]
인덕턴스	L [H]	질량	m [kg]
커패시턴스	1/C [1/F]	스프링 상수	k [N/m]
전하량	Q [C]	변위	s [m]
전류	$\frac{dQ}{dt}$ [A]	속도	$v=\frac{ds}{dt}$ [m/s]
전류의 변화율	$\frac{d^2i}{dt^2}$ [A/s]	가속도	$a,\ \frac{d^2s}{dt^2}$ [m/s^2]

3 계측 시스템의 모델

일반 계측 시스템은 집중 파라미터 모델이 적용되어 식 (12.3) 혹은 (12.4)와 같이, 1차 혹은 2차 미분 항을 포함하는 상미분 방정식으로 표현된다. 파라미터들이 공간적으로 분산되어 있는 경우, 분산된 파라미터들로 인해 시 · 공간적인 해석이 요구된다. 즉 편미분 방정식의 도입에 의해 복잡한 수식의 해석이 수반된다. 따라서 기계적인 물리량은 이산화된 질량, 스프링, 완충기로, 전기량은 단순화된 저항, 인덕터, 커패시터를 고려하면 해석하고자 하는 모델의 지배 방정식이 편미분에서 상미분 방정식으로 간략화될 수 있는 장점을 지닌다. 식 (12.3)과 (12.4)에 제시된 상미분 방정식을 일반화하여 표현하면 식 (12.5)와 같으며,

$$a_2 \frac{d^2 y}{dt^2} + a_1 \frac{dy}{dt} + a_0 y = F(t) \tag{12.5}$$

a_0, a_1, a_2는 물리적인 시스템 파라미터로서 그 성질과 값은 계측 시스템에 의해 지배를 받으며, $F(t)$는 계에 주어지는 강제함수(입력), y가 계측 시스템의 시간 의존성 출력을 의미한다.

식 (12.5)에 주어진 입력과 출력을 지배하는 방정식에서 미분 항이 존재하지 않는 시스템을 0차 시스템, 1차 미분 항을 포함하는 시스템을 1차 시스템, 2차 미분항등을 포함하는 시스템을 2차 시스템이라 정의하고, 그들이 갖는 수학적 해석과 특성은 다음과 같다.

3.1. 0차 시스템

0차 시스템 모델은 식 (12.5)를 통해서도 알 수 있듯이 미분 항들을 포함하고 있지 않는 가장 간단한 모델로서, 식 (12.6)과 같이 출력함수, y는 입력인 강제함수를 상수 a_0로 나눈 것으로 시간적 지연이 없다.

$$y = \frac{1}{a_0} F(t) = KF(t) \tag{12.6}$$

여기서 K는 시스템의 정적 감도(static sensitivity) 혹은 정상 이득이라고 하는데, 이는 시스템의 보정 과정에서 얻을 수 있으며, 특정 입력 혹은 위치(x)에서 보정 곡선의 기울기를 의미한다.

0차 시스템으로 표현되는 전기적 시스템은 저항만으로 구성된 계를 생각할 수 있으며, 대표적으로 저항변화형 전위차계(potentiometer)를 들 수 있다. 기계적 시스템에서는 관성질량과 감쇠력이 아주 작아 스프링에 의한 탄성력만을 갖고 있는 계를 생각할 수 있다.

3.2. 1차 시스템

1차 시스템은 1차 미분 항을 포함하고 있는 방정식의 형태로 표현되는 계를 의미한다. 전기회로에서는 저항과 인덕터 혹은 커패시터만을 갖고 있는 회로를 의미하고, 동력학적 관점에서 질량(관성력)은 무시할 수 있는 완충기와 스프링을 갖고 있는 상태이다. 이들은 식 (12.7)과 같이 표현되고, 그 일예를 표현하면 그림 12.2와 같다.

$$a_1\frac{dy}{dt}+a_0y=F(t) \tag{12.7}$$

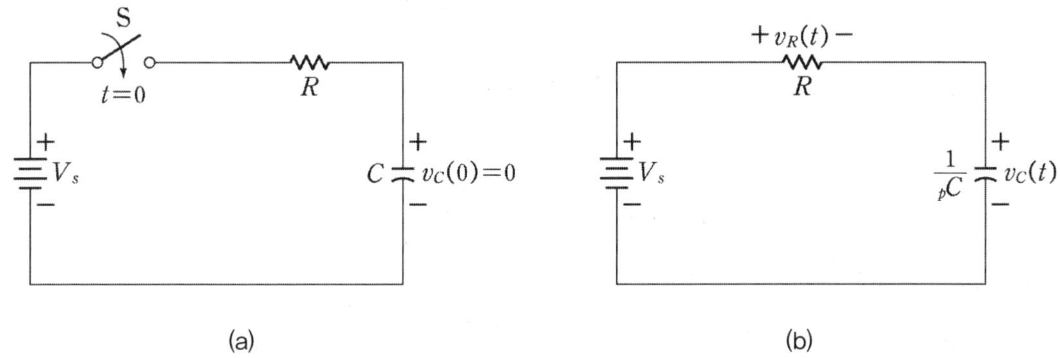

▌그림 12-2▐ RC 회로: (a) 입력 신호 인가 전 (b) 입력 신호 인가 후(임피던스 연산자 회로)

그림 12.2의 RC 회로에서 커패시터의 초기 전압이 0인 경우, 스위치가 닫히기 전에 회로를 통해 흐르는 전류는 없으며, 각 소자에서의 전압강하도 없다. 스위치가 $t=0$인 순간에 닫히면, 폐회로를 통해 전류, i가 흐르고 키르히호프의 전압법칙에 의해 인가전압, V_s는 저항과 커패시터에 인가된 전압의 합과 같다. 따라서 커패시터에서의 출력전압은 RC 직렬회로에서 연산자 임피던스의 비로서 정의되는 식 (12.8)로

$$V_c(t)=\frac{(1/pC)\cdot V_s}{(R+1/pC)}=\frac{1}{(1+pRC)}V_s \tag{12.8}$$

표현되고, 여기서 $p\equiv\frac{d}{dt}$로 정의된 미분 연산자이다. 따라서 식 (12.8)은 식 (12.9)로 정리되며, 미분방정식을 풀면 커패시터에서의 출력 전압함수를 구할 수 있다.

$$RC\frac{dV_c(t)}{dt}+V_c(t)=V_s \tag{12.9}$$

식 (12.9)에 제시된 강제함수, V_s가 주어진 함수의 해는 보조해와 특별해의 합이고, 이들은 각각 식 (12.10)과 같으며, 이들의 합과 초기 조건($V_c(0)=0$)의 대입을 통해 커패시터에서의 출력전압은 식 (12.11)과 같이 구할 수 있다.

$$\begin{aligned} V_c &= Ke^{-t/RC}=Ke^{-t/\tau} \\ V_p &= V_s \end{aligned} \tag{12.10}$$

$$V_c(t)=V_1+V_2=V_s(1-e^{-t/\tau}) \tag{12.11}$$

이때 RC는 시정수(time constant)로 정의된다.

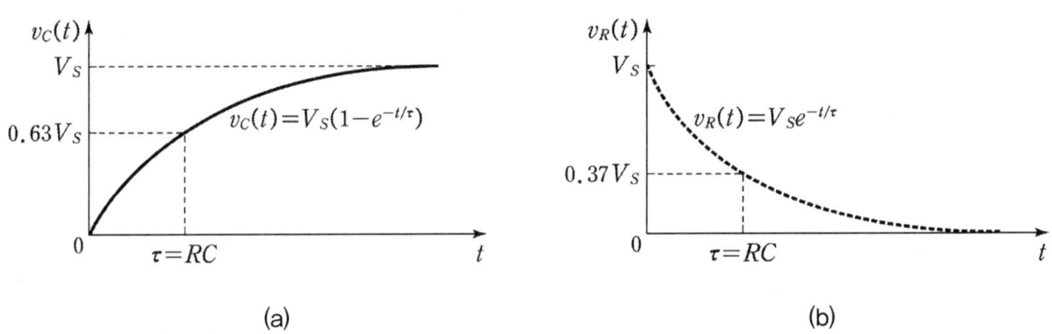

▌그림 12-3▐ 각 소자에서 시간에 따른 출력 전압: (a) 커패시터 (b) 저항

그림 12.2에 제시된 정전압원, V_s에 의해 시간적인 변화에 따른 커패시터의 충전 전압을 살펴보았는데, 저항에서의 전압강하는 외부 전압과 커패시터에서의 전압차이고, 이를 제시하면 식 (12.12)와 같다. 수식을 보면 저항에서의 전압 강하는 일정 시간이 지나면 사라짐을 알 수 있다. 이는 직류전압을 RC회로에 인가하면, 커패시터의 충전 후, 전류의 흐름이 차단된다. 즉 정상 상태에서 커패시터는 직류 전원에 대해 저항이 무한대인 절연체로 고려할 수 있음을 의미한다. 시간에 따른 각 소자에서의 전압을 나타내면 그림 12.3과 같다.

$$V_R=V_s-V_c(t)=V_se^{-t/\tau} \tag{12.12}$$

식 (12.8)에서 (12.11)은 $t=0$인 순간에 스위치가 닫히고, 직류 전압 V_s가 인가되는 상태에서 커패시터에 인가되는 출력전압을 구한 것으로, 출력전압은 식 (12.13)과 같은 의미를 지닌다.

$$\begin{gathered}\text{시간 응답} = \text{정상상태 응답} + \text{과도상태 응답} \\ V_c(t) = V_s + [V_c(0) - V_c(\infty)]e^{-t/\tau}\end{gathered} \tag{12.13}$$

한편 감쇠계수 c에 의한 감쇠력 cds/dt, 스프링 상수 k와 스프링의 복원력 ks 그리고 외력 $F(t)=F_0(t \geq 0)$가 균형을 이루고 있는 기계적 시스템을 고려해 보자. 이들의 관계는 식 (12.14)와 같이 표현되고, 미분 방정식의 해석을 통해 변위(s)의 시간적인 변화를 구하게 된다.

$$\begin{aligned} c\frac{ds(t)}{dt} + ks(t) = F(t) &: 0, \quad t < 0 \\ &: F_0, t \geq 0 \end{aligned} \tag{12.14}$$

식 (12.14)에서 시간, $t \geq 0$인 상태에서 스프링 상수, k로 양변을 나누면 식 (12.15)가 된다.

$$\frac{c}{k}\frac{ds(t)}{dt} + s(t) = \frac{1}{k}F_0 \tag{12.15}$$

따라서 전기-기계 유사성과 식 (12.9)와 (12.13)에서 기계적 시스템에서 변위의 시간적 변화는 초기 변위가 0인 경우, 식 (12.16)으로 표현된다.

$$s(t) = \frac{F_0}{k}(1 - e^{-t/\tau}) \tag{12.16}$$

단, 시정수 ($\tau = c/k$)는 전기 시스템의 경우와 같이 1차 미분항의 계수로 정해진다.

3.3. 2차 시스템

2차 시스템은 관성질량, 완충기와 스프링을 포함하고 있고, 이 시스템의 모델 방정식에는 2차 미분 항을 포함하고 있으며, 간략하게 표현하면 그림 12.4와 같다.

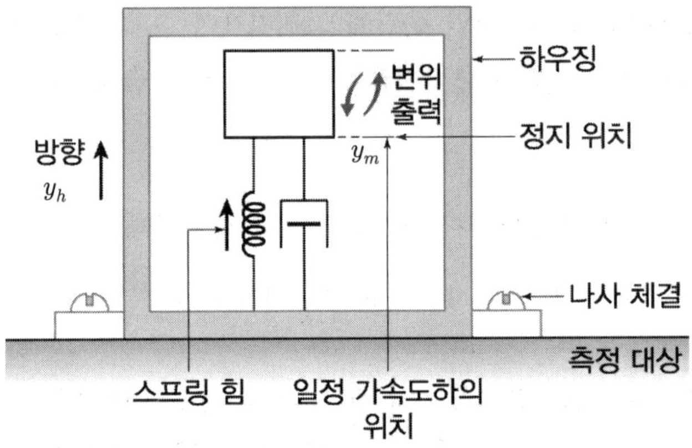

| 그림 12-4 | 질량-스프링-댐퍼를 갖는 기본적 2차계

그림 12.4에서 하우징의 아래 부분으로 중력 가속도가 가해진 동적으로 평형상태에 있음을 고려하고, 중력 가속도 방향으로의 움직임을 (+) 방향으로 고려하자. 이때 중력 가속도와 반대방향으로 하우징이 y_h 만큼 움직이고, 이로 인해 시험 질량, m이 y_m 만큼 움직인 상태가 그림 12.4에 표현된 것이다. 이런 상태에서 관성 질량의 자유도를 고려하면 스프링 힘과 댐퍼 힘은 질량에 대한 관성력과 평형상태를 유지해야 한다. 또한 관성력은 질량의 절대 가속도에 비례하지만, 스프링 힘과 완충기에 의한 힘은 하우징과 관성 질량의 상대변위와 속도에 비례한다. 따라서 상대변위는 식 (12.17)로 표현되고,

$$y_r = y_m - y_h \tag{12.17}$$

이들 간의 뉴턴의 제 2 법칙에 의한 운동 방정식을 기술하면 식 (12.18)과 같다.

$$m\frac{d^2y_m}{dt^2} + c\frac{dy_r}{dt} + ky_r = 0 \tag{12.18}$$

식 (12.18)에 식 (12.17)을 대입하면, 식 (12.19)가 된다.

$$m\frac{d^2y_r}{dt^2} + c\frac{dy_r}{dt} + ky_r = -m\frac{d^2y_h}{dt^2} \tag{12.19}$$

따라서 식 (12.19)로 표현되는 운동 방정식은 입력 함수, y_h에 의해 지배를 받는다. 식 (12.19)에서 미분 방정식의 보조방정식은 식 (12.20)과 같다.

$$D^2 + 2bD + \omega_n^2 = 0 \tag{12.20}$$

단, $\omega_n^2 = \dfrac{k}{m}$, $2b = \dfrac{c}{m}\,(b > 0)$이고, ω_n가 계의 고유 각주파수이다. 근의 공식을 이용하여 보조방정식의 해를 구하면, 식 (12.21)이 된다.

$$D = \frac{-2b \pm \sqrt{4b^2 - 4\omega_n^2}}{2} = -b \pm \sqrt{b^2 - \omega_n^2} \tag{12.21}$$

따라서 초기 정지 상태에서 자유 진동하는 계는 식 (12.21)의 근호안 계수의 상대적인 크기에 따라 세 가지 형태의 답이 있으며, 관성 질량, 스프링 상수와 감쇠 계수에 의해 지배를 받고 있음을 알 수 있다.

세 가지 형태의 보조해 중에서 첫 번째로 $b^2 > \omega_n^2$인 경우를 과감쇠(over-damping) 운동이라 하고, 두 개의 보조방정식의 해는 음수이다. 해는 식 (12.22)와 같이 두 개의 음의 지수를 갖는 지수함수의 선형결합이고, 일예로 그 동적 특성을 나타내면 그림 12.5와 같다.

$$y_c = Ae^{-\alpha t} + Be^{-\beta t}, \begin{cases} \alpha = b + \sqrt{b^2 - \omega_n^2} \\ \beta = b - \sqrt{b^2 - \omega_n^2} \end{cases} \tag{12.22}$$

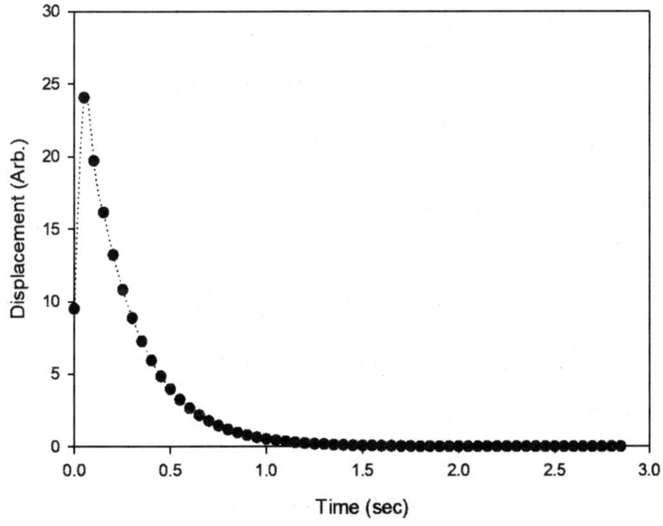

▌그림 12-5▐ 두 개의 서로 다른 실근을 갖는 경우

두 번째로 $b=\omega_n$인 경우, 보조방정식은 중근을 갖으며, 임계감쇠(critical damping) 운동을 한다고 정의한다. 이런 상태에서의 감쇠계수를 임계 감쇠계수(c_{cr})라 하고, 계가 갖는 감쇠 계수와의 비를 제동비(damping ratio)로 $\xi=c/c_{cr}$로 정의한다.

이때의 해는

$$y_c=(A+Bt)e^{-bt} \tag{12.23}$$

이고, 식 (12.22)와 (12.23)에서 상수 A, B는 초기 조건에 의해 결정되는 상수이고, 상대 변위는 스프링과 감쇠력의 방해를 받아 일성한 시간이 지난 후 지수 함수적으로 줄어들어 평형점을 찾는다. 그림 12.6은 식 (12.23)에 제시된 해를 가질 때, 감쇠계수와 초기값이 주어진 경우 시간에 따른 거동을 나타낸 것으로 감쇠계수가 커짐에 따라 계의 움직임은 급격하게 줄어드는 것을 알 수 있다.

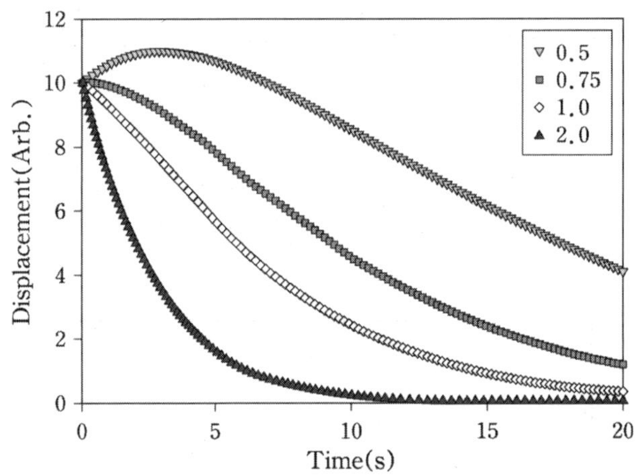

| 그림 12-6 | 중근을 갖는 경우: A=10, B=2, $\xi=0.5, 0.75, 1, 2$인 경우

한편 $b^2<\omega_n^2$(under-damping)인 상태에서는 근호안의 값이 순허수가 된다. 따라서 근은 $-b\pm i\gamma\,(\gamma=\sqrt{\omega_n^2-b^2})$이고, 일반해는 식 (12.24)와 같으며, 저감쇠 운동을 한다고 정의하고, 그림 12.7과 같은 경향을 나타낸다.

$$y_c=e^{-bt}(Asin\gamma t+Bcos\gamma t) \tag{12.24}$$

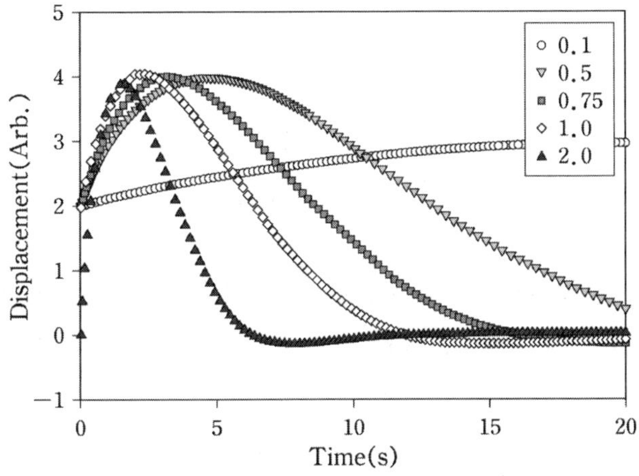

▌그림 12-7▐ 두 개의 허근을 갖는 경우: A=10, B=2, $\xi = 0.1, 0.5, 0.75, 1, 2$

한편 계단 입력 함수에 따른 계의 동적 상태를 표현한 예를 제시하면, 그림 12.8과 같다.

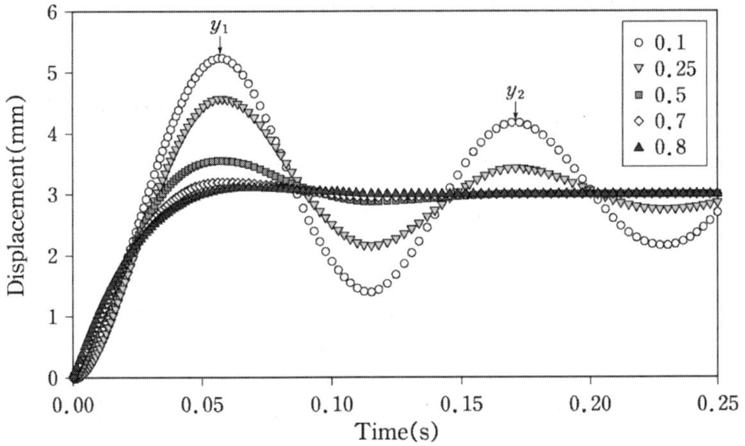

▌그림 12-8▐ 계단 함수 입력에 의한 2차 시스템의 제동비(ξ) 의존성.

이 특정한 계의 변위는 식 (12.24)와 같은 삼각함수와 지수함수의 곱으로 주어지는 과도 상태 방정식의 지배를 받는다. 또한 각각의 함수는 제동비에 의한 영향을 받으며, 일정 시간이 경과한 후, 정상 상태에 도달하는 특성을 갖는다. 따라서 그림 12.8에서 제동비가 0.1인 경우, 출력은 최대치와 최소치를 갖으며 진동하다가 정상 상태의 값인 3에 수렴하는 것을 볼 수 있다. 설계된 2차 시스템이 그림과 같은 유형의 특성을 갖는다면, 첫 번째 최고치인 $y_1 - y_\infty (= 3)$와 $y_2 - 3$으로부터 이 계의 제동비는 다음의 식 (12.25)로 정의된다.

$$\xi = \frac{1}{\sqrt{1+\left(2\pi/\ln\left(\frac{y_1-3}{y_2-3}\right)\right)^2}} \tag{12.25}$$

또한 이런 진동 감쇠(ringing) 시간을 측정함으로써 감쇠 각주파수(ω_d)와 고유 각주파수(ω_n)도 식 (12.26)으로 구할 수 있다.

$$\begin{aligned} T_d(t_{y_1}-t_{y_2}) &= \frac{1}{f_d} = \frac{2\pi}{\omega_d} \\ \omega_n &= \frac{\omega_d}{\sqrt{1-\xi^2}} \end{aligned} \tag{12.26}$$

4 가속도 센서의 모델, 해석과 특성

본 절에서는 스프링-질량-완충기를 갖는 이차 시스템의 수학적 해석을 통해 변위와 가속도의 측정 방법과 특성을 살펴보고자 한다. 즉, 식 (12.19)에서 하우징의 변위가 $y_h = Asin\omega t$의 함수로 주어진 경우, 식 (12.19)는 아래의 식 (12.27)과 같다.

$$\frac{d^2y_r}{dt^2} + \frac{c}{m}\frac{dy_r}{dt} + \omega_n^2 y_r = A\omega^2 \sin\omega t \tag{12.27}$$

단순 사인파 입력신호에 대한 출력인 상대 변위, y_r은 과도상태와 정상상태의 합으로 이루어지며, 과도상태를 나타내는 함수는 식 (12.22)에서 (12.24) 중의 하나이고, 전체적인 식은 (12.28)과 같다.

$$y_r(t) = y_c + y_p = y_c + \frac{(\omega/\omega_n)^2 Acos(\omega t - \theta(\omega))}{\sqrt{[1-(\omega/\omega_n)^2]^2 + [2\xi\omega/\omega_n]^2}} \tag{12.28}$$

시스템 시정수의 몇 배 이상의 시간이 지나가면 과도 상태 응답(y_c)은 사라지고, 정상 상태 응답(y_p)만 남고, 식(12.29)의 형태가 되고,

$$y_{r,steady} = \frac{(\omega/\omega_n)^2}{\sqrt{\left[1-(\omega/\omega_n)^2\right]^2 + \left[2\xi(\omega/\omega_n)\right]^2}} A cos\left[\omega t - \theta(\omega)\right] \tag{12.29}$$

주파수의 변화에 따른 위상각의 변화는 식 (12.30)의 지배를 받는다.

$$\theta(\omega) = \tan^{-1}\left(-\frac{2\xi(\omega/\omega_n)}{1-(\omega/\omega_n)^2}\right) \tag{12.30}$$

식 (12.29)은 두 가지 중요한 의미를 갖고 있다. 즉 진동과 가속도 측정을 위한 설계 사항을 내포하고 있다. 만약 진동을 측정한다면, 출력이 상대적인 변위이므로, 입력 신호 진폭과의 비인 $y_{r,steady}/A$가 1인 상태가 될 수 있도록 시스템을 설계하고 운용해야 할 것이다. 즉, 출력의 변화는 입력의 변화(진동의 진폭)에만 비례하고, 신호처리 회로에 의해 항상 1인 값을 제시하도록 하여야 한다. 그러나 가속도를 측정하고자 한다면, 식 (12.29)에서 $y_{r,steady}/[A(\omega/\omega_n)^2]$은 입력 주파수 범위에서 일정한 값을 갖고 있어야 한다는 것을 의미하고, 이런 경우 출력은 가속도의 진폭에만 비례하여 증가한다. 따라서 진동과 가속도를 측정하고자 할 때, 두 관계식에 합당한 물질과 소자 형상 등의 설계 파라미터를 조정하여야 한다.

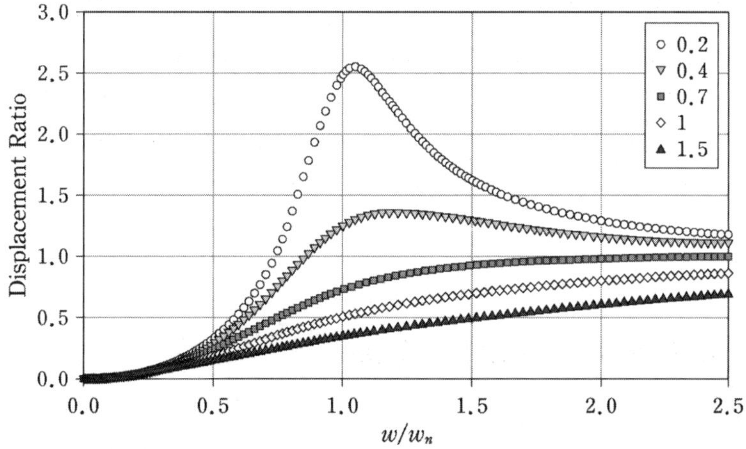

| 그림 12-9 | 변위비의 각 주파수비 의존성

그림 12.9는 제동비에 따른 스프링-질량-완충기의 특성을 나타낸 것으로 제동비 (damping ratio)가 0.7인 경우, 변위비가 1인 상태에 제일 빠르게 응답함을 볼 수 있으며,

각 주파수비가 1.5 이상인 경우 그 비는 1에 접근함을 알 수 있어, 외부 진폭의 변화에 대응하는 것을 알 수 있다. 따라서 진동의 측정을 위한 계도 제동비를 0.7 정도에 맞추고, 계측이 요구되는 환경 상태의 각 주파수의 1/2 이하의 공진 주파수를 갖도록 계를 설계하는 것이 타당하다.

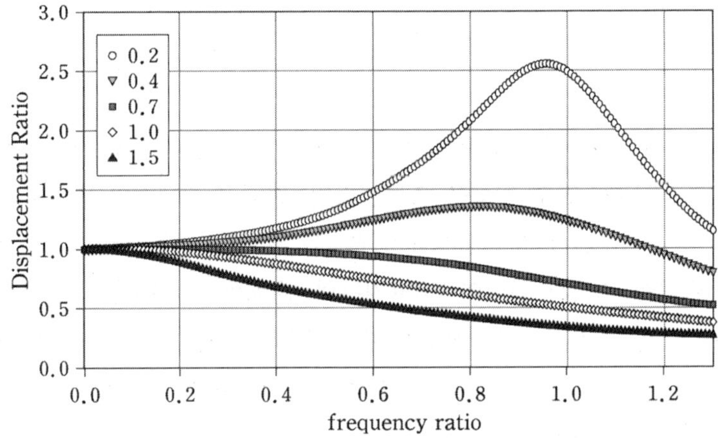

| 그림 12-10 | 주파수 비에 따른 가속도 진폭비 응답

그림 12.10은 주파수 비에 따른 가속도 진폭비의 응답 특성을 보여준다. 제동비가 작은 경우, 공진 특성을 나타내며, 제동비가 0.7일 때 주파수비가 0에서 0.5까지 일정한 진폭비를 제시하고 있다. 가속도 센서로 2차 시스템이 사용되는 경우, 주파수의 변화에 무관하게 일정한 값을 갖고 있을 것이 요구되는데, 이들 주파수 범위에서는 안정적으로 가속도를 측정할 수 있음을 알 수 있다. 또한 제동비가 지나치게 크면 외부 입력을 차단하는 필터링 기능이 발생함을 볼 수 있다.

5 가속도 센서의 원리 및 응용

2차 시스템의 구성 요소로 이루어진 가속도계는 일상생활 속의 스마트폰, 게임기, 태블릿 PC, 드론에서 건설현장의 다리, 건물, 댐 및 대규모 파이프라인과 풍력 발전기의 베어링 등의 구조체 안전성 점검(Structural health monitoring)을 위한 진동 측정과 자동차에서는 승객의 승차감 향상을 위한 현가장치, 충돌 시 승객을 보호하기 위한 에어백 시스템을 비롯하여, 미사일의 가속도 계측 및 자세 제어 등 광범위하게 응용되고 있다. 자동차에 적용되고 있는 센서들의 응용 예를 살펴보면 표 12.5와 같다.

[표 12.5] 자동차에 적용되고 있는 센서 시스템 예

응용 시스템	관련 장치/부품	적용 센서
동력계(Power train)	엔진 동력전달(transmission)	온도, 대기압, 속도, 위치, NOx, 연료량 측정, Knock, 흡입 공기량 측정, 엔진오일점도 및 상태점검, 산소, 회전각 등
샤시(Chassis)	조향장치(Steering) 브레이크 서스펜션	관성, 가속도, 휠속도, 브레이크유량 측정, 각속도, 토크, 타이어압력, 충돌, RADAR, 운전자상태 측정 등
차체(Body)	안전 지도정보 주행 쾌적성	충돌감지, RADAR, 운전자상태 측정, 야간전방감시, 운전석위치, 습도, 공기질측정, 호흡측정(알코올), 헤드램프, 접촉, 진동, HAVC 온도측정 등

본 절에서는 응용 범위에 따라 다양하게 적용되고 있는 가속도계의 동작 원리를 살펴보도록 한다.

5.1. 압전형 가속도 센서

압전효과(piezoelectric effect)는 티탄산바륨($BaTiO_3$), PZT, PLZT 등의 영구적인 쌍극자를 갖는 다결정체에 가해지는 기계적인 에너지가 전기적인 에너지인 전하 혹은 전압으로 직접 변환되는 현상을 말한다. 즉, 그림 12.11과 같이 한쪽방향으로 분극된(poled) 다결정 압전체를 고려했을 때, 초기에 기계적인 에너지를 가하지 않은 경우 그림 12.11 (b)와 같이 두 전극에서의 전기적 변화는 없다. 이런 상태는 전하의 중심이 일치하기 때문이다. 그러나 외부에서 힘 혹은 응력이 압전체에 인가되면, 압전체의 인장(그림 12.11 (a))과 압축(그림 12.11 (c)) 과정에서 변형률(ϵ)이 발생하고, 이로 인해 압전체 내부 쌍극자의 전하중심이 변화되며, 최종적으로 외부에는 전하 혹은 전압의 변화가 발생된다.

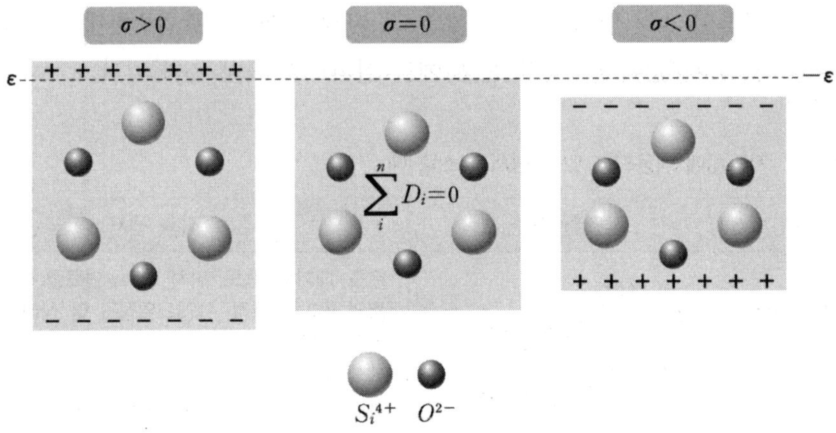

┃그림 12-11┃ 압전체의 응력 변화에 따른 압전 효과

압전 효과에 의해 발생된 전기적 분극(D)과 인가응력(σ)간의 관계는 식 (12.31)로 표현된다.

$$D = d\sigma + \epsilon E \tag{12.31}$$

d는 압전계수 $[C/m^2]$, ϵ은 유전율[F/m] 행렬, E는 인가 전계[V/m]를 의미한다. 제시된 식 (12.31)을 행렬의 형태로 표현하면, 식 (12.32)와 같다.

$$\begin{pmatrix} D_1 \\ D_2 \\ D_3 \end{pmatrix} = \begin{pmatrix} d_{11}\, d_{12}\, d_{13}\, d_{14}\, d_{15}\, d_{15} \\ d_{21}\, d_{22}\, d_{23}\, d_{24}\, d_{25}\, d_{26} \\ d_{31}\, d_{32}\, d_{33}\, d_{34}\, d_{35}\, d_{36} \end{pmatrix} \begin{pmatrix} \sigma_1 \\ \sigma_2 \\ \sigma_3 \\ \sigma_4 \\ \sigma_5 \\ \sigma_6 \end{pmatrix} + \begin{pmatrix} \epsilon_{11}\, \epsilon_{12}\, \epsilon_{13} \\ \epsilon_{21}\, \epsilon_{22}\, \epsilon_{23} \\ \epsilon_{31}\, \epsilon_{32}\, \epsilon_{33} \end{pmatrix} \begin{pmatrix} E_1 \\ E_2 \\ E_3 \end{pmatrix} \tag{12.32}$$

단, $\sigma_1, \sigma_2, \sigma_3$는 각 축방향 응력, $\sigma_4, \sigma_5, \sigma_6$는 전단응력을 의미한다.

식 (12.32)에서 외부 전계가 인가되지 않은 상태에서 외력에 의한 전기량은 다음의 식 (12.33)으로 표현된다.

$$\begin{pmatrix} D_1 \\ D_2 \\ D_3 \end{pmatrix} = \begin{pmatrix} d_{11}\, d_{12}\, d_{13}\, d_{14}\, d_{15}\, d_{15} \\ d_{21}\, d_{22}\, d_{23}\, d_{24}\, d_{25}\, d_{26} \\ d_{31}\, d_{32}\, d_{33}\, d_{34}\, d_{35}\, d_{36} \end{pmatrix} \begin{pmatrix} \sigma_1 \\ \sigma_2 \\ \sigma_3 \\ \sigma_4 \\ \sigma_5 \\ \sigma_6 \end{pmatrix} \tag{12.33}$$

한편 $Pb(Zr_{0.4},Ti_{0.6})TiO_3$와 영구 쌍극자가 c-축 방향으로 형성된 ZnO 박막의 압전계수 행렬을 제시하면 식 (12.34)와 같다.

$$\begin{aligned} d_{ij} &= \begin{pmatrix} 0 & 0 & 0 & 0 & 293 & 0 \\ 0 & 0 & 0 & 293 & & \\ -44.2 & -44.2 & 117 & & & \end{pmatrix} PZT \\ d_{ij} &= \begin{pmatrix} 0 & 0 & 0 & 0 & -11.34 & 0 \\ 0 & 0 & 0 & -11.34 & 0 & 0 \\ -5.43 & -5.43 & 11.37 & 0 & 0 & 0 \end{pmatrix} ZnO \end{aligned} \tag{12.34}$$

압전형 가속도 센서는 압전체와 관성질량을 그림 12.12와 같은 형태로 체결하거나, 압전 박막을 실리콘 기판에 증착하여 가속도의 변화에 따른 압전효과에 의한 전류 혹은 전압의 변화를 측정하는 방식으로 구현된다.

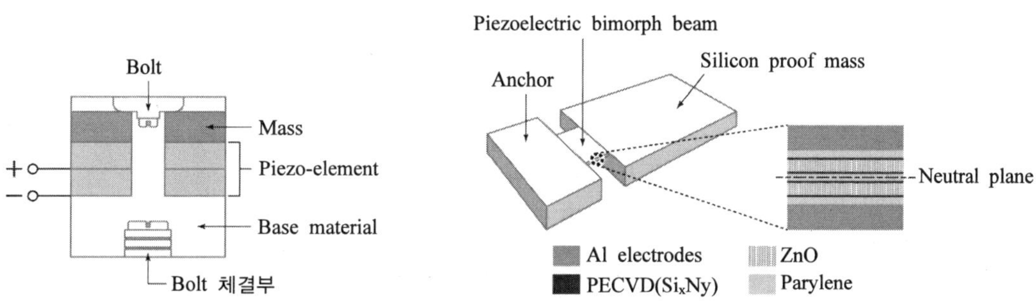

(a) (b)

▌그림 12-12▐ 압전형 가속도 센서의 단면 구조도: (a) 압전체 (b) 압전 박막

그림 12.12에 제시된 가속도 센서는 감도 향상을 위해 동일한 분극상태를 갖는 압전체를 전기적으로 병렬로 연결한 공통전극 (+)와 접지 전극(−)을 갖거나, 스트레스 중성면(stress neutral plane)을 기준으로 c-축 방향이 서로 반대방향인 ZnO 박막을 증착한다. 시험 질량은 초기에 일정 토크로 압전체를 가속도를 측정하고자 하는 물질과 체결하기 위한 기준체(Base material)와 결합된 구조(그림 12.12 (a))를 갖도록 하고, 미세가공기술을

이용한 압전 가속도 센서는 외팔보(cantilever)의 탄성력을 이용하여 2차 시스템을 형성한다.

5.2. 압저항형 가속도 센서

초기 1축 가속도 센서의 응용은 의료용과 자동차용으로 적용되었다. 그림 12.13은 두 장의 Pyrex 유리와 실리콘의 양극접합 공정을 통해 형성된 가속도 센서이다. 이 가속도 센서는 심장의 박동 시, 심장 벽(heart wall)의 가속을 측정하기 위해 제작된 것으로 심장의 박동에 의한 힘이 시험 질량에 전달되고, 이로 인해 발생된 힘이 실리콘 상에 제작된 스트레인 게이지의 저항변화를 읽는 방식이다.

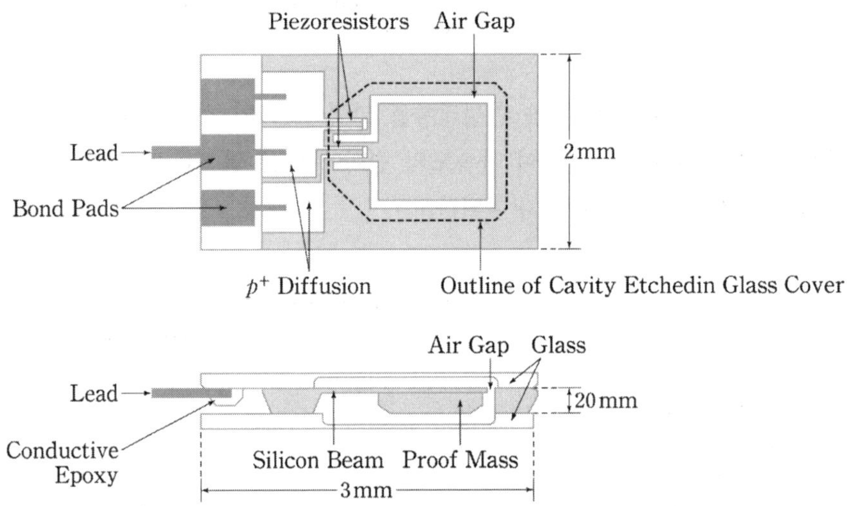

그림 12-13 압저항 방식의 의료용 가속도 센서

그림 12.13에 제시된 가속도 센서는 외력과 온도에 의해 저항변화를 갖는 스트레인 게이지와 온도의 변화만을 감지하는 게이지로 구성되어 온도변화에 의한 감도 특성의 변화를 보상하는 구조로 제작되어 있다. 기계적으로는 유리와 유리 사이에 공기층을 형성하여 시험 질량의 움직임에 대항하는 감쇠력과 외팔보에 의한 스프링 힘을 갖는 구조로 되어있고, 두 유리층과 실리콘 사이 간격을 조절함으로써 정격 입력 이상의 가속도에 의한 구조의 파괴를 방지할 수 있다. 전체적인 크기는 $2 \times 3 \times 0.6$ mm, 가속도 측정범위는 0.001 ~ 200 g, 감도 $50\mu V/(g\,V_s)$, 타축 감도 10, 온도에 따른 감도변화는 $-0.2 \sim -0.3\%$ /℃, 공진 주파수 2,330 Hz 이다.

그림 12.14는 압저항형 3-축 가속도센서의 구조와 동작에 따른 저항변화를 나타낸 것이다. 먼저 그림 12.14 (a)는 센서의 중앙을 중심으로 대각선 방향으로 네 개의 시험 질량(proof mass)이 실리콘 Deep RIE 공정과 접합과정을 통해 형성되어 있다. 또한 네 개의 빔에는 20개의 압저항이 형성되어 있으며, 이들은 축 방향에 가해지는 가속도를 측정하기 위한 저항(A_x, A_y, A_z)과 회전 가속도를 측정하기 위한 저항(E_x, E_y, E_z)으로 구성되어 있다.

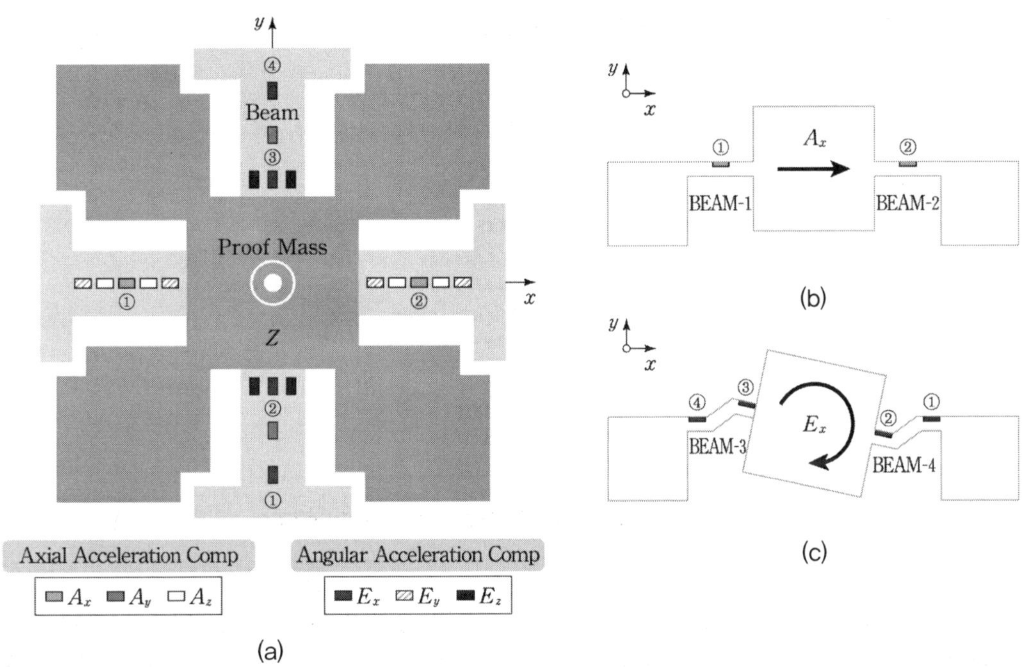

▌그림 12-14▐ 3축 가속도센서 구조와 동작원리 설명도

예를 들어 그림 12.14 (b)와 같이 x 축 방향으로 가속도가 가해지면, 시험 질량은 화살표 반대방향으로 이동하면서 빔에 힘을 가하게 된다. 이로 인해 $R-A_{x1}$($-x$ 축 방향의 저항 ①)에는 압축 응력이 가해지고, $R-A_{x2}$(x 축 방향의 저항 ②)에는 인장 응력이 가하지게 되며, 저항의 변화를 휘스톤 브리지 구조의 전압차로 축 방향 가속도를 측정한다. 그러나 회전 가속도가 x 축을 중심으로 가해지면, 그림 12.14 (c)와 같은 변형이 발생한다. 이로 인해 $R-E_{x1}$($+y$ 축 방향의 저항 ④)에서 $R-E_{x4}$($-y$ 축 방향의 저항 ①)의 저항은 대응하는 압축과 인장응력에 따른 저항변화를 나타내게 되며, 이들을 풀-브리지 회로의 성분으로 전기적으로 결선하여 회전 가속도를 측정한다.

5.3. 정전 용량형 가속도 센서

용량형(capacitive type) 가속도 센서의 기본 구조는 커패시터로 구성된다. 두 개 혹은 다수의 평행한 전극을 갖고 있으나, 평판 전극이 가속도의 변화에 따라 변화될 수 있는 구조를 갖도록 제작하여야 한다. 이러한 구성의 일예가 자동차용 정전 용량형 가속도 센서이며, 일 예로 기판 미세가공기술에 의해 제작된 그림 12.15이다. 제시된 가속도 센서는 외팔보 혹은 두 개 혹은 네 개의 외팔보에 진동 질량이 갖고 있는 구조이나, 부피가 크고, 신호처리 회로를 한 기판에 집적하기가 어려운 단점이 있다.

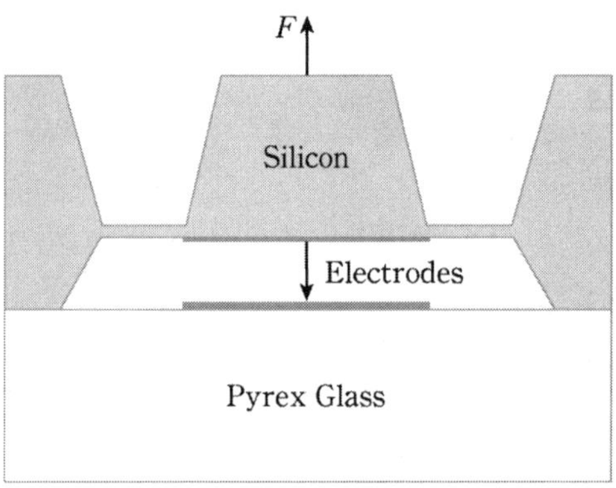

| 그림 12-15 | 용량형 가속도 센서의 단면구조도

그림 12.16은 표면 미세가공기술에 의해 제작된 용량형 가속도 센서의 SEM 사진이다. 실리콘 기판위에 희생층을 형성하고, 그 위에 폴리실리콘을 증착(약 10 ㎛ 이내)한 후, 희생층을 제거하면 전도도를 갖는 폴리실리콘 판을 형성할 수 있으며, 그 형상이 그림 12.16 (a) 이다. 외부 진동이나 가속도에 의해 움직임이 발생되는 진동 질량(proof mass)은 테더(tether)를 통해 실리콘 기판과 물리 화학적으로 결합된 앵커(anchor)에 연결된다. 진동 질량에는 다수의 빗살(comb)이 있으며, 이들과 고정된 빗살간의 전기적 용량을 측정하는 방식으로 가속도의 변화에 따른 전기적 출력을 하게 된다. 또한 그림 12.16 (b)는 진동 질량과 빗살을 확대해서 제시한 사진으로서 폴리실리콘이 약 10 ㎛ 정도 증착되어 있음을 볼 수 있다.

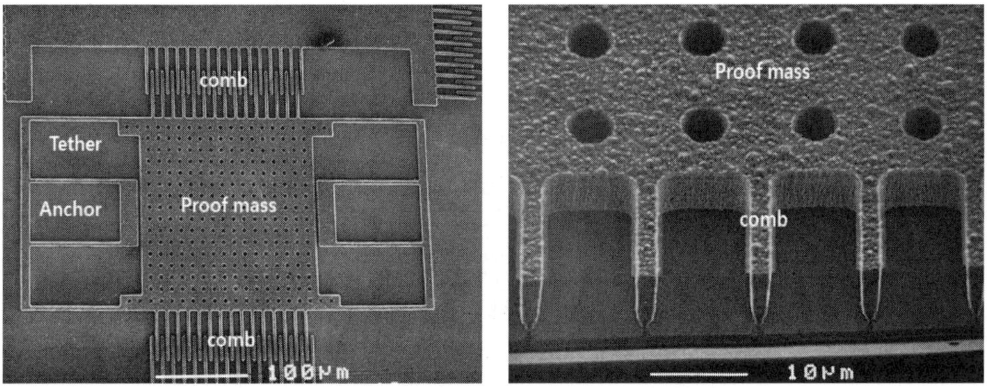

(a) (b)

그림 12-16 표면 미세가공기술에 의해 제작된 용량형 가속도 센서

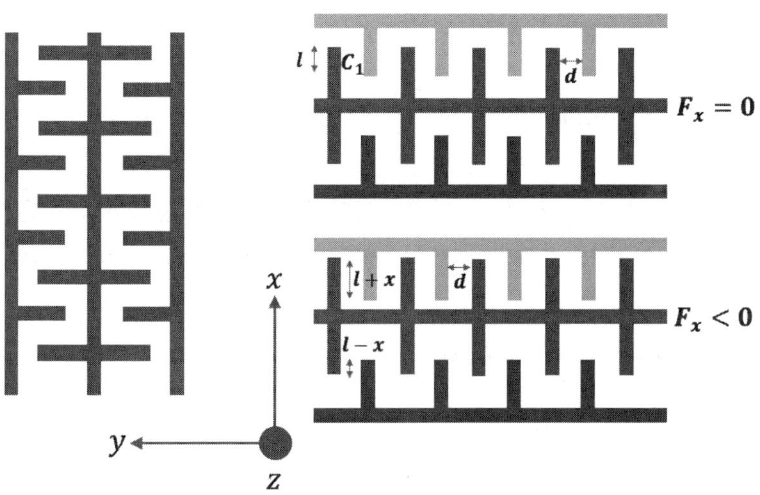

그림 12-17 각종 정전 용량형 가속도센서의 커패시터 구조

그림 12.17은 표면 미세가공기술을 이용한 정전 용량형 가속도 센서의 전극 형상과 커패시터구조를 보여준다. 그림 12.16에 제시된 빗살구조의 중심 전극이 가동전극이고, 상하의 전극은 고정 전극의 형상을 나타낸다. 증착된 폴리실리콘의 두께가 t이고, 외부에서의 힘, $F_x = 0$인 경우, 가동전극이 접지이고, 상·하부 전극이 커패시터의 검출용 전극일 때 용량, C_1은 다음의 식 (12.35)와 같이 표현되고,

$$C_1 = \frac{\epsilon_0 \epsilon_r}{d} A = \frac{\epsilon_0 \epsilon_r}{d} l \times t \tag{12.35}$$

그림 12.17에서 상부전극에는 동일한 형상의 커패시터가 병렬로 8개가 연결되어 있으므로, 전체적인 합성 용량은 $8C_1$이 되며, 하부에도 동일한 커패시터가 형성됨을 고려할 수 있다.

그러나 가속도가 $-x$ 축 방향으로 인가되면, 진동 질량은 상대적인 $+x$ 축 방향으로 x 만큼 이동하게 된다. 따라서 상부 커패시터 전극의 면적은 $l \times t$에서 $(l+x) \times t$로 증가하지만, 하부 커패시터 전극의 면적은 $(l-x) \times t$ 로 감소하게 된다. 따라서 상부와 하부에 각각 n개의 커패시터가 존재하는 경우, 상부와 하부의 용량변화는 식 (12.36), (12.37)과 같다.

$$\Delta C_{up} = n[C_{up} - C_1] = n\frac{\epsilon_1 \epsilon_r}{d}((l+x)t - lt) = n\frac{\epsilon_1 \epsilon_r}{d}[xt] \tag{12.36}$$

$$\Delta C_{down} = n[C_{down} - C_1] = n\frac{\epsilon_1 \epsilon_r}{d}((l-x)t - lt) = n\frac{\epsilon_1 \epsilon_r}{d}[-xt] \tag{12.37}$$

따라서 신호처리 회로를 통해 각 단자에서의 차동신호를 증폭하면 높은 감도의 출력신호를 확보할 수 있고, 신호처리 회로의 예를 제시하면 그림 12.18과 같다.

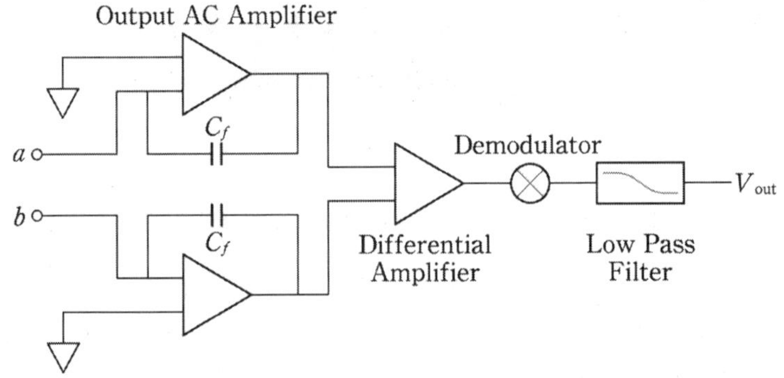

| 그림 12-18 | 정전 용량형 가속도 센서의 신호처리 회로도 예

그림 12.19는 정전 용량형 3-축 가속도 센서(freescale, MMA7455L)와 ATmega-128 MCU를 활용한 자전거 주행 정보시스템을 나타낸 것이다. 각 축 방향으로 정 가속도(static acceleration)에 따른 출력은 그림 12.20과 같다.

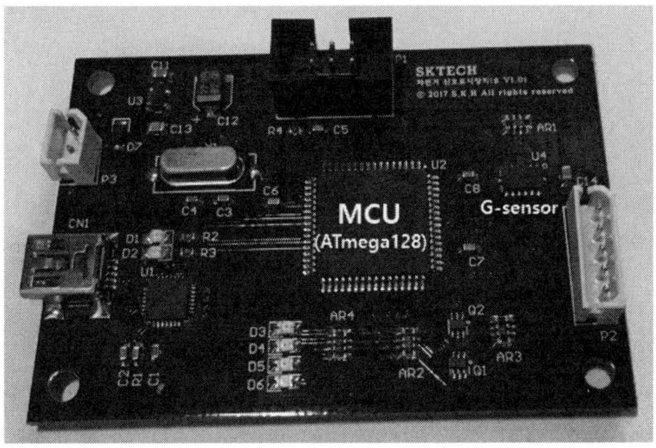

그림 12-19 3-축 가속도 센서를 이용한 자전거 주행 정보시스템

그림 12.20은가속도 센서의 임의의 축이 중력 가속도 방향과 이에 수직할 때 3-축 가속도 센서의 각 축 방향의 디지털 출력을 나타낸다. 가속도 센서의 출력 변화폭을 2g로 설정하여 사용하면, 각 축에 대한 변화가 ±1g값을 가지며 디지털 값으로는 약 128개의 변화폭을 갖는다.

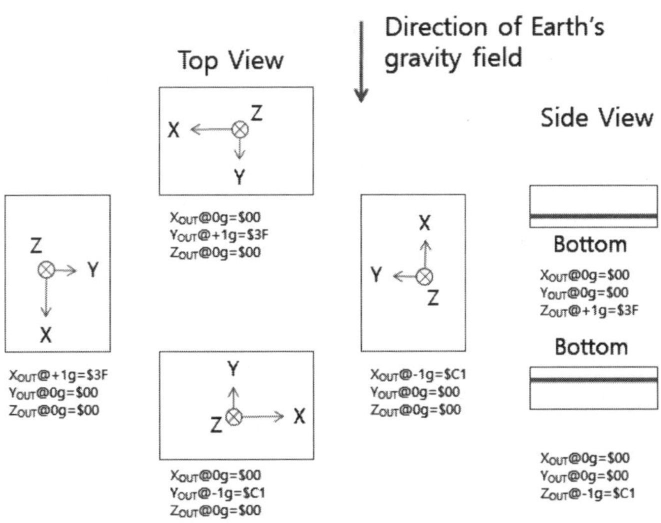

그림 12-20 정 가속도에 따른 3–축 가속도 센서의 디지털 출력

가속도 센서의 x 축이 지면과 수평상태로 고정되어 출력이 0g를 유지하면, y 축과 지면간의 각도 θ에 따라 출력되는데, 이는 식 (12.38)과 같이 계산되고,

$$V_{out,\,y} = V_{off} + S \cdot \sin\theta \tag{12.38}$$

여기서, $V_{out,\,y}$는 y 축 출력전압(V), V_{off}은 옵셋 전압(V), S는 정적 감도(V/g)이다.

따라서 식 (12.38)을 통해 지표면과 y 축이 어느 정도 기울어져 있는지 계산할 수 있으며, 가속도계의 세 축에 대해서 Pitch, Roll 그리고 Theta로 정의 · 변환할 수 있다. Pitch는 x 축이 수평한 지면과 이루는 각(ρ)이고, Roll은 y 축이 수평한 지면과 이루는 각(ψ)이며, Theta는 z 축이 중력 가속도 방향과 수평상태에서 이탈되는 각(θ)으로 정의한다. 각 축에 대한 상대적인 각도로 변환 시 Pitch는 식 (12.39), Roll은 식 (12.40) 그리고 Theta는 식 (12.41)과 같다.

$$\rho = \arctan\left(\frac{A_x}{\sqrt{A_y^2 + A_z^2}}\right) \tag{12.39}$$

$$\psi = \arctan\left(\frac{A_y}{\sqrt{A_x^2 + A_y^2}}\right) \tag{12.40}$$

$$\theta = \arctan\left(\frac{\sqrt{A_x^2 + A_y^2}}{A^z}\right) \tag{12.41}$$

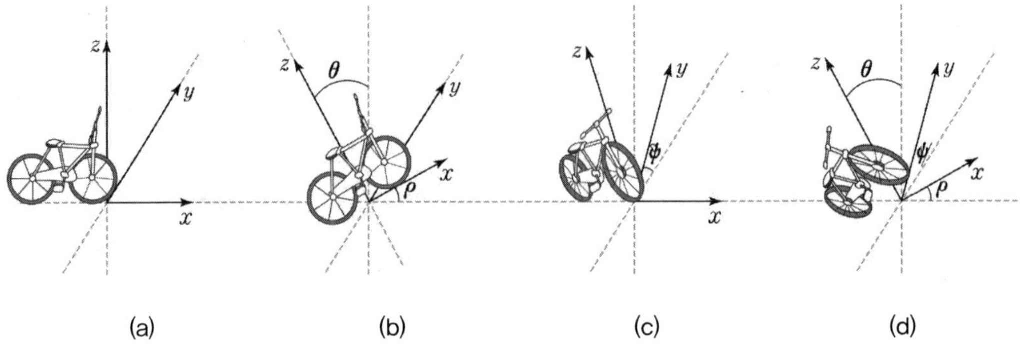

그림 12-21 각도(ρ,ψ,θ)의 변화에 따른 자전거 주행 상태

그림 12.21은 축 방향 각도 변화에 따른 자전거 주행 상태 해석도이다. 그림 12.21에서 x축을 진행방향, y축을 왼쪽방향으로 정하면, 그림 12.21 (a)는 센서의 x 축과 y 축이 지면과 수평상태이기 때문에 자전거가 평지를 주행 중이며, 그림 12.21 (b)는 센서의 y 축이 지면과 수평한 상태를 이루고, x 축은 중력 가속도 반대 방향으로 기울어져 있기에 자전거가 오르막을 주행 중임을 생각할 수 있다. 또한 그림 12.21 (c)는 센서의 x 축이 지면과 수평한 상태이며, y 축만 중력가속도 반대 방향으로 기울어져 있기 때문에 자전거가 오른쪽으로 기울어져 있는 상태이다. 마지막으로 그림 12.21 (d)는 센서의 x 축과 y 축이 중력가속도 반대 방향으로 기울어져 있기 때문에 오르막 주행 중 우회전을 하는 상황으로 해석할 수 있으므로, 각의 변화를 측정하면 자전거의 주행 상태를 확인할 수 있다.

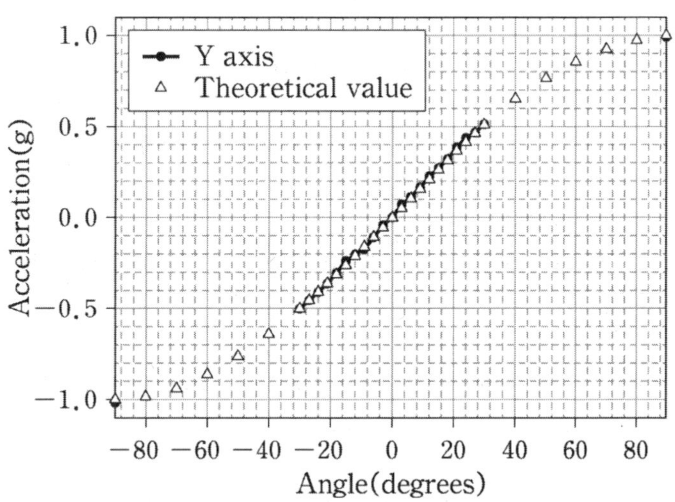

| 그림 12-22 | 지면과의 각도에 따른 y 축 가속도 센서의 출력

그림 12.22는 y 축이 지면과 수평한 상태에서 중력 가속도와 반대 (−각도) 방향과 (+각도) 정방향일 때 이론적 출력과 디지털 출력으로부터 계산된 중력 가속도를 나타낸 것이다. 각도가 −25° 에서 +25° 범위에서 실험적 결과와 이론적 계산값이 일치됨을 볼 수 있다.

참고문헌

1. 김윤, 김혁, 박동욱 역, 현대센서공학, 한빛아카데미(주), 2021.
2. 강보선외 5인 역, 기계계측공학, ㈜시그마프레스, 2016.
3. 한철호외 4인 역, 계측공학 6판, 도서출판 Young, 2014.
4. 민남기, 센서공학입문, 동일출판사, 2013.
5. 정용택, 센서물리학 개론, 홍릉과학출판사, 2013.
6. 신윤기, 핵심전기전자공학, GS 인터비젼, 2015.
7. 최준곤 역, 수리물리학, 범한서적주식회사, 2009.
8. Zepeng Liu and Long Zhang, A reivew of failure modes, condition monitoring and fault diagnosis methods for large-scale wind turbine bearings, Measurement, 149 (2020), 107002.
9. Marco Grossi, A sensor-centric survey on the development of smartphone measurement and sensing systems, Measurement, 135 (2019), 579-592.
10. Sina Poorghasem and Yi Bao, Review of robot-based automated measurement of vibration for civil engineering structures, Measurement, 207 (2023), 112382.
11. Gregory T.A. Kovacs, Micromachined transducers sourcebook, WCB/ McGraw-Hill, 1998.
12. P. Mohankumar et al., A review of micromachined sensors for automotive applications, Measurement, 140 (2019), 305-322.
13. Z.Ghemari et al., Improvement of the relative sensitivity for obtaining a high performance piezoelectric sensor, IEEE Instrumentation and measurement magazine, June 2023.

14. Marc J. Madou, Fundamentals of microfabrication: The science of miniaturization, 2nd Edition, CRC Press, 2002.

15. Chang Liu, Foundations of MEMS, Pearson Education, Inc., 2006.

16. Q. Zou et al., Single- and Triaxis piezoelectric-bimorph accelerometers, J.MEMS, Vol.17, No.1, pp.45-57 (2008).

17. Y. Hou, R. Jiao, and HongYu Yu, MEMS based geophones and seismometers, Sens. Actuators A:Phys. 318 (2021) 112498.

18. S.Y. Bae and S.H. Yi, Driving information system of bicycle by using 3-axis acceleration sensor, J. Sens. Sci. Technol., vol. 21, No.3, 2012 (198-203).

19. Freescale Semiconductor, ±2g/±4g/±8g Three Axis Low-g Digital Output Accelerometer, Technical Data, pp. 5-34, 2009.